W. Ebeling / J. Freund / F. Schweitzer
Komplexe Strukturen: Entropie und Information

Komplexe Strukturen: Entropie und Information

Von
Prof. Dr. Werner Ebeling
Dr. Jan Freund
Dr. Dr. Frank Schweitzer
Humboldt-Universität zu Berlin

B. G. Teubner Stuttgart · Leipzig 1998

Für die erste Umschlagseite wurde eine Graphik von Norbert Hertwig (Berlin) verwendet. Sie weist vielfältige Bezüge zu den komplexen Strukturen auf, die in diesem Buch behandelt werden: Auf mehreren graphischen Ebenen entfalten sich Relationen zwischen räumlichen Strukturen, Bruchstücken literarischer Texte und Notenfolgen.

Gedruckt auf chlorfrei gebleichtem Papier.

Die Deutsche Bibliothek – CIP-Einheitsaufnahme

Ebeling, Werner:
Komplexe Strukturen: Entropie und Information /
von Werner Ebeling ; Jan Freund ; Frank Schweitzer. -
Stuttgart ; Leipzig : Teubner, 1998

ISBN-13: 978-3-322-85168-0   e-ISBN-13: 978-3-322-85167-3
DOI: 10.1007/978-3-322-85167-3

Das Werk einschließlich aller seiner Teile ist urheberrechtlich geschützt. Jede Verwertung außerhalb der engen Grenzen des Urheberrechtsgesetzes ist ohne Zustimmung des Verlags unzulässig und strafbar. Das gilt insbesondere für Vervielfältigungen, Übersetzungen, Mikroverfilmungen und die Einspeicherung und Verarbeitung in elektronischen Systemen.

© B. G. Teubner Verlagsgesellschaft Leipzig 1998
Softcover reprint of the hardcover 1st edition 1998

Druck und Bindung: Druckhaus „Thomas Müntzer" GmbH, Bad Langensalza

Vorwort

Traditionell konzentrieren sich die Naturwissenschaften auf die Erforschung einfacher Strukturen und Prozesse; die analytische Methode steht dabei im Vordergrund. Erst in letzter Zeit treten komplexe Strukturen immer mehr in das Zentrum der Forschung. Eine Reihe von Disziplinen, wie die Theorie der Selbstorganisation, die Chaosforschung und die Informationstheorie, haben Methoden zur Erforschung komplexer Strukturen entwickelt. Wir verstehen heute, wie aus einfachen Regeln komplexe Phänomene entstehen können. Diese Entwicklung spiegelt sich auch in der Wissenschaftsorganisation wider. Es erscheinen neue Journale, Monographien und Sammelbände, die das Wort Komplexität im Titel tragen, und neue Institute und Forschungszentren wurden in vielen Ländern der Welt gegründet. Der Begriff "komplexe Strukturen" spielt eine große Rolle in den modernen Naturwissenschaften, in der Theorie der Selbstorganisation und in vielen anderen Disziplinen; seine Anwendungen reichen heute von der Physik, Chemie, Biologie und Ökologie bis zu den Informations- und Sozialwissenschaften, sogar bis hinein in Architektur und Ästhetik.

Das Anliegen dieses Buches besteht darin, komplexe Strukturen aus der Sicht der Theorie der Selbstorganisation einzuführen und verschiedene Anwendungen zu diskutieren. Der Begriff "komplexe Strukturen" hat viele Facetten; verschiedene von ihnen sind bereits in der aktuellen Literatur diskutiert worden. Im vorliegenden Buch steht die Charakterisierung komplexer Strukturen durch Entropie und Information im Vordergrund. Dabei handelt es sich um zwei Konzepte, die nicht weniger fundamental als der Strukturbegriff sind und die ebenfalls in fast alle Wissenschaften hineinspielen. Wir beginnen unsere Ausführungen damit, zunächst die drei Grundbegriffe
Struktur - Entropie - Information
zu erklären, um dann zu zeigen, in welchem Verhältnis sie zueinander stehen. Wir halten diese Herangehensweise für zweckmäßig, da wir in einem Zeitalter der Babylonischen Sprachverwirrung in den Wissenschaften leben. Ebensowenig, wie eine Einheit der Wissenschaften in Sicht ist, ebensowenig sind auch ein einheitlicher Struktur- oder Informationsbegriff oder eine ein-

heitliche Komplexitätsdefinition in Sicht. Deshalb soll ein Anliegen dieses Buches darin bestehen, zur Klärung dieser Konzepte beizutragen.

Dabei befinden wir uns bei den Begriffen Struktur und Entropie noch auf einem vergleichsweise sicherem Grund, der durch die zahlreichen naturwissenschaftlichen Arbeiten seit dem 19. Jahrhundert gelegt wurde. Der Informationsbegriff dagegen wird bereits in sehr unterschiedlicher Weise gebraucht, so daß wir hier eine Unterscheidung zwischen verschiedenen Konzepten vornehmen werden. Beim Begriff "komplex" oder "Komplexität" sind wir schließlich mit einem auch in der Alltagssprache sehr häufig benutzten Terminus konfrontiert, dessen Inhalt nur schwer zu fassen ist. Auch hier werden wir versuchen, quantitative Methoden einer Begriffsbestimmung zu diskutieren. Dabei folgen wir der Idee, daß Komplexität zwischen Ordnung und Unordnung liegt.

Das Anliegen unserer Darlegungen ist ein dreifaches: Zum einen wollen wir moderne naturwissenschaftliche Konzepte vorstellen, die zu einer näheren Bestimmung des Begriffs-Tripels "Struktur - Entropie - Information" beitragen. Zum zweiten wollen wir Möglichkeiten einer interdisziplinären Anwendung dieser Konzepte auf konkrete komplexe Strukturen, wie natürliche Sequenzen, zum Beispiel Biosequenzen, literarische Texte, Musikstücke und Zeitreihen, aufzeigen. Schließlich wollen wir auch auf die Relevanz solcher Untersuchungen im Rahmen neuerer, mathematisch-naturwissenschaftlich orientierter Ästhetik-Diskussionen eingehen.

Die Autoren dieses Buches, Physiker von Hause aus, verdanken die Anregungen zur Beschäftigung mit dem Thema "komplexe Strukturen" nicht nur fachinternen Fragestellungen, sondern auch einer langjährigen interdisziplinären Zusammenarbeit mit Wissenschaftlern des Sonderforschungsbereiches 230 "Natürliche Konstruktionen". Die Resultate unserer Untersuchungen im Rahmen des SFB wurden bereits 1995 in der Konzepte-Reihe (Heft 48) des SFB 230 vorgestellt. Die Reaktion auf dieses Diskussionsmaterial war sehr lebhaft; wir erhielten zustimmende und kritische Zuschriften, die zu einer Überarbeitung des Materials führten. Das intellektuelle Vergnügen, das uns die interdisziplinäre Zusammenarbeit bereitet hat, veranlaßte uns, die Untersuchungen weiterzuführen und schließlich im vorliegenden Band zusammenzufassen. Damit wollen wir zu einer Beförderung des fachübergreifenden Dialogs zwischen den Wissenschaften, auch über das Ende des SFB 230 hinaus, beitragen.

Ein interdisziplinäres Vorhaben bedarf interdisziplinärer Kontakte, wenn es nicht bei einem Selbstgespräch stehenbleiben soll. Wir sind unter anderem dem Konrad-Lorenz-Institut Altenberg sehr zu Dank dafür verpflichtet, daß es zu einer Erweiterung unseres Gesichtskreises beigetragen hat, wovon auch dieses Buch profitiert. Schließlich danken wir den Kollegen, Mitarbeitern und Studenten der Lehrstühle "Statistische Physik und Nichtlineare Dynamik" sowie "Theorie Stochastischer Prozesse" und besonders Herrn Professor Lutz Schimansky-Geier für die gute Zusammenarbeit und viele anregende Diskussionen.

Berlin, im März 1998

Werner Ebeling   Jan Freund   Frank Schweitzer

Inhalt

1	**Komplexität und Entropie**	**13**
1.1	Struktur und Ordnung	13
1.2	Was sind komplexe Strukturen?	17
1.3	Komplexität als Phänomen	21
1.4	Quantifizierung der Komplexität	25
1.5	Thermodynamische Entropie	29
1.6	Statistische und informationstheoretische Entropie	34
1.7	Entropie und Vorhersagbarkeit	37
2	**Selbstorganisation und Information**	**40**
2.1	Entropie und potentielle Information	40
2.2	Entropie und Selbstorganisation	42
2.3	Zur Evolution der Informationsverarbeitung	46
2.4	Gebundene und freie Information	51
2.5	Strukturelle und funktionale Information	54
2.6	Pragmatische Information	58
2.7	Information und Kommunikation	64
2.8	Selbstorganisation durch Information in einem Agentenmodell	68
2.9	Kollektive Information	74

3 Informationstheoretische Maße 80

3.1 Nachrichten und Kommunikation 80
3.2 Informationsquellen 82
3.3 Das Shannonsche Informationsmaß 87
3.4 Dynamische Entropien 92
3.5 Sequenzen mit langem Gedächtnis 103
3.6 Bedingte Entropien und Komplexität 105
3.7 Kullback-Information und Transinformation 108
3.8 RÉNYI-Entropien 111
3.9 Thermodynamischer Formalismus 116

4 Dynamisch generierte Strukturen 122

4.1 Strukturen und Symbolsequenzen 122
4.2 Symbolische Dynamik 124
4.3 Stationarität und Ergodizität 134
4.4 Kolmogorov-Sinai-Entropie 138
4.5 Der Satz von McMillan 140
4.6 Die Feigenbaum-Route ins Chaos und Intermittenz 143
4.7 Selbstähnliche und intermittente Symbolsequenzen 154
4.8 Ein Komplexitätsvergleich 172

5 Entropie und Komplexität natürlicher Sequenzen 174

5.1 Symbolfolgen und Symbolische Dynamik 174
5.2 Blockentropie und bedingte Entropie 177
5.3 Maße für Komplexität und Vorhersagbarkeit 180
5.4 Das Fibonacci-Modell der Evolution komplexer Folgen 185
5.5 Analyse natürlicher Sequenzen 188
5.6 Struktur von Texten, Notenfolgen und Biosequenzen 195
5.7 Diskussion der Komplexität natürlicher Symbolfolgen 200

6	**Quantitative Ästhetik**	**206**
6.1	Naturwissenschaft und Ästhetik: Fünf Standpunkte	206
6.2	Versuche einer quantitativen Ästhetik	210
6.3	Birkhoffs mathematische Theorie der Ästhetik	213
6.4	Statistische Analysen von Sprache und Stil	217
6.5	Informationstheorie und Ästhetik	222
6.6	Grenzen der quantitativen Ästhetik	226
6.7	Ein Fazit am Schluß	229

Literatur   **233**

Namen– und Sachverzeichnis   **260**

1 Komplexität und Entropie

1.1 Struktur und Ordnung

Der Strukturbegriff spielt sowohl in der modernen Wissenschaft, als auch im täglichen Leben eine zentrale Rolle. Kaum ein Terminus wird so häufig gebraucht, wenngleich nicht überall in derselben Bedeutung. Wir verwenden hier den Begriff "Struktur" nicht im umgangssprachlichen Sinne, sondern in der Bedeutung, die er in den Grundlagenwissenschaften hat – etwa der Mathematik, der Systemtheorie (CASTI, 1979) und der Theorie der Selbstorganisation (EBELING, 1976):

Unter Struktur verstehen wir die Art der Zusammensetzung eines Systems aus Elementen und die Menge der Relationen bzw. Operationen, welche die Elemente miteinander verknüpfen.

Der Strukturbegriff abstrahiert also von der konkreten Natur der Elemente und der Relationen zwischen ihnen. Er betrachtet nur, wieviel Elemente vorliegen, wieviel davon gleich oder verschieden sind und von welcher Art die Beziehungen zwischen diesen Elementen sind.

In der modernen Mathematik spielt der Strukturbegriff heute eine ganz zentrale Rolle. Die Forschergruppe BOURBAKI hat in dem Kollektivwerk "Elemente der Mathematik" das gesamte Gebäude der Mathematik systematisch als Lehre von den Strukturen aufgebaut. Die Grundannahme ist dabei der Mengenbegriff, weiterhin wird die Existenz einer Menge unterscheidbarer Elemente vorausgesetzt. Die Beziehung Element – Menge ist der erste und wichtigste Aspekt einer Struktur, dazu kommen dann eine Reihe von Relationen und Operationen, wie sie in verschiedenen Lehrbüchern der Mengenlehre oder der Algebra erklärt sind.

In der Physik kommt dem Strukturbegriff bei der Beschreibung der Materie eine große Bedeutung zu. Zum Beispiel verstehen wir unter der Struktur eines Kristalls, etwa eines Diamanten (Abb. 1.1), einen bestimmten Typ der räumlichen Anordnung - ein Gitter - von Kohlenstoffatomen. In konkreter Form ist eine Diamantstruktur z.B. ein Edelstein, der in einen Ring gefaßt ist. Wir sprechen aber auch von der Diamantstruktur, wenn es sich um einen Industriediamanten handelt, und sogar dann, wenn ein Stoff vorliegt, in dessen Gitterknoten nicht Kohlenstoffatome, sondern Atome anderer Elemente sitzen.

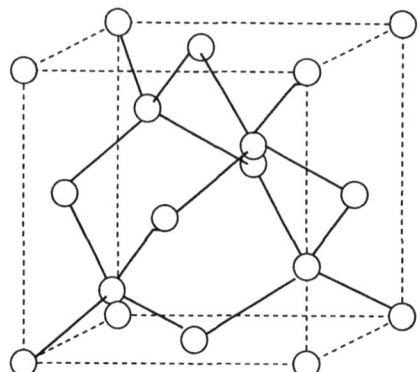

Abb. 1.1 Schematische Darstellung der Diamantstruktur

Der Strukturbegriff erfaßt also relativ abstrakte Eigenschaften eines Systems. Hierin liegt seine Stärke; er ist auf andere Systeme übertragbar und ermöglicht Analogieschlüsse. Über die Bedeutung solcher Analogien für die Wissenschaft schreibt KONRAD LORENZ (1983): "Ohne das unentbehrliche Einteilungsprinzip der Abstraktion von Typen wäre es unserer Erkenntnis unmöglich, Ordnung und Übersichtlichkeit in die erdrückende Mannigfaltigkeit der uns umgebenden Formen, insbesondere der Lebensformen zu bringen."

Eine anschauliche Darstellung einer Struktur kann durch einen Graph erfolgen, der die Elemente und ihre verschiedenen Verknüpfungen repräntiert (HARARY, NORMAN & CARTWRIGHT, 1965; LAUE, 1970; CASTI, 1979; EBELING & FEISTEL, 1982, 1986). Dies kann zum Beispiel in der Chemie ein katalytisches Netzwerk von chemischen Reaktionen sein (Abb. 1.2) oder in der Biologie ein ökologisches Netzwerk (Abb. 1.3)

Allgemein kann man zwischen räumlichen Strukturen (PLATH, 1997), zeitlichen Strukturen (LANDSBERG, 1984; EBELING et al., 1990B) und kausalen bzw. funktionalen Strukturen (RIEDL, 1975; FONTANA & BUSS, 1994; KLIX, 1992; KAUFFMAN, 1993) unterscheiden.

Der Prototyp der *räumlichen* Strukturen sind die schon erwähnten Kristalle. Die Elemente der Menge sind hier die Atome, die Relationen sind

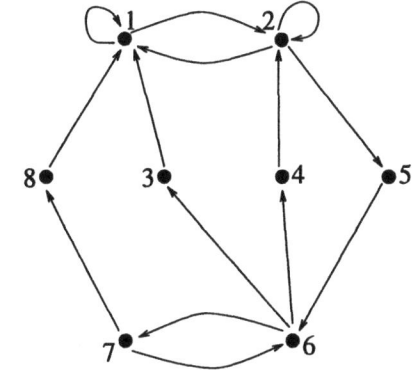

Abb. 1.2 Graphische Darstellung einer Struktur bestehend aus 8 Elementen mit 14 Kopplungen, welche ein katalytisches Netzwerk darstellt

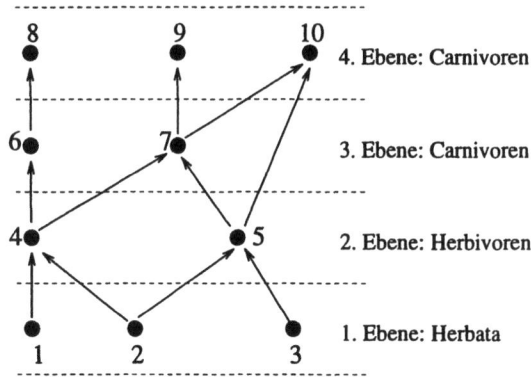

Abb. 1.3 Graph eines ökologischen Netzwerkes

die relativen Lagen der Atome im Gitter und die Operationen die räumlichen Translationen. Die räumliche Struktur der Kristalle kann mit Hilfe einer Analyse von Beugungsbildern untersucht werden, wie zuerst V. LAUE und BRAGG gezeigt haben. Später haben BERNAL, CROWFOOT-HODGKIN & PERUTZ mit analogen Methoden auch die komplizierte Raumstruktur von Biomolekülen aufklären können.

Zeitliche Strukturen sind mit der Dynamik des Systems verknüpft, die durch diskrete oder kontinuierliche Abbildungen ausgedrückt werden kann. Kausale Relationen, Reversibilität oder Irreversibilität (Umkehrbarkeit bzw. Nichtumkehrbarkeit des Ablaufes) sind dabei wichtige Aspekte (NICOLIS & PRIGOGINE, 1987; EBELING et al. , 1990; PRIGOGINE & STENGERS, 1990).

Der Begriff "Struktur" steht in einem engen Zusammenhang mit den polaren Begriffen *Ordnung* und *Unordnung*. Nach BOLTZMANN kann die Wahrscheinlichkeit bzw. Unwahrscheinlichkeit für das Auftreten von Ordnungs- und Unordnungszuständen zur Charakterisierung dieser beiden Begriffe verwendet werden, wobei diese Wahrscheinlichkeit durch die Entropie ausgedrückt wird. Strukturbildung, also die Herausbildung eines Ordnungszustandes, ist in diesem Sinne mit einer Verminderung der Entropie (im Vergleich zu einem Bezugszustand derselben Energie) verbunden. Auf diesen Aspekt werden wir im Abschnitt 1.5 noch genauer eingehen.

Ordnung kann auch durch Symmetrien ausgedrückt werden, z.B. durch Periodizität einer linearen Struktur, durch Translationsinvarianz eines Kristallgitters oder durch Invarianz einer Abbildung gegenüber Zeitumkehr oder diskrete Zeitverschiebung. Wenn die Symmetrie des Systems vermindert wird, kann man auch von Strukturbildung oder Bildung von Ordnung sprechen.

Auch in der Biologie spielt der Ordnungsbegriff eine zentrale Rolle. RIEDL (1975) unterscheidet in seinem Buch "Ordnung des Lebendigen" folgende vier Grundtypen komplexer Ordnung:

(a) Norm (c) Interdependenz
(b) Hierarchie (d) Tradierung

Unter Norm versteht RIEDL die Verwendung genormter, standardisierter Bauteile. Wir finden hier den Elementbegriff der obigen Strukturdefinition wieder. Hierarchie bedeutet, daß die Bausteine in einem System von ineinander geschachtelten Rahmen angeordnet sind. Interdependenz meint die wechselseitigen Abhängigkeiten der Merkmale, während Tradierung den historischen Aspekt erfaßt: „Das Ordnungsmuster der Tradierung besteht in einem universellen Zusammenhang, was sich darin äußert, daß es keinen organischen Strukturzustand gibt, der ohne seine Vorgänger denkbar ist"(RIEDL, 1975).

Andere biologische Ordnungskonzepte wurden zum Beispiel von LWOFF(1968) in dessen Buch "Biological Order" oder von VARELA (1979) in "Principles of Biological Autonomy" vorgeschlagen. ROSEN (1991) entwickelt in seinem Buch "Life Itself", den Ideen von RASHEVSKY folgend, das Konzept einer "relationalen Biologie". Von FONTANA & BUSS (1994) wird ein ebenfalls sehr allgemeiner Zugang zum Problem der biologischen Ordnung bzw. Organisation vorgeschlagen, bei dem der λ-Kalkül von CHURCH den Ausgangspunkt bildet. Mit "The Origins of Order" hat KAUFFMAN (1993) ein integratives Buch geschrieben, das Ansätze zur biologischen Strukturbildung unter dem Dach der DARWINschen Ideen zusammenfaßt. Basierend auf Selbstorganisation und Selektion in der Evolution, wird hier eine umfassende Analyse der biologischen Ordnung gegeben, die moderne physikalisch-chemische und systemtheoretische Erkenntnisse berücksichtigt.

Gemessen an diesen Ansätzen zur Strukturbildung in der Biologie, ist unser Anliegen viel bescheidener, zugleich aber allgemeiner: Wir werden uns nicht mit Strukturen schlechthin und auch nicht mit biologischen Strukturen im besonderen befassen, sondern wir versuchen, den Begriff der "komplexen Strukturen" aus einer eher grundsätzlichen Perspektive zu charakterisieren. Dabei sollen uns die fundamentalen Konzepte "Entropie" und "Information" helfen. In diesem Kapitel wird zunächst das Entropie–Konzept eingeführt. Zuvor aber sind einige allgemeine Anmerkungen zum Problem der Komplexität notwendig.

1.2 Was sind komplexe Strukturen?

Die Einsichten der modernen Wissenschaft haben zu einem gesteigerten Interesse an *komplexen Systemen* und am Begriff der *Komplexität* geführt. Dies belegen auch zahllose Beispiele, wo das Attribut *komplex* in die jeweiligen Titel naturwissenschaftlicher Zeitschriften, Bücher, Konferenzen und Institutionen aufgenommen wurde.

Der Komplexitätsbegriff spielt heute eine zentrale Rolle bei der Beschreibung hochorganisierter Systeme (CRAMER, 1988; ATMANSPACHER *et al.*, 1992; RIEDL, 1987, 1991, 1997), obwohl es für ihn bisher keine einheitliche Definition gibt. Wir vertreten die Auffassung, daß die verschiedenen Komplexitätsdefinitionen bisher nur einzelne Seiten der Komplexität erfassen. Eine Begriffsbestimmung für "komplexe Strukturen" muß aber allgemein genug sein, um nicht nur physikalisch-chemische Strukturen, die uns "komplex" erscheinen, wie etwa das Wetter, sondern auch die Strukturen der "Ordnung des Lebendigen" mit einzubeziehen.

Was meinen wir mit dem Begriff "komplexe Strukturen"? Beginnen wir zunächst ganz von vorn: Das Wort *komplex* entstammt dem Lateinischen und bedeutet soviel wie *Zusammengefaßtes* oder *Gesamtheit*. Eine qualitative Begriffsbestimmung könnte dann lauten:

Als komplex bezeichnen wir (aus vielen Teilen zusammengesetzte) ganzheitliche Strukturen, die durch viele (hierarchisch geordnete) Relationen bzw. Operationen miteinander verknüpft sind.

Damit schließen wir uns den Auffassungen an, die etwa durch SIMON (1962), GRASSBERGER (1989), sowie LAI & GREBOGI (1996) vertreten werden. In diesem Sinne formulieren wir ein einfaches, wenn auch operativ nicht eindeutig umzusetzendes Komplexitätsmaß, auf das wir zurückkommen werden:

Die Komplexität einer Struktur spiegelt sich in der Anzahl der gleichen bzw. verschiedenen Elemente, in der Anzahl der gleichen bzw. verschiedenen Relationen und Operationen sowie in der Anzahl der Hierarchie-Ebenen wider. Im strengeren Sinne liegt Komplexität dann vor, wenn die Anzahl der Ebenen sehr groß (unendlich) ist.

Es stellt sich die Frage, wie eine solche Begriffsbestimmung von Komplexität mit dem physikalischen Weltbild zusammenpaßt. Von ihrer Entstehung und ihrer Tradition her betrachtete die Physik im Geiste der Aufklärung naturwissenschaftliche Objekte *analytisch*, d.h. *zergliedernd*. Im Rahmen der Physik werden Gesetzmäßigkeiten formuliert, welche die Physiker "fundamental" nennen, weil es keine tieferliegenden Gesetzmäßigkeiten gibt, auf die wir jene zurückführen könnten. Es sind die Gesetze, welche die Eigenschaften und die Dynamik der elementaren Teilchen und Felder regeln. Auf der Ebene der elementaren Teilchen ist die Quantenmechanik als fundamental zu betrachten. Die Bezeichnung "fundamental" ist insofern relativ bzw. historisch, als wir uns in einem ständig fortschreitenden Prozeß der Forschung befinden, in dem scheinbar "elementare" Teilchen in Bestandteile zerlegt und damit als zusammengesetzt erkannt werden. Ein Beispiel dafür ist die Erkenntnis, daß die sogenannten Elementarteilchen aus Quarks zusammengesetzt sind. Weiterhin gehören zu den "fundamentalen" Gesetzen solche, welche generelle Verbote für bestimmte Prozesse formulieren. Beispiele dafür sind die Hauptsätze der Physik.

Durch Konzentration auf Systeme mit wenigen Freiheitsgraden wurden im Rahmen der klassischen und Quantenmechanik zunächst relativ kleine Systeme in den Vordergrund gestellt. Eine Behandlung großer Systeme wurde erstmalig im Rahmen der Statistischen Physik und anderer Theorien statistischer Ensembles möglich. Allerdings wurde hier durch die Anwendung von zentralen Grenzwertsätzen die Untersuchung *komplexer* Systeme im eigentlichen Sinne weitgehend ausgeschlossen.

Trotzdem muß man die Statistische Physik, die wir BOLTZMANN, GIBBS, PLANCK, EHRENFEST, EINSTEIN, SMOLUCHOWSKI, BOSE, FERMI, VON NEUMANN und anderen bedeutenden Forschern verdanken, als den großartigen ersten Entwurf einer Theorie komplexer Systeme betrachten. Im Rahmen der Statistischen Physik wurde erstmalig und unter Verwendung mathematisch strenger Methoden gezeigt, daß ein zusammengesetztes großes System im Vergleich zum Teilsystem qualitativ neue Eigenschaften zeigen kann, die wir als *emergente Eigenschaften* bezeichnen. So sind zum Beispiel Entropie, Irreversibilität, Härte typische Eigenschaften großer Systeme; dabei handelt es sich um Eigenschaften, die für kleine System gar nicht definiert sind (ANDERSON, 1972; LANDSBERG, 1981, 1984; EBELING et al., 1990B).

Wir halten den Begriff der Emergenz für so zentral, daß wir die Forderung "Entstehung emergenter Eigenschaften" mit in die Begriffsbildung für "komplexe Strukturen" aufnehmen möchten. Die Konzepte "Emergenz" und "Strukturen höherer Ordnung" sind inzwischen auch mathematisch formuliert worden (BAAS, 1994, 1997). Hinsichtlich der Bedeutung des Emergenzbegriffes stimmen wir der Auffassung des Wissenschaftstheoretikers MAINZER (1992) zu, der ausführt: "Unter den neuen systemtheoretischen Rahmenbedingungen könnte die Hierarchie der Fächer von Physik, Quantenchemie, Chemie, Biochemie, Biologie über Ökologie und Evolutionstheorie zu Soziologie, Ökonomie und Psychologie fortgesetzt werden, deren untersuchte Systeme der Elementarteilchen, Atome, Moleküle, Kristalle, Makromoleküle, Gene, Zellen, Organismen, Populationen usw. sich durch Grade wachsender *Komplexität* auszeichnen." Weiter heißt es: "Charakteristisch ist gerade die *Emergenz* von neuen Strukturen und Gestalten auf den hierarchisch höheren Stufen, die vorher nicht vorhanden sind" (MAINZER, 1992).

Die Welt, die uns umgibt, ist von äußerster Komplexität, wobei die Komplexität einer Erscheinung durchaus höher sein kann als die Komplexität der dieser Erscheinung zugrunde liegenden Gesetze (WUKETITS, 1983; EBELING & FEISTEL, 1994). Wir erinnern in diesem Zusammenhang auch an die fundamentalen Arbeiten von JOHANN VON NEUMANN (1966), der im Rahmen der Entwicklung einer Theorie selbstreproduzierender Automaten einen speziellen Automaten konstruieren konnte, der in der Lage ist, durch fehlerhafte Selbstreproduktion Automaten herzustellen, die komplexer sind als das Urbild. In der Theorie des deterministischen Chaos, die auf die Arbeiten von POINCARÉ aufbaut, konnte gezeigt werden, daß mit relativ einfachen Regeln sehr komplexe Strukturen generiert werden können (MAY, 1976; MANDELBROT, 1977, 1982; FEIGENBAUM, 1978; PEITGEN & RICHTER, 1986) - auch fraktale Strukturen sind im Sinne der obigen Begriffsbestimmung als komplex anzusehen.

Die fundamentalen Gesetze der Physik sind von der Art, daß sie *Möglichkeiten* für die zeitliche Entwicklung von Systemen formulieren. Diese Möglichkeiten können je nach Anfangs- und Randbedingungen realisiert werden. Zum Beispiel verbieten die Gesetze der Mechanik keineswegs, daß etwa die Erde im entgegengesetzten Sinne um die Sonne rotiert. Dieses und viele andere Beispiele führen uns zu der Erfahrung, daß die Kenntnis der fundamentalen Gesetze der Physik allein nicht ausreicht, um in unserer Welt zu bestehen. Die Gesetze sind durch Anfangsbedingungen und Randbedingungen zu ergänzen, und Physik, Chemie und Biologie haben einen eigenen Gegenstand und einen eigenen Gesetzesbereich (LUDWIG, 1976; PRIMAS, 1991; FONTANA, 1997).

Zwar bestehen die Dinge, mit denen wir zu tun haben, letztlich aus elementaren Teilchen und Feldern, aber dieser Aspekt ist häufig ohne Relevanz. Wir betrachten unser Auto nicht als System von elementaren Teilchen und Feldern, sondern als Entität, als Gebrauchsgegenstand. Da wir unsere Welt als eine Einheit begreifen möchten, entsteht die grundlegende Frage: In welcher Beziehung stehen die Gesetze für das Elementare und für das Komplexe? Zu dieser Frage gibt es zwei extreme Positionen:

1. Alle Gesetze, die für komplexe Systeme gültig sind, lassen sich vollständig aus den fundamentalen Gesetzen der Physik herleiten.

2. Jede Ebene der Komplexität hat ihre eigenen, emergenten Gesetze. Die emergenten Gesetze komplexer Systeme sind irreduzibel.

Der erste Standpunkt, auch als mechanischer Determinismus bezeichnet, wurde bereits von den Mechanikern des 18. und 19. Jahrhunderts entwickelt, wobei wir an erster Stelle den französischen Astronomen und Mathematiker PIERRE SIMON LAPLACE (1749-1827) nennen. Als Gegenströmung zu dieser Auffassung wurde der Vitalismus entwickelt, der für lebende Systeme die Existenz einer besonderen Lebenskraft annahm. Die Vitalisten postulierten, daß die Lebenskraft von außen hinzukommt und sich gewissermaßen der toten Materie bemächtigt.

Unsere Auffassung zum Verhältnis elementarer und komplexer Gesetze liegt zwischen den beiden o.g. Extremen. Sie besteht aus folgenden Grundannahmen (EBELING & FEISTEL, 1994):

1. Die fundamentalen Gesetze der Physik können niemals verletzt werden, sie sind auch für komplexe Systeme uneingeschränkt gültig.

2. Komplexe Strukturen haben emergente Eigenschaften, das Ganze ist mehr als die Summe seiner Teile.

3. Die emergenten Gesetze der Dynamik komplexer Strukturen bilden einen Kegel von Einschränkungen, den "Gesetzeskegel". Mit steigender Komplexität wächst die Menge der gesetzmäßigen Einschränkungen.

4. Komplexe Strukturen und die Gesetzmäßigkeiten, denen sie unterliegen, sind im Evolutionsprozeß entstanden. Ihre Historizität ist ihr zentrales Merkmal.

Der letzte Punkt rückt einen besonderen Aspekt komplexer Strukturen in das Blickfeld: ihren *historischen* Charakter. Nach unserer Auffassung ist der historische Gesichtspunkt ein zentraler Punkt für die Untersuchung komplexer Strukturen. Fast alle komplexen Strukturen, mit Sicherheit alle hochkomplexen Strukturen, haben eine *Ontogenese* (eine Individualgeschichte ihrer Entstehung) und eine *Phylogenese* (eine Stammesgeschichte der Klasse, zu der die Struktur gehört). Das gilt nicht nur für die biologischen Wesen, sondern auch für komplexe technische Strukturen wie Eisenbahnen, Automobile, Flugzeuge und Computer. Wir sind somit zu dem Schluß gelangt, daß das oben diskutierte Grundmuster der "Tradierung", was ja gerade den historischen Bezug meint, ein Grundmuster komplexer Strukturen ist. In der Regel kann man komplexe Strukturen nur im Zusammenhang mit ihrer Individual- und ihrer Stammesgeschichte verstehen.

1.3 Komplexität als Phänomen

Die Welt, in der wir leben, hat eine komplizierte Geschichte. Sie ist vor etwa 17-20 Milliarden Jahren aus einer sehr heißen, dichten und völlig unstrukturierten Urmaterie entstanden. Diese Urmaterie war in einem Zustande,

22 1 Komplexität und Entropie

der dem absoluten *Chaos* der alten Griechen oder dem *Tohu wa bohu* der alten Juden sehr nahe kam. In dieser frühen Phase der Entwicklung wurde die Dynamik der Evolution ausschließlich durch fundamentale Gesetze bestimmt, denn es gab ja noch keine komplexen Systeme. Aber unsere Welt war von Anfang an "kreativ", sie war auf der Basis der vorliegenden Anfangs- und Randbedingungen und der gültigen fundamentalen Gesetzmäßigkeiten in der Lage, komplexe Strukturen zu erschaffen. Sie besaß die Fähigkeit zur Selbststrukturierung und Selbstorganisation. Am (vorläufigen) Ende dieses Prozesses stehen Leben und Mensch, Ökosysteme und Gesellschaft.

Was ist – von einem physikalischen Standpunkt aus gesehen – unsere intuitive Vorstellung von einer komplexen Struktur? Wir vergleichen dazu gedanklich drei Klassen von Strukturen (Abb. 1.4):

1. eine *periodische* Struktur, zum Beispiel in zwei räumlichen Dimensionen ein Gitter auf einem Blatt Papier oder in drei Dimensionen einen Kristall,

2. eine *unkorrelierte* Struktur, zum Beispiel in zwei Dimensionen regellos angeordnete Punkte auf dem Blatt Papier oder in drei Dimensionen eine Flüssigkeit, in der die Moleküle vollständig regellose Positionen haben und sich ungeordnet bewegen,

3. eine *komplexe* Struktur, zum Beispiel in zwei Dimensionen ein ornamentales Muster auf einem Blatt Papier oder in drei Dimensionen ein turbulentes Strömungsmuster in einer Flüssigkeit, das ebenfalls gewisse Regelmäßigkeiten aufweist.

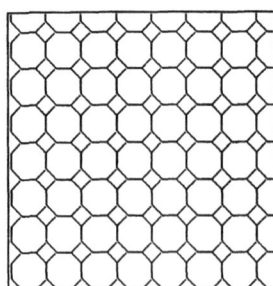
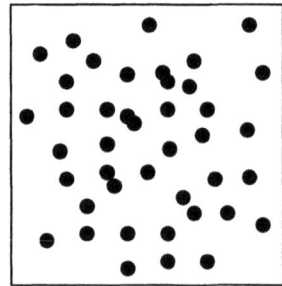

Abb. 1.4 Beispiele für zweidimensionale (a) periodische, (b) unkorrelierte und (c) komplexe Strukturen

Sicherlich wird man das Gitter oder den Kristall nicht als komplexe Struktur bezeichnen, schließlich ist die Struktur dieser Systeme relativ einfach

1.3 Komplexität als Phänomen

zu *verstehen*, und einfach zu *beschreiben*. In welcher Weise man nun die unkorrelierte Struktur, zum Beispiel die Flüssigkeit im thermischen Gleichgewicht, und die reguläre Struktur einer turbulenten Strömung hinsichtlich ihrer Komplexität anordnet, scheint auf den ersten Blick nur "Ansichtssache" des Betrachters zu sein.

Dieser Gesichtspunkt hält aber einer genaueren Analyse nicht stand. Vom theoretischen Standpunkt aus ist das unkorrelierte Muster viel einfacher zu beschreiben; denn es entsteht prinzipiell aus einer unabhängigen Folge von Zufallsereignissen – etwa einer Serie von Münzwürfen, deren Ergebnisse die jeweiligen Bildpunkte schwarz oder weiß einfärben, oder einer zufälligen Molekularbewegung. Zwar erfordert eine detaillierte Angabe der Lage der einzelnen Punkte oder Moleküle eine sehr lange Beschreibung, aber dabei handelt es sich nicht um Regeln, sondern um Detailinformationen.

Dagegen enthalten die ornamentale Struktur oder das turbulente Strömungsmuster eine Reihe bemerkenswerter Regelmäßigkeiten, zum Beispiel erkennt man im Ornament verschiedene Symmetrien und Symmetriebrüche. Noch viel verwickelter ist die turbulente Struktur, die eine (fast unendliche) Skala von räumlichen und zeitlichen Regularitäten zeigt. Man kann in solchen regulären Strukturen eine ganze Hierarchie von Ordnungsrelationen feststellen. Derartige Strukturen entsprechen also auch unserem intuitiven Verständnis von Komplexität eher als zufällige oder periodische Anordnungen.

In diesem Sinne hat sich zunehmend die Auffassung durchgesetzt, daß unkorrelierte oder schwach korrelierte Strukturen weniger komplex sind als solche, die eine Hierarchie von Korrelationen zwischen ihren Elementen aufweisen. Dementsprechen sind ornamentale Muster oder turbulente Strömungen komplexer als periodische Strukturen, gerade weil die Korrelationen nicht einfacher Art (z.B. periodisch) sind, sondern weil sie ein ganzes Spektrum von Periodizitäten bzw. Regeln beinhalten. Den Gedanken, daß die Existenz eines hierarchischen Strukturschemas zentral für den Begriff Komplexität ist, hat der Pionier der Komplexitätstheorie HERBERT A. SIMON in die Diskussion eingebracht (SIMON, 1962).

Die Regeln ornamentaler Muster sind eher Gegenstand der Kunst; dabei denken wir an die Werke von M.C. ESCHER oder an die Untersuchung zur Symmetrie in Natur und Kunst von HAHN (1989). Sie sind aber auch Gegenstand spezieller Zweige der Mathematik, wir erinnern etwa an KEPLERS Arbeiten über die Gestalt von Schneeflocken oder an die Untersuchungen von WEYL (1952) zur Symmetrie, die Arbeiten von CAGLIOTI (1983) zu den Beziehungen zwischen gebrochenen Symmetrien und der Kunst, sowie die Arbeiten von MANDELBROT (1977, 1982) und PEITGEN & RICHTER (1986) zu fraktalen Strukturen. Die Beziehungen zwischen der Komplexität solcher Strukturen und ihrer ästhetischen Wirkung werden wir im letzten Kapitel dieses Buches diskutieren.

Ebenso wie das Ornament als eine komplexe künstlerische Struktur aufgefaßt werden kann, betrachten viele Physiker eine turbulente Strömung als Prototyp einer komplexen physikalischen Struktur – eine Auffassung, der wir uns hier anschließen wollen. Die Untersuchungen turbulenter Strukturen sind ein sehr aktueller Gegenstand der Physik und der Strömungstechnik (KLIMONTOVICH, 1995). Man weiß heute, daß eine turbulente Struktur ein sehr kompliziertes räumliches und zeitliches Spektrum besitzt, das viele Komponenten enthält und hierarchisch aufgebaut ist, was sich etwa an der teilweise selbstähnliche Struktur der Wirbel auf verschiedenen Längenskalen zeigen läßt (EBELING & KLIMONTOVICH, 1984).

Im Sinne einer qualitativen Begriffsbestimmung wollen wir Strukturen als komplex bezeichnen, wenn sie durch Ordnungsrelationen bzw. Korrelationen auf vielen Skalen charakterisiert werden. Hierbei knüpfen wir auch an den Gedanken von SIMON (1962) an, daß hierarchische Strukturen zentral für Komplexität sind. Eine hierarchische Struktur liegt zum Beispiel auch bei Fraktalen vor. Fraktale sind unter anderem durch ihre Selbstähnlichkeit gekennzeichnet, das heißt, die Strukturen sind auf den kleinen Skalen dieselben wie auf den großen. Allerdings ist Fraktalität eine mathematische Eigenschaft, die von realen Objekten niemals exakt, sondern nur näherungsweise erfüllt werden kann. Gerade die Selbstähnlichkeit muß bei komplexen Strukturen nicht unbedingt gegeben sein, wir denken hier nur an biologische Strukturen, bei denen auf der Ebene der Zellen ganz andere Ordnungsrelationen existieren als auf der "höheren" Ebene der Organe. Wenn komplexe Strukturen eine gewisse "Fraktal - Ähnlichkeit" aufweisen, dann bezieht sich dies in der Regel auf ihren *hierarchischen Aufbau*, weniger auf ihre strukturelle Selbstähnlichkeit.

Nach unserer qualitativen Begriffsbestimmung liegen komplexe Strukturen gewissermaßen zwischen den Extremen der maximal geordneten (periodischen) und der maximal ungeordneten (unkorrelierten) Strukturen. Damit wird bereits deutlich, daß die "normale" Boltzmannsche Entropie, welche ein Maß für die Unordnung einer Struktur liefert, nicht im einfachen Sinne gleichzeitig ein Maß für Komplexität sein kann. In Kapitel 3 werden wir zeigen, auf welche Weise geeignet definierte Entropien dennoch mit der intuitiven Vorstellung von Komplexität in Einklang gebracht werden können.

Die vorherigen Ausführungen haben deutlich gemacht, daß noch immer ein Nachholbedarf bei einer Präzisierung des Begriffes Komplexität besteht. Eine umfassende Definition müßte einerseits dem intuitiven Verständnis komplexer Strukturen gerecht werden, andererseits aber auch quantitative Aussagen erlauben, die den Vergleich unterschiedlicher Systeme hinsichtlich ihrer Komplexität ermöglichen.

1.4 Quantifizierung der Komplexität

Zu den ersten Versuchen, den Begriff Komplexität quantitativ zu fassen, gehören die berühmten Arbeiten von KOLMOGOROV (1965) und CHAITIN (1975). KOLMOGOROV lehrte 1965 bereits als Mathematiker von Weltruf an der Moskauer Universität, während CHAITIN ein unbekannter junger Student der New Yorker Universität war. Beide gelangten etwa 1965 unabhängig voneinander zu dem Schluß, daß die Komplexität eines Systems von Zeichen mit der Länge des kürzesten Programms verknüpft ist, das dieses System reproduziert. Eine ähnliche Idee war sogar schon 1960 im Zusammenhang mit dem Versuch einer Formalisierung von Theorien von SOLOMONOFF, einem Mitarbeiter der Zator Company in den USA, formuliert worden.

Illustrieren wir die Ideen von KOLMOGOROV, SOLOMONOFF UND CHAITIN am Beispiel einer binären Folge p der Länge $l(p)$:

$$p = 0000101010000101010111\ldots \qquad (1.1)$$

KOLMOGOROV verknüpfte den Komplexitätsbegriff mit einem Programm q, das es gestattet, durch einen Algorithmus, eine Sprache, eine Maschine oder rekursive Funktionen F die binäre Folge zu generieren: $p = F(q)$. Eine Folge heißt zufällig oder maximal komplex, wenn es es kein Programm q gibt, dessen Länge kürzer ist, als die der Originalfolge, d.h. $l(q) \geq l(p)$. Eine Folge heißt regulär, wenn $l(q) \leq l(p)$ gilt. KOLMOGOROV definierte als *algorithmische Komplexität* der Folge die minimale Länge des erzeugenden Programms

$$K_F(p) = min \, l(q) \, ; \, F(q) = p \, . \qquad (1.2)$$

26 1 Komplexität und Entropie

Nach dieser Auffassung ist die Komplexität einer periodischen Folge

$$p = 100010001000100010001\ldots \tag{1.3}$$

gering, weil man für diese Folge ein kurzes Programm schreiben kann. Andererseits ist die Komplexität einer Folge, die durch Werfen einer Münze entstand, wie z.B.

$$p = 010100110100110111100\ldots, \tag{1.4}$$

sehr groß, weil man kein Programm schreiben kann, das wesentlich kürzer als die Folge ist.

KOLMOGOROV nannte die Größe $K_F(p)$ auch *algorithmische Entropie*. ZVONKIN & LEVIN (1970) sowie andere Autoren konnten zeigen, daß die algorithmische Entropie im Limit langer Folgen im Zusammenhang mit der SHANNON-Entropie der Folge steht (siehe auch EBELING & FEISTEL 1982, 1986).

Aus mathematischer Sicht ist der Begriff der algorithmischen Komplexität eine große Errungenschaft; aus praktischer Sicht wirft diese Definition jedoch eine Reihe von Problemen auf (vgl. EBELING et al., 1990), unter anderem:

1. Es gibt keinen "Algorithmus", mit dessen Hilfe man die algorithmische Komplexität berechnen könnte.

2. Es widerspricht unserer Intuition, daß eine zufällig generierte Folge, die etwa durch Münzenwerfen oder Roulettspielen entstanden ist, maximal komplex sein soll.

Wir wollen diese Probleme kurz kommentieren. Betrachten wir etwa einen Ausschnitt der Nachkommastellen der Zahl π, z.B.

$$p = 1415927\ldots \tag{1.5}$$

Jemand, der weiß, daß es sich um π handelt, kann ein sehr kurzes Programm zur Erzeugung der Sequenz schreiben, z.B. nach der Formel von GREGORY & LEIBNIZ

$$\pi = 4 \times \left[1 - \frac{1}{3} + \frac{1}{5} - \frac{1}{7} + \frac{1}{9} - \cdots\right]. \tag{1.6}$$

1.4 Quantifizierung der Komplexität

Andererseits wird jemand, der nicht weiß, daß es sich um π handelt, diese Information allein durch eine Analyse der Folge niemals herausbekommen können. Die statistischen Eigenschaften der π-Sequenz sind nämlich nicht von denen einer Zufallsfolge unterscheidbar (BEULE & GROSSE, 1996).

Diese und andere Schwierigkeiten waren Anlaß für weitere Untersuchungen zur Quantifizierung des Komplexitätsbegriffs. Wir wollen diese Entwicklungen bereits hier summarisch zusammenfassen und auf weiterführende Literatur verweisen, ehe wir in den Kapiteln 3, 4 und 5 die Einzelheiten verschiedener Komplexitätsmaße diskutieren.

Einige dieser Entwicklungen knüpfen an die algorithmische Komplexität nach KOLMOGOROV (1965) und CHAITIN (1975) an, zum Beispiel die *logische Tiefe* von BENNETT. Die logische Tiefe einer Struktur ist im wesentlichen die Zeit, die ein Universal-Computer benötigt, um das kürzeste Programm auszuführen, das diese Struktur regeneriert (GRASSBERGER, 1989). Verwandt damit ist auch der weiter oben diskutierte Vorschlag, als Maß der Komplexität einer Struktur die Anzahl der Regeln oder Operationen zu betrachten, die zur Beschreibung der Regelmäßigkeiten einer Struktur erforderlich sind (GELL-MANN, 1994). Während sich beispielsweise die Regelmäßigkeiten einer periodischen Struktur in knapper Weise darstellen lassen, erfordert die Beschreibung der Regelmäßigkeiten einer turbulenten Strömung eine beträchtliche Reihe von Angaben; unkorrelierte Muster enthalten statt dessen überhaupt keine Regelmäßigkeiten.

Im Zusammenhang mit unseren Untersuchungen sind von besonderem Interesse die Arbeiten von LEMPEL & ZIV (1976,1978), die einen engeren, aber berechenbaren Begriff der algorithmischen Komplexität einführten. Die LEMPEL–ZIV–*Komplexität* eignet sich für ganz konkrete Untersuchungen von Folgen (GRASSBERGER, 1989; KASPAR & SCHUSTER, 1987; ATMANSPACHER et al., 1992; WACKERBAUER et al., 1994; EBELING et al., 1990A, 1995, 1996). LEMPEL & ZIV (1976) haben gezeigt, daß die (normierte) LEMPEL–ZIV–Komplexität für MARKOV-Folgen mit der SHANNON–Entropie der Quelle übereinstimmt.

Andere unmittelbar berechenbare Komplexitätsmaße sind die sogenannte *grammatische Komplexität* nach HOPCROFT & ULLMAN (1979) und THIELE (1974) (EBELING & JIMENEZ-MONTANO, 1980; HERZEL et al., 1995) sowie die sogenannte *linguistische Komplexität* nach TRIFONOV (TRIFONOV & BRENDEL, 1987; PIETROVSKI et al., 1987; PIETROVSKI & TRIFONOV,

28 1 Komplexität und Entropie

1992). Diese beiden Konzepte beruhen auf meßbaren linguistischen Eigenschaften der Folgen.

Weiterhin verweisen wir auf Komplexitätsmaße, die Methoden der *Automatentheorie* benutzen (WOLFRAM, 1983; GRASSBERGER, 1989; HOGG & HUBERMAN, 1986). CRUTCHFIELD & YOUNG (1989) kombinieren diese Methoden mit der SHANNONschen Theorie. Das Verfahren besteht darin, zu einer gegebenen (linearen) Struktur einen probabilistischen Automaten zu konstruieren (eine sogenannte ϵ-Maschine), der Folgen erzeugt, die zu der Ausgangsstruktur äquivalent sind. Als Komplexitätsmaß wird die SHANNON–Entropie der Automatenzustände definiert.

Immerhin scheint sich nach den Bemühungen der letzten Jahre die Einsicht herauszubilden, daß es nicht ein eindeutiges Maß für Komplexität geben kann und daß ein wesentlicher Zug komplexer Strukturen gerade in ihrer nicht eindeutigen Festlegbarkeit auf *ein wichtigstes Merkmal* oder auf eine *wichtigste Aufgabe* besteht. Trotzdem lassen sich auch für quantitative Komplexitätsmaße allgemeine Anforderungen aufstellen. GRASSBERGER (1986, 1989), ATMANSPACHER et al. (1992), CRUTCHFIELD & YOUNG (1989), WACKERBAUER ET AL. (1994), ZUREK (1989) und andere Autoren haben postuliert, daß geeignete Komplexitätsmaße auf einer Skala zwischen Ordnung und Komplexität in der Mitte ein Maximum haben sollten. Es gibt verschiedene Komplexitätsmaße, welche diese Bedingung erfüllen; für eine ausführlichere Diskussion dieser Komplexitätsbegriffe in der Physik verweisen wir auf die Arbeiten von GRASSBERGER (1986, 1989), ZUREK (1989), WACKERBAUER *et al.* (1994). Wir möchten auch auf die moderne mathematische Komplexitätstheorie hinweisen, der heute viele Monographien und Lehrbücher gewidmet sind (PAUL, 1978; REISCHUK, 1990).

Im Zusammenhang mit unseren eigenen Arbeiten ist die Beziehung zwischen Komplexität und Entropie von besonderer Bedeutung. Bereits 1974 haben BALLMER & V. WEIZSÄCKER (1974) vorgeschlagen, Komplexität über die SHANNON–Entropie der Input–Output–Relationen eines Systems zu definieren. Im Rahmen ihres systemtheoretischen Konzeptes wird dann das Postulat aufgestellt, daß die Komplexität im Laufe der Evolution ständig zunimmt.

Wir haben uns in unseren Arbeiten nicht vornehmlich auf die einfache SHANNONsche Entropie gestützt, denn diese besitzt ein Maximum für Zufallsfolgen und ein Minimum für deterministische Folgen. Statt dessen wollen wir verschiedene Verallgemeinerungen der Entropie betrachten, zum Beispiel

Entropien höherer Ordnung, bedingte Entropien oder dynamische Entropien. Wir werden im Kapitel 3 zeigen, wie derartige Entropien mit einem Komplexitätsmaß in Verbindung gebracht werden können.

Eine Beziehung zwischen Komplexität und verallgemeinerten Entropien wurde auch von GRASSBERGER (1986, 1989) angenommen, der den Begriff der EMC (*effective measure complexity*) einführte. Betrachtet man beispielsweise eine Folge von Buchstaben, dann mißt die GRASSBERGER-EMC, wie die verallgemeinerten Entropien pro Buchstabe sich ihrem Grenzwert, der SHANNON-Entropie, annähern. Das quantitative Komplexitätsmaß, welches wir in den Kapiteln 3 und 4 vorstellen werden, ist eine Verallgemeinerung der GRASSBERGER-EMC; es beruht auf den Eich-Eigenschaften, dem sogenannten "Scaling" der bedingten Entropien (EBELING & NICOLIS, 1991, 1992).

Bei der quantitativen Bestimmung unseres Komplexitätsmaßes werden wir auch besonderen Gebrauch von der Tatsache machen, daß die verallgemeinerten Entropien in enger Beziehung zu Problemen der Vorhersagbarkeit steht (EBELING & FEISTEL, 1982, 1986; EBELING, 1997). Vorhersagbarkeit beruht auf der Existenz weitreichender Korrelationen. Das heißt in zeitlicher Hinsicht, daß die Möglichkeiten der Zukunft nicht nur durch die nächste Vergangenheit, sondern auch durch eine fernere Vergangenheit determiniert werden, daß also ein "historisches" Verhalten vorliegt. Wie wir bereits im Abschnitt 1.2 betont haben, ist diese Historizität ein zentrales Merkmal gerade der komplexen Strukturen. Mit anderen Worten, wir nehmen im Sinne der eingangs gegebenen Begriffsbestimmung an, daß Komplexität mit der Existenz weitreichender Korrelationen zusammenhängt.

Dieser kurze Überblick über verschiedene quantitative Komplexitätsmaße hat uns damit fast zwangsläufig zum Begriff der Entropie geführt. Bevor wir uns allerdings den verallgemeinerten Entropien zuwenden, soll zunächst die Rolle der thermodynamischen Entropie diskutiert werden.

1.5 Thermodynamische Entropie

Von den drei Begriffen, die im Zentrum dieses Buches stehen, "Komplexität, Entropie und Information", ist der Entropie-Begriff der am meisten ausgearbeitete. Der Begriff "Entropie" stammt ursprünglich aus der Wärmelehre, wo er 1850 von RUDOLF CLAUSIUS zur Charakterisierung thermodynamischer Prozesse eingeführt wurde. Zur Präzisierung des thermodynamischen Entropiebegriffes haben insbesondere HELMHOLTZ, PLANCK, GIBBS, NERNST und EINSTEIN beigetragen.

Die thermodynamische Entropie ist eine meßbare physikalische Größe, die neben der Energie, dem Volumen u.a. den Zustand eines makroskopischen Systems charakterisiert. Mikroskopische Systeme, wie Atome oder Moleküle, haben keine Entropie, insofern beschreibt die Entropie emergente Eigenschaften eines makroskopischen Körpers. Während der Begriff "Entropie" ursprünglich nur für das thermodynamische Gleichgewicht definiert war, hat man inzwischen auch gelernt, ihn auf das Nichtgleichgewicht auszudehnen (GLANSDORFF & PRIGOGINE, 1971).

In der Gleichgewichts-Thermodynamik wird die Entropiedifferenz zwischen zwei Gleichgewichtszuständen 1 und 2 nach CLAUSIUS über die reduzierten Wärmemengen definiert:

$$S(2) - S(1) = \int_1^2 \frac{dQ}{T}. \tag{1.7}$$

Hierbei ist der Übergang (1) → (2) reversibel zu führen; dQ ist die bei der Temperatur T während dieses Überganges mit der Umgebung ausgetauschte Wärmemenge.

Betrachten wir nun ein makroskopisches System im Nichtgleichgewicht. Wir wollen annehmen, daß der Parameter u ein Maß für den Abstand vom thermodynamischen Gleichgewicht sei. Bei einer Flüssigkeit kann u beispielsweise eine dimensionslose Größe von der Art der REYNOLDSzahl oder der TAYLORzahl sein. Dem thermodynamischen Gleichgewicht ordnen wir den Wert $u = 0$ zu. Wird das System gezwungen, den Gleichgewichtszustand zu verlassen, so nimmt es für $u > 0$ zunächst stationäre Zustände auf dem sogenannten thermodynamischen Ast ein. Wird u weiter erhöht, so kann der thermodynamische Ast bei einem bestimmten kritischen Wert u_{kr} instabil werden. Neue stabile stationäre Zustände zweigen ab, die vom thermodynamischen Gleichgewicht durch die Instabilität bei $u = u_{kr}$ getrennt sind. Ihre Stabilität kann ebenfalls begrenzt sein, so daß bei hinreichend großen Werten von u weitere Instabilitäten folgen. Ein sehr eindrucksvolles Beispiel für dieses allgemeine Szenarium ist die Strömung einer Flüssigkeit um einen Brückenpfeiler in einem Flusse oder die bekannte BENARD-Strömung in einer von unten erhitzten Flüssigkeit. Bei sehr großen u-Werten, wird die Strömung turbulent und zeigt komplexe räumliche und zeitliche Strukturen.

1.5 Thermodynamische Entropie

Um die Entropie eines Nichtgleichgewichtszustandes zu definieren, kann ein reversibler Ersatzprozeß konstruiert werden, der vom Gleichgewicht zum gewünschten Zustand führt. Genauer ist in diesem Zusammenhang das von MUSCHIK (1990) eingeführte Konzept des begleitenden Zustandes. Da die Entropie eine Zustandsgröße ist, deren Wert nicht vom Wege abhängt, kann die Entropieänderung für beliebige Wege (d.h. auch für den Ersatzprozeß oder begleitenden Prozeß) berechnet werden.

Eine für die spontane Strukturbildung wichtige Klasse von Nichtgleichgewichtszuständen wird dadurch charakterisiert, daß in einem kleinen Volumenelement, welches immer noch makroskopisch viele Teilchen enthalten möge, die Gleichgewichtsrelationen zwischen den thermodynamischen Größen gültig sind und das makroskopische System sich lokal annähernd im thermodynamischen Gleichgewicht befindet. Diese Voraussetzung ist z.B. bei nichtlinearen chemischen Reaktionen und bei hydrodynamischen Strömungen häufig in guter Näherung erfüllt. Insbesondere GLANSDORFF und PRIGOGINE haben die thermodynamischen Eigenschaften dieser Klasse von Nichtgleichgewichtszuständen untersucht, die durch ein lokales Gleichgewicht charakterisiert sind.

Wird das System in einem stationären Nichtgleichgewichtszustand plötzlich von der Umgebung isoliert, so relaxiert es zum Gleichgewicht. In Übereinstimmung mit dem 2. Hauptsatz der Thermodyamik wird die Entropie $S(E, X, t)$ dieses Systems solange ansteigen, bis der Gleichgewichtswert $S_{eq}(E, X)$ erreicht ist. Fixiert man die Energie des Systems, so hat unter allen möglichen Zuständen der Zustand des thermodynamischen Gleichgewichtes die höchste Entropie. Dieser Zustand entspricht der größten molekularen Unordnung.

BOLTZMANN war der erste Forscher, der zeigen konnte, daß die Entropie ein Ordnungsmaß ist. Wenn man die Entropie als Ordnungsmaß benutzen will, so darf man allerdings nur Zustände mit derselben Energie vergleichen. Es hat wenig Sinn, den Ordnungszustand von 1 kg Eisblock, 1 kg Wasser in einem Glas und 1 kg strudelndem Wasser in einem Gebirgsbach zu vergleichen, weil sich ihre Energien stark unterscheiden. Diese physikalisch wichtige Feinheit wird häufig vergessen, und so kann man zu Fehlinterpretationen von BOLTZMANNs Aussage gelangen.

Wie kann man die Menge von Ordnung im Sinne von BOLTZMANN in einem System operational messen? Die Vorschrift lautet (EBELING & KLIMONTOVICH, 1984; KLIMONTOVICH, 1995):

1. Messe die Entropie des Systems im Ausgangszustand.

2. Isoliere das zu untersuchende System total von seiner Umgebung, wodurch die Energie fixiert wird.

3. Warte solange, bis das System das thermodynamische Gleichgewicht erreicht hat und messe erneut die Entropie.

4. Die gesamte Entropievergrößerung im Laufe des Prozesses ist das gesuchte Ordnungsmaß.

Diese Vorschrift funktioniert für physikalische und chemische Systeme, für biologische Systeme ist sie in der Regel jedoch nicht praktisch anwendbar, da man lebende Wesen nicht beliebig manipulieren kann. Das ändert allerdings nichts an der fundamentalen Rolle der Entropie auch für biologische Prozesse, worauf besonders SCHRÖDINGER und PRIGOGINE hingewiesen haben.

Die Größe

$$\Delta S := S_{eq}(E, X) - S(E, X, t) \tag{1.8}$$

bezeichnen wir nach KLIMONTOVICH (1995) als *Entropie-Absenkung*. Diese Differenz zwischen der Entropie des erreichten Gleichgewichtszustandes und der Entropie des Ausgangszustandes (in beiden Zuständen hat das System die gleiche Energie) definieren wir als Ordnungsgrad des betrachteten Nichtgleichgewichtszustandes (EBELING & KLIMONTOVICH, 1984). Die Entropie-Absenkung von KLIMONTOVICH steht in einem engen Zusammenhang zur SCHRÖDINGERschen Negentropie. SAPARIN *et al.* (1994) haben nachgewiesen, daß die Entropie-Absenkung, auch renormierte Entropie genannt, ein brauchbares und leicht berechenbares Maß ist, um organisch generierte Sequenzen zu charakterisieren.

Die Idee, die auf eine bestimmte Energie bezogene Entropie als quantitatives Maß für die Strukturiertheit eines stationären Nichtgleichgewichtszustandes zu nutzen, liegt dem *S-Theorem* von KLIMONTOVICH (1983, 1987, 1995) zugrunde. Darunter verstehen wir die Aussage, daß die Entropieabsenkung um so größer ist, je weiter das System vom thermodynamischen Gleichgewicht entfernt ist. Wird der stationäre Nichtgleichgewichtszustand durch mehrere unabhängige äußere Parameter $u \in C^n$ bestimmt, so kann man sich $S(u)$ als positiv definite Hyperfläche über dem Parameterraum C^n veranschaulichen. Im Fall der POISEUILLE-Strömung einer Flüssigkeit in einem Rohr lautet die

Aussage des S-Theorems, daß die Entropie der Flüssigkeit mit wachsender REYNOLDSzahl monoton fällt. Dabei wird die Energie konstant gehalten, indem man die Temperatur der Flüssigkeit entsprechend absenkt.

Warum wird eigentlich Entropie von allein immer größer und niemals kleiner? Die BOLTZMANNsche Interpretation, der sich RUELLE (1993) anschließt, lautet: Anfangszustände, die nicht dem thermodynamischen Gleichgewicht entsprechen, sind sehr unwahrscheinlich. Sie entsprechen nur einem relativ kleinen Volumen im Phasenraum, einer "geringen Menge von Zufall". Die Zeitentwicklung führt das System aufgrund der Instabilität der Bewegung in immer größere Volumina des Phasenraumes. Diese Tendenz entspricht dem Übergang zu wahrscheinlicheren Zuständen. Im Prinzip könnte (bei Reversibilität der mikroskopischen Gleichungen) eine Rückkehr zum Ausgangszustand erfolgen. Da die erforderlichen Zeiten aber größer als das Alter der Metagalaxis sind, ist diese Rückkehr nur mathematisch möglich. Unser Kosmos hat einen Zeitsinn, welcher dem 2. Hauptsatz entspricht.

Wichtige Erkenntnisse zur Natur des 2. Hauptsatzes resultierten auch aus numerischen Lösungen der NEWTONschen Gleichungen für Vielteilchensysteme mit Hilfe von Computern. So haben bereits ORBAN & BELLEMANS (1967) die Dynamik von 100 Scheiben studiert, welche den NEWTONschen Gleichungen und den Gesetzen des elastischen Stoßes folgen. Als Anfangsbedingungen wurden zufällige Positionen und zufällig orientierte Geschwindigkeiten der 100 Scheiben vorgegeben. ORBAN und BELLEMANS berechneten mit diesen Annahmen die Trajektorien aller Teilchen und bestimmten mit deren Hilfe schließlich die BOLTZMANNsche H-Funktion, d.h. die Entropie. Sie beobachteten, daß die H-Funktion (die negative Entropie) monoton abnimmt.

Auch 100 Jahre nach BOLTZMANNS Arbeiten bleiben allerdings noch viele wichtige Fragen offen, so daß eine endgültige Lösung des Entropie–Problems noch aussteht. Inbesondere dürfte die Einbeziehung der kosmologischen Aspekte unverzichtbar sein. Eines ist jedoch heute schon sicher: Die eigentliche Wurzel für die makroskopische Gerichtetheit, die sich im 2. Hauptsatz ausdrückt, ist die Instabilität, die Divergenz der mikroskopischen Bewegungen, d.h. das mikroskopische Chaos (PRIGOGINE & STENGERS, 1990). Der chaotische Charakter der mikroskopischen Bewegung von Vielteilchensystemen führt zu einer neuen Qualität, der makroskopischen Irreversibilität. Der Übergang zur Nichtumkehrbarkeit der Bewegungen ist wiederum eine entscheidende Voraussetzung für das vom 2. Hauptsatz postulierte Entropiewachstum in abgeschlossenen Systemen.

Inzwischen hat der Entropiebegriff den Rahmen der Thermodynamik gesprengt und sich zu einem der Grundbegriffe der Wissenschaften entwickelt. Wir verfügen mit dem Entropie-Begriff über *ein* adäquates Maß für Chaos und Ordnung, das im Zuge der modernen Entwicklungen der nichtlinearen Dynamik, der Theorie der Selbstorganisation und der Chaosforschung sowie der Informationstheorie auch neue Dimensionen gewonnen hat.

1.6 Statistische und informationstheoretische Entropie

Im folgenden wollen wir zunächst die statistische Entropie betrachten, die wir den genialen Arbeiten von BOLTZMANN, PLANCK und GIBBS verdanken, und sie anschließend in Beziehung zum Entropiebegriff der Informationstheorie setzen, wie er von SHANNON (1948) nach Vorarbeiten von HARTLEY eingeführt wurde.

In der statistischen Mechanik ist die Entropie eines Makrozustandes nach BOLTZMANN und PLANCK als Logarithmus der thermodynamischen Wahrscheinlichkeit W bestimmt:

$$S = k_B \ln W, \qquad (1.9)$$

wobei k_B die BOLTZMANN-Konstante ist. Die thermodynamische Wahrscheinlichkeit W erhält man, wenn man die Anzahl der Molekülkonfigurationen berechnet, die einem gegebenen Makro-Zustand entsprechen.

Betrachten wir nun mit BOLTZMANN ein ideales Gas, das nicht notwendig im thermodynamischen Gleichgewicht sein muß. Dann läßt sich die Entropie eines idealen Systems aus N nicht miteinander wechselwirkenden Teilchen in einem äußeren Feld durch die Einteilchenverteilungsfunktion $f(\underline{q},\underline{p},t)$ ausdrücken, die von den Koordinaten $\underline{q} = q_1,\ldots,q_N$ und den Impulsen $\underline{p} = p_1,\ldots,p_N$ abhängt:

$$S = -\int \frac{d\underline{q}d\underline{p}}{h^3} f(\underline{q},\underline{p},t) \ln f(\underline{q},\underline{p},t), \qquad (1.10)$$

$$N = \int \frac{d\underline{q}d\underline{p}}{h^3} f(\underline{q},\underline{p},t), \qquad (1.11)$$

1.6 Statistische und informationstheoretische Entropie

h ist die PLANCKsche Konstante. Für wechselwirkende Systeme lautet die Verallgemeinerung nach GIBBS

$$S = -k_B \int d\underline{q}d\underline{p}\rho(\underline{q},\underline{p}) \ln \rho(\underline{q},\underline{p}), \tag{1.12}$$

wobei ρ die Wahrscheinlichkeitsverteilung im $6N$-dimensionalen Phasenraum des Systems ist, über den die Integration in Gl. (1.12) läuft.

Die GIBBSsche Entropie S enthält alle Effekte der zwischenmolekularen Wechselwirkung und ist im Gleichgewichtszustand der thermodynamischen Entropie äquivalent. Das heißt, der statistische und der thermodynamische Entropiebegriff führen zu äquivalenten Resultaten, wenn f oder ρ Gleichgewichtsverteilungen sind. So läßt sich z.B. aus der kanonischen Verteilung für ρ die GIBBSsche Fundamentalgleichung der Thermodynamik herleiten.

Die Berücksichtigung der Wechselwirkung senkt fast immer die Entropie ab. Gleichheit gilt für ideale Systeme, wenn ρ als Produkt von Einteilchenverteilungsfunktionen darstellbar ist. Der Unterschied zwischen der BOLTZMANN-Entropie (1.10) und der GIBBS-Entropie (1.12) ist aber nicht mehr vernachlässigbar, wenn die molekulare Wechselwirkung einen deutlichen Beitrag zu den thermodynamischen Eigenschaften liefert. Für den Fall von Systemen mit fixierter Energie reduziert sich die GIBBS-Entropie auf die berühmte BOLTZMANN-PLANCK-Formel (1.9), wobei W die Anzahl der gleichwahrscheinlichen mikroskopischen Zustände ist.

Die Definition der Entropie in der statistischen Mechanik durch BOLTZMANN, PLANCK und GIBBS ist sowohl auf das Gleichgewicht, als auch auf das Nichtgleichgewicht anwendbar. Dazu sagte MAX PLANCK 1908 in einem Vortrag an der Universität Leiden:

"Demnach ist die Entropie proportional dem Logarithmus der Wahrscheinlichkeit ($S = k \ln W$). Dieser Satz eröffnet den Zugang zu einer neuen, über die Hilfsmittel der gewöhnlichen Thermodynamik weit hinausreichenden Methode, die Entropie eines Systems in einem gegebenen Zustand zu berechnen. Namentlich erstreckt sich hiernach die Definition der Entropie nicht allein auf Gleichgewichtszustände, wie sie in der gewöhnlichen Thermodynamik fast ausschließlich betrachtet werden, sondern ebensowohl auch auf beliebige dynamische Zustände, und man braucht zur Berechnung der Entropie nicht mehr wie bei Clausius einen reversiblen Prozeß auszuführen, dessen Realisierung stets mehr oder weniger zweifelhaft erscheint" (PLANCK, 1933).

Wenden wir uns nun der Informationsentropie nach SHANNON zu. Wenn $p(\underline{x})$ die normierbare Wahrscheinlichkeitsverteilung für einen Satz von d Ordnungsparametern $\underline{x} = \{x_1, \ldots, x_d\}$ darstellt, so ist die SHANNON-Entropie (H-Funktion) definiert durch

$$H = \langle -\ln p(\underline{x}) \rangle = -\int d\underline{x}\, p(\underline{x})\, \ln p(\underline{x}). \tag{1.13}$$

Die Informationsentropie ergibt sich also aus der mittleren Unbestimmtheit der Wahrscheinlichkeitsdichte $p(\underline{x})$. Dabei definiert $\underline{x}$ den Zustand des Systems bezüglich der zu beobachtenden Freiheitsgrade. Nach RUELLE (1993) ist die Entropie H die Menge von Zufall, die in dem System steckt.

Für den Fall *diskreter Variablen*, die mit $i = 1, 2, \ldots, s$ numeriert und denen die Wahrscheinlichkeiten p_i zugeordnet seien, ist die SHANNON-Entropie wie folgt definiert:

$$H = -\sum_{i=1}^{s} p_i \ln p_i. \tag{1.14}$$

Die SHANNON-Entropie bildet den wichtigsten Grundpfeiler der Informationstheorie, und es gibt verschiedene Verallgemeinerungen, auf die wir im Kapitel 3 zurückkommen werden. Die Informationsentropie H (1.13) steht nur dann in einem direkten Zusammenhang zur statistischen Entropie S (1.12), wenn die Zustandsvariablen $\underline{x}$ ein kompletter Satz der mikroskopischer Variablen, also der Koordinaten und Impulse der Teilchen sind: $\underline{x} = (q_1, \ldots, q_N, p_1, \ldots, p_N)$. Wenn der mikroskopische Phasenraum der N Moleküle als Beschreibungsraum gewählt wird, dann gilt:

$$S = k_B H. \tag{1.15}$$

Mit anderen Worten, die statistische Entropie des Makrozustandes entspricht der Information, die notwendig ist, um den Mikrozustand aufzuklären.

Häufig werden die $\underline{x}$ auf der Grundlage einer reduzierten Beschreibung konstruiert (Ordnungsparameter), wobei "irrelevante" mikroskopische Freiheitsgrade eliminiert werden. Die Informationsentropie der Wahrscheinlichkeitsverteilung der Ordnungsparameter stellt nur einen Bruchteil der gesamten statistischen Entropie dar. Dennoch ist dieser Anteil für die Strukturbildung entscheidend, da dissipative Strukturen durch kollektive Moden charakterisiert werden. Selbstorganisation und Strukturbildung vollziehen sich auf makroskopischer Ebene und werden durch makroskopische Freiheitsgrade bestimmt.

Während die Anwendbarkeit des Prinzips der maximalen Entropie in abgeschlossenen Systemen auf dem 2. Hauptsatz der Thermodynamik basiert, ist die Situation für gepumpte Nichtgleichgewichtssysteme weniger klar (RÖPKE, 1987). Hier verliert die Fixierung der Energie ihre dominierende Rolle als Nebenbedingung. Außerdem muß betont werden, daß das Prinzip der maximalen Informations-Entropie die grundlegende Frage offen läßt, welche Beobachtungsgrößen im konkreten Falle zu wählen sind bzw. welche Nebenbedingungen anzuwenden sind. Von HAKEN (1986) ist das Prinzip der maximalen Informationsentropie mit dem Ordnungsparameterkonzept und der Bifurkationstheorie verknüpft worden, um die Willkür bei der Auswahl der Nebenbedingungen zu verringern. So läßt sich z.B. die Verteilungsfunktion für den Ein-Moden-Laser bestimmen, wenn als Nebenbedingungen die Korrelationsfunktionen der Intensität und der Intensitätsfluktuationen des emittierten Lichtes fixiert werden.

1.7 Entropie und Vorhersagbarkeit

Bereits im vorhergehenden Abschnitt haben wir betont, daß es einen Zusammenhang gibt zwischen der statistischen Entropie eines Makrozustandes und der Information, die notwendig ist, um den zugehörigen Mikrozustand aufzuklären. Die enge Beziehung zwischen Entropie und Information wurde schon von JAYNES (1957) herausgearbeitet (siehe auch Abschnitt 3.9). Seine Theorie befaßt sich, zunächst außerhalb jedes physikalischen Bezuges, allgemein mit dem Problem des Schlußfolgerns auf der Basis unvollständiger Informationen. Der Zusammenhang zwischen Entropie und Information läßt sich dann nach JAYNES auch für eine Bestimmung unbekannter Wahrscheinlichkeitsverteilungen benutzen (JAYNES, 1962; EBELING et al., 1989). Dies kann, nicht nur in der Physik, Konsequenzen für die Vorhersagbarkeit haben.

Das Problem der Vorhersagbarkeit zukünftiger Ereignisse ist uralt. Wir erinnern nur an die Versuche der alten Ägypter, den Wasserstand des Nils vorherzusagen, und an die Orakel der alten Griechen. Die Menschen benötigen Vorhersagen, um Ackerbau zu treiben, um Fruchtfolge und Züchtung zu planen, um Werkzeuge und Maschinen zu entwerfen, um Häuser zu konstruieren, Städte zu planen und Konflikte zu lösen. Darüber hinaus ist Vorhersagbarkeit auch ein elementares menschliches Bedürfnis, das mit dem Streben nach Sicherheit und Absicherung der Zukunft zusammenhängt.

Vorhersage ist auch ohne Wissenschaft möglich; wissenschaftliche Methoden erlauben es allerdings, genauere Aussagen zu machen und auch Grenzen aufzuzeigen. Wissenschaftliche Vorhersagen stützen sich auf Gesetze und Modelle. Als Beispiele nennen wir die Voraussagen über Fall- und Wurfbewegungen, welche durch GALILEIs und NEWTONs Forschungen möglich wurden, und die Aussagen über den Wirkungsgrad von Kraftmaschinen, die sich auf CARNOTs und CLAUSIUS' Forschungen stützten.

Einen konzeptionell wichtigen Beitrag zum Problem der Vorhersagbarkeit hat die Chaostheorie geleistet. Die moderne Chaostheorie beruht auf der Einführung des Konzeptes der Instabilität einer Bewegung gegenüber einer Variation der Anfangsbedingungen, wir sprechen auch von Divergenz der Bahnen. Das heißt, zwei anfänglich dicht benachbarte Trajektorien laufen in kurzer Zeit weit auseinander. Für instabile (stochastische) Gebiete des Phasenraumes wächst diese Abweichung exponentiell mit der Größe des Zeitintervalls an. Solche Systeme bezeichnet man heute als chaotisch. Die Instabilität der mechanischen Bewegungen ist nach dem heutigen Verständnis die Ursache für den unregelmäßigen Charakter der molekularen Bewegungen in Gasen und makroskopischen Körpern.

Damit ist ein enger Zusammenhang zwischen Chaos und Vorhersagbarkeit gegeben. Chaotische Dynamik impliziert strikte Grenzen der Vorhersagbarkeit. Eine kleine Unsicherheit in der Kenntnis der Anfangsbedingungen führt nach kurzer Zeit zu weitgehender Unkenntnis des tatsächlichen Zustandes des Systems. Das Konzept der Instabilität bzw. Divergenz der Bewegungen hängt wiederum mit einem Entropie-Begriff zusammen, nämlich dem der *dynamischen Entropie* (RUELLE, 1993), den wir im Kapitel 3 einführen werden. Ein weiteres quantitatives Maß für das Auseinanderstreben der Trajektorien, das man den LYAPUNOV-Exponenten nennt (Abschnitt 3.2), steht in engem Zusammenhang zur KOLMOGOROV-Entropie, die wir bereits im Abschnitt 1.4 erwähnt haben. Die KOLMOGOROV-Entropie ist unter recht allgemeinen Voraussetzungen gleich der Summe der positiven LYAPUNOV-Exponenten einer Bewegung (Abschnitt 4.4).

Die wechselseitigen Beziehungen zwischen Chaos, Vorhersagbarkeit und Entropie werden uns in diesem Buch also häufig beschäftigen. Dabei werden

1.7 Entropie und Vorhersagbarkeit

die Leistungsfähigkeit des Entropiekonzeptes in bezug auf die Vorhersage und der Zusammenhang zur Information und zur Komplexität den Schwerpunkt unserer Ausführungen bilden. Für weiterführende Studien sei auf die Spezialliteratur verwiesen (HAKEN, 1986; NICOLIS & PRIGOGINE, 1987; EBELING, 1989; EBELING & FEISTEL, 1982, 1986, 1994, PRIGOGINE & NICOLIS, 1993; RUELLE, 1993; LANIUS, 1994).

2 Selbstorganisation und Information

2.1 Entropie und potentielle Information

Information ist die Verminderung der Unbestimmtheit des Zustandes eines Systems. Da die Entropie nach BOLTZMANN mit dem Logarithmus der Zahl der möglichen Mikrozustände zusammenhängt, besteht auch ein Zusammenhang zwischen Entropie und Information. Allerdings handelt es sich dabei nicht um Information schlechthin, sondern um eine besondere Art von Information, die wir potentielle Information nennen.

Bereits im Abschnitt 1.6 haben wir ausgeführt, daß die Entropie, entsprechend der BOLTZMANN-Formel (1.9), mit der thermodynamischen Wahrscheinlichkeit W verbunden ist, wobei W ein Maß für die Zahl möglicher Mikrozustände darstellt, die zu einem gegebenen Makrozustand führen. Die Information, die man benötigen würde, um diesen Mikrozustand aufzuklären, ist nach Gl. (1.12-1.13) durch die Informationsentropie H gegeben. Wenn wir ein abgeschlossenes Teilsystem unserer Welt betrachten, dann besagt der zweite Hauptsatz der Thermodynamik, daß die Entropie im Verlaufe der Zeit zunimmt. Wenn aber die Gesamt-Entropie im Verlauf der Evolution abgeschlossener Systeme wächst, dann wächst auch die Zahl der möglichen Mikrozustände - und unseren obigen Überlegungen zufolge wächst damit auch die Information, die benötigt wird, um den Mikrozustand eines gegebenen Makrozustands aufzuklären. In diesem Sinne ist die Entropie ein Maß dafür, welche potentielle Information in einem System steckt. Wegen der immensen Zahl der möglichen Mikrozustände ist es extrem schwierig festzustellen, welche Mikrokonstellation für den heutigen Zustand unserer Welt verantwortlich ist.

Man kann den Versuch unternehmen, diese Information dadurch zu erhalten, daß man einen gegebenen Zustand darstellt als einen Entscheidungsbaum von Fragen, die jeweils mit Ja oder Nein beantwortet werden können. C. F. V. WEIZSÄCKER (1974, 1977, 1994) beispielsweise, hat eine Theorie vorgeschlagen, die einen solchen Entscheidungsbaum auf sogenannten *Ur-Alternativen* aufbaut. Ein Ur (Uralternative, Zustandsvektor u_r) ist eine

2.1 Entropie und potentielle Information

Entscheidung auf elementarster Grundlage, die einen Informationsgehalt von 1 bit generiert (also zwischen Ja und Nein entscheidet). Gemäß seiner Theorie würden alle Objekte und alle Zustände dieser Welt aus solchen Uren aufgebaut: "Postulat letzter Objekte. Alle Objekte bestehen aus letzten Objekten mit $n = 2$. Ich nenne diese letzten Objekte Urobjekte und ihre Alternativen Uralternativen" (WEIZSÄCKER, 1974).

Die Information einer Situation ist in dieser Beschreibung gleich der Anzahl der in sie eingehenden Uralternativen: "Die Information eines Ereignisses kann auch definiert werden als die Anzahl völlig unentschiedener einfacher Alternativen, die durch das Eintreten des Ereignisses entschieden werden" (WEIZSÄCKER, 1974). Die Ruhmasse eines Teilchens wäre "die Anzahl der zum Aufbau des ruhenden Teilchens notwendigen Ur-Alternativen, also exakt die im Teilchen investierte Information" (WEIZSÄCKER, 1974). Ein Nukleon zum Beispiel würde aus 10^{40} Uren bestehen - und das Universum zum jetzigen Zeitpunkt aus etwa 10^{120} Uren. Diese Zahl charakterisiert die maximale Information, die zum gegebenen Zeitpunkt innerhalb des Universums überhaupt existieren kann, als Bits, als Zahl von unterscheidbaren Ur-Alternativen.

In diesem Sinne könnte Evolution interpretiert werden als ein Prozeß, bei dem ständig zwischen Ur-Alternativen entschieden wird und - im Vollzug dieser Entscheidung - Information generiert wird. Da die Entropie aber im Verlauf der Evolution abgeschlossener Systeme immer zunimmt, wird auch die Zahl der Uralternativen, die zur Klärung entschieden werden müssen, ständig zunehmen. Dies bedeutet im obigen Kontext, daß die Zahl der *Fragen* wächst, um einen existierenden Mikrozustand aufzuklären.

Das heißt letztlich, die Information, die aus den entscheidbaren Ur-Alternativen gewonnen wird, ist keine *faktische*, sondern eine *potentielle* oder eine virtuelle Information. In diesem Sinne wird sie auch von C.F. v. WEIZSÄCKER verstanden, wenn er schreibt: "Positive Entropie ist potentielle (oder virtuelle) Information" und "Evolution als Wachstum potentieller Information" (WEIZSÄCKER, 1994).

Der Begriff der potentiellen Information, wie er hier verwendet wird, ist vielleicht am ehesten faßbar, indem man sich vorstellt, daß die Ur-Alternativen einen Informationsraum aufspannen, dessen Dimension mit der Zahl der entscheidbaren Alternativen wächst. Dieser Informationsraum verkörpert damit die potentiellen Möglichkeiten, die aus beliebigen Entscheidungen von

42 2 Selbstorganisation und Information

Ja-Nein-Alternativen resultieren können. Der faktische Zustand wäre in diesem Bild nur ein Punkt in jenem hochdimensionalen Raum, der gerade durch die Entscheidung zwischen den entsprechenden Ur-Alternativen lokalisiert wird.

Was wir also aus dieser Betrachtung gewonnen haben, ist keine faktische Information, sondern potentielle Information (oder faktische Unbestimmtheit). Diese Diskrepanz hat ihre Ursache in der einfachen Verknüpfung des Informationsgehaltes mit dem Entropiebegriff.

Bereits im Abschnitt 1.4 haben wir die Auffassung vertreten, daß zu einer quantitativen Bestimmung von Information und Komplexität verschiedene Verallgemeinerungen der Entropie notwendig sind. Dieser Punkt wird in den Kapiteln 3 und 5 weiter ausgeführt. In diesem zweiten Kapitel wollen wir das Verhältnis von Entropie, Information und Komplexität zunächst unter zwei anderen Gesichtspunkten betrachten.

Im folgenden Abschnitt werden wir diskutieren, daß komplexe Strukturen als Resultat von Selbstorganisationsprozessen verstanden werden können, für die der *Entropie-Export* eine wesentliche Randbedingung darstellt. Wenn Strukturbildung eine (lokale) Verringerung der Entropie gegenüber dem Gleichgewichtszustand einschließt, dann bedeutet dies auch eine Verringerung der SHANNON-Information. Komplexe Strukturen wären also durch einen geringeren Informationsgehalt charakterisiert als die Zustände maximaler Entropie. Diese Vorstellung widerspricht unserer intuitiven Auffassung von Information und Komplexität, ist aber im Einklang mit dem Komplexitätsbegriff, den wir im ersten Kapitel entwickelt haben. Um dieses scheinbare Dilemma aufzuklären, werden wir im Verlaufe dieses Kapitels den Informationsbegriff einer differenzierten Diskussion unterziehen.

Der zweite Schwerpunkt dieses Kapitels betrifft die Entstehung von Information. Wir werden die Entwicklung der Informations*verarbeitung* als evolutionären Prozeß darstellen, und wir werden zeigen, wie die Generierung von (faktischer) Information unter dem Aspekt der Selbstorganisation verstanden und modelliert werden kann.

2.2 Entropie und Selbstorganisation

Die Selbstorganisationstheorie beschreibt Prozesse der spontanen Strukturbildung. Am Anfang steht die Beobachtung, daß Strukturbildungsprozesse in ganz unterschiedlichen Systemen oft nach ein und demselben Schema abzulaufen scheinen, daß sie in ihren qualitativen Zügen völlig analog sind. Alle hier betrachteten Systeme bestehen aus einer großen Zahl von gleichartigen Teilsystemen (Atome, Zellen, Individuen), die sich im unstrukturierten Zustand einzeln weitgehend regellos, statistisch verhalten, je nach Art ihrer Wechselwirkung untereinander. Werden nun die äußeren Bedingungen so geändert, daß bestimmte Parameter (die sogenannten Kontrollparameter) kritische Werte übersteigen, so geschieht etwas Neues: Obwohl alle Teilsysteme sich weiterhin ganz individuell nach den auf sie wirkenden Bedingungen verhalten, ordnen sie sich zu ganzheitlichen Gruppen, die im Gesamtsystem unterschiedliche Rollen spielen.

Ein Beispiel ist die Strukturbildung in einer von unten erhitzten Flüssigkeit (Abb. 2.1). Was beobachten wir? Bei kleinen Temperaturdifferenzen zwischen Boden und Oberfläche treten außer Wärmeleitung keine makroskopischen Effekte auf. Aber bei einem kritischen Wert der Temperaturdifferenz wird die Flüssigkeit "unruhig", sie zeigt starke Fluktuationen. Bei überkritischen Temperaturdifferenzen schließlich beobachten wir schöne, meist hexagonal geformte Zellen, in denen die Flüssigkeit "Rollströmungen" ausbildet. Dieser Effekt wird in der Physik BENARD–Effekt genannt.

Die Voraussetzung für die Strukturbildung beim BENARD–Effekt ist der *Export von Entropie*. Um das System daran zu hindern, den thermodynamischen Gleichgewichtzustand mit maximaler Entropie anzulaufen, muß die im Inneren durch irreversible Prozeße produzierte Entropie ständig nach außen weggeschafft werden. Im Falle des BENARD-Effektes ist dafür der Wärmestrom verantwortlich: Ein Strom von Wärme höherer Temperatur wird (unten) zugeführt, und ein Strom von Wärme niedrigerer Temperatur wird (oben) abgeführt. Der Temperaturgradient, der überkritisch sein muß, ist verantwortlich für die Strukturbildung (vgl. Abb. 2.1).

Während sich in den BENARD–Zellen Wassermoleküle in einer von unten erwärmten Flüssigkeit zu makroskopischen Konvektionszellen zusammenfinden, ordnen sich bei der chemischen BELOUSOV-ZHABOTINSKY–Reaktion Moleküle zu zeitlichen Mustern. In der Biologie differenzieren sich bei der Ontogenese von Organismen genotypisch einheitliche Zellen in phänotypisch unterschiedliche Gewebe. Im gesellschaftlichen Bereich teilen sich Menschen mit biologisch ziemlich gleichwertigen Fähigkeiten sozial in Berufe ein. Bei all diesen Vorgängen wird die ursprünglich einheitliche Menge der Teilsysteme in unterschiedliche Äquivalenzklassen zerlegt, ihre Symmetrie wird gebrochen, es entsteht Ordnung.

44 2 Selbstorganisation und Information

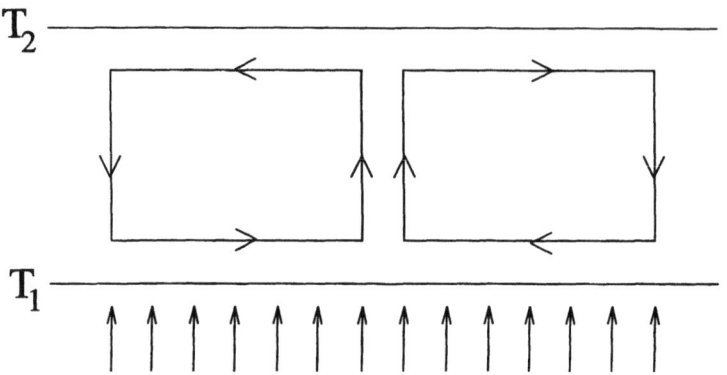

Abb. 2.1 Schematische Darstellung des BENARD-Effektes

Symmetriebrüche ganz analoger Art sind aus der Physik schon lange bekannt, man bezeichnet sie dort als Phasenübergänge. Tatsächlich weisen diese und die sogenannten kinetischen Phasenübergänge in nicht-physikalischen Systemen so weitgehende Gemeinsamkeiten auf, daß man vom Wirken allgemeinerer Gesetzmäßigkeiten bei der Strukturbildung sprechen darf. Von besonderer Bedeutung ist dabei die Erkenntnis, daß eine komplizierte Dynamik nicht *a priori* als Unordnung aufzufassen ist. Nimmt man die Entropie als Ordnungsmaß, so können zum Beispiel auch turbulente Strömungen einen relativ hohen Ordnungsgrad besitzen (KLIMONTOVICH, 1995).

Die bisherige Diskussion zusammenfassend, definieren wir:

Selbstorganisation ist ein überkritischer Nichtgleichgewichtsprozeß, bei dem ein System einen Zustand höherer Ordnung bzw. niedrigerer Symmetrie als den der Randbedingungen und der wirkenden Gesetze einnimmt. Dabei ist Entropie-Export eine "conditio sine qua non".

Der Begriff der Selbstorganisation läßt sich theoretisch auf verschiedenen Ebenen beschreiben. Auf jeder dieser Ebenen spielt die Entropie als ein allgemeines Ordnungsmaß eine wichtige, aber durchaus auch unterschiedliche Rolle (EBELING & FEISTEL, 1982, 1994). Das liegt zunächst schon daran, daß jeder der möglichen Beschreibungsebenen ein eigener charakteristischer Zustandsbegriff entspricht. Daraus leiten sich auch verschiedene Entropiebegriffe ab, die wir teilweise schon im ersten Kapitel erläutert haben und auf deren Verallgemeinerung wir im Kapitel 3 noch eingehen werden.

Da Selbstorganisation Entropie-Export erfordert, ist ein solcher Prozeß, in

2.2 Entropie und Selbstorganisation

Übereinstimmung mit dem 2. Hauptsatz der Thermodynamik, nur in Teilen unserer Welt möglich. So entstehen im Universum Inseln der Ordnung, nämlich die Galaxien, Sterne und Planeten, in einem Meer von Unordnung, das durch die Hintergrund-Strahlung und den kosmischen Staub gebildet wird (LANIUS, 1994). Auch unsere Erde exportiert Entropie durch Absorption von Strahlung hoher Temperatur und Re-Emission von Strahlung niedriger Temperatur. Wir sprechen hier auch vom Mechanismus der Photonen-Mühle (EBELING & FEISTEL, 1982, 1994).

Bis auf ganz wenige Ausnahmen sind alle natürlichen "komplexen Strukturen", die wir kennen, ein direktes oder indirektes Resultat der Evolution. Es ist sicher kein Streitpunkt, daß die lebenden und die sozialen Systeme den höchsten Grad von Komplexität besitzen. Schon eine einzelne Zelle nimmt es an Komplexität mit den ausgefeiltesten technischen Systemen auf, nicht zu sprechen von den Organismen, den Denkprozessen und den gesellschaftlichen Systemen. Damit drängt sich die Hypothese auf, daß die Dynamik der Evolution besondere Fähigkeiten im Hinblick auf die Generierung komplexer Strukturen besitzt.

Wir können die Evolution in Natur und Gesellschaft als eine unendliche Kette von Prozessen der Selbstorganisation betrachten (Abb. 2.2). Dem Bilde HEGELs folgend, kann man anstelle von Ketten auch von Spiralen, bestehend aus Zyklen der Selbstorganisation, sprechen. Jeder dieser Zyklen besteht aus den folgenden Stadien:

1. Ein relativ stabiler Evolutionszustand wird durch Veränderung der inneren oder äußeren Bedingungen instabil.

2. Die Instabilität löst einen Prozeß der Selbstorganisation aus, der eine neue Struktur hervorbringt.

3. Als Resultat der Selbstorganisation entsteht ein neuer, relativ stabiler Evolutionszustand, der wiederum in einen neuen Zyklus münden kann.

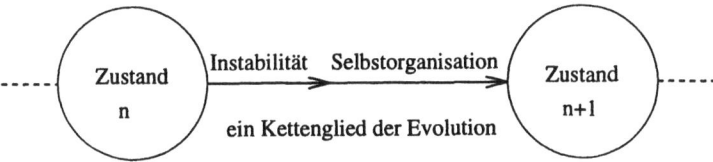

Abb. 2.2 Evolutionsprozesse als Kette von Prozessen der Selbstorganisation

2 Selbstorganisation und Information

In der Realität bilden die beschriebenen Ketten (oder Spiralen) hochvernetzte Systeme. Die Dynamik der einzelnen Zyklen der Selbstorganisation ist wesentlich nichtlinear. Die Übergänge zwischen den Zyklen tragen den Charakter von Bifurkationen und zeigen, wie bereits betont, gewisse Analogien zu den Phasenübergängen der Thermodynamik (HAKEN, 1988; EBELING et al. , 1990A). Es ist gut bekannt, daß die thermodynamischen Systeme in der Nähe von Phasenübergängen bestimmte Besonderheiten zeigen, wie starke Fluktuationen, lange Relaxationszeiten, weitreichende räumliche Korrelationen, Strukturen auf vielen Skalen, besondere Rauschspektren.

Eine ähnliche Situation liegt beim Übergang zwischen Zyklen der Selbstorganisation vor. Wie der Physiker PER BAK und seine Kollegen vermuten, wird der kritische Zustand von Evolutionssystemen besonders "geschätzt". Sie sprechen in diesem Zusammenhang von *selbstorganisierter Kritizität* (BAK & CHEN, 1991). Die Idee der selbstorganisierten Kritizität (SOC), für deren Brauchbarkeit es inzwischen gute Argumente gibt, besteht darin, daß solche Systeme von allein kritische Bedingungen einstellen. Es besteht einige Evidenz, daß selbstorganisierte Kritizität ein wesentliches Element von Evolutionsprozessen ist (EIGEN & SCHUSTER, 1979; SCHUSTER & SIGMUND, 1982; EIGEN,1987).

Welche Rolle spielt heute das Konzept der Selbstorganisation für ein Verständnis der Komplexität unserer Welt? In den letzten Jahren verstärkt sich die wissenschaftliche Einsicht, daß die ökologisch-ökonomische und soziokulturelle Welt, in die der Mensch einbezogen ist, nur als ein komplexes dynamisches System verstanden werden kann. Diese Erkenntnis führte zum zunehmenden Einsatz moderner, zunächst naturwissenschaftlich orientierter Theorien, wie etwa der Theorie der Selbstorganisation bzw. der Synergetik im Sinne der Schulen von PRIGOGINE und HAKEN. Hier wurden eine Reihe von Methoden zur Verfügung gestellt, die für die Erforschung komplexer Systeme sehr hilfreich sind.

Im folgenden Abschnitt wollen wir zeigen, daß das Konzept der Selbstorganisation geeignet ist, um auch so komplexe Prozesse wie die Entwicklung der Informationsverarbeitung zu beschreiben.

2.3 Zur Evolution der Informationsverarbeitung

Auf unserer Erde sind vor 3-4 Milliarden Jahren durch Selbstorganisation primitive Lebewesen entstanden. Gleichzeitig mit der Entstehung des Lebens entwickelte sich auch die Informationsverarbeitung, deren spontane Entstehung bis heute nur in Grundzügen aufgeklärt worden ist (EIGEN, 1987, EIGEN & SCHUSTER, 1979; SCHUSTER & SIGMUND, 1982; KÜPPERS, 1986; HAKEN, 1988; HAKEN & HAKEN-KRELL, 1989; EBELING & FEISTEL, 1994).

Den Durchbruch im Verständnis der Beziehung zwischen der Entstehung von Leben und Information einerseits und dem 2. Hauptsatz andererseits verdanken wir hauptsächlich SCHRÖDINGER, PRIGOGINE und EIGEN. Diese Forscher gelangten zu der Erkenntnis, daß Lebewesen prinzipiell Nichtgleichgewichtsstrukturen sind, für deren Existenz der Entropie-Export eine entscheidende Rolle spielt.

Bekanntlich geht eine der frühen wissenschaftlichen Theorien zur Entstehung des Lebens auf OPARIN zurück, während die modernen Auffassungen wesentlich durch die Theorie von EIGEN und seiner Schule bestimmt sind (EIGEN & SCHUSTER, 1979; KUHN & WASER, 1982; SCHUSTER & SIGMUND, 1982; EIGEN, 1987). Diese Theorien entwickeln ein Bild der frühen Biogenese, das auf Experimenten basiert und einen hohen Grad von Wahrscheinlichkeit hat. Allerdings ist die Reihenfolge der einzelnen Schritte dieser Selbstorganisationsprozesse heute im Detail nicht mehr aufzuklären. Ihre Spuren sind von den geologischen, meteorologischen und biologischen Prozessen der Erdgeschichte nahezu ausgelöscht worden. Demzufolge enthalten auch alle zur Zeit bekannten Hypothesen zum Ablauf der Biogenese noch "dunkle" Etappen, die zum Teil spekulativen Charakter tragen. Dazu gehört z.B. die Erklärung der spiegelbildlichen Asymmetrie der Bausteine des Lebens, für deren Deutung es verschiedene Hypothesen gibt (REIN, 1993). EIGEN (1987) bemerkt dazu: "Für ein Verständnis der biologischen Selbstorganisation müssen wir von konkreten Modellen ausgehen. Über ihre Relevanz können allein Beobachtungen oder Experimente entscheiden."

Wir beschränken uns im folgenden darauf, für die Selbstorganisation der Informationsverarbeitung ein bestimmtes unter den vielen denkbaren Szenarios zu skizzieren (EBELING & FEISTEL, 1994). Danach umfaßt die Evolution der Informationsverarbeitung *drei hierarchische Stufen*: die chemische, die biologische und die soziale Evolution. Der Übergang zwischen diesen Klassen von Erscheinungen ist jeweils mit einem qualitativen Sprung, einer Art "Phasenübergang", verknüpft.

Beginnen wir unser Szenario mit der "chemischen Phase": Die Ur-Erde war eine Art chemisches Laboratorium mit Bedingungen fern vom thermodynamischen Gleichgewicht. Ein ständiger Zufluß wertvoller Energie, insbesondere in Form des Sonnenlichtes, starke Gradienten der Konzentrationen und der Temperatur, Diffusion und turbulente Prozesse führten zu vielen parallel ablaufenden chemischen Reaktionen. Man kann diese Phänomene als nichtlineares chemisches Rauschen bezeichnen. Dabei wurde eine Fülle von zufällig entstehenden und zerfallenden chemischen Stoffen erzeugt, insbesondere auch auf der Basis von Polynukleotiden und Polypeptiden.

Es gibt gute Gründe für die Annahme, daß die in der Regel nur sehr kleinen Stoffkonzentrationen nur in kleinen, abgeteilten Räumen, sogenannten Kompartimenten, dauerhafte Entwicklungen auslösen konnten. Nur wenn die Produktionsrate "wertvoller" Stoffe den Zerfall und ständigen Diffusionsverlust in einem Kompartiment überstieg, konnten diese Stoffe im Kompartiment angereichert werden. Diese "Mikroreaktoren" (Kompartimente, Koazervate, Mikrosphären) betrachten wir als Vorstufen der "Zellen" bzw. allgemeiner gesagt, der Individualität der Organismen.

Das Konzept des Individuums mit einer Schnittstelle zur Umwelt – ursprünglich durch primitive Membranen, später durch Zellwände oder Häute realisiert, die den selektiven Austausch mit der Umgebung (Stoffwechsel) ermöglichen – ist eines der fundamentalen Existenzprinzipien biologischer Systeme. Die dialektische Forderung nach Offenheit und Abtrennung führten zu äußerst komplexen Kompromissen und letztlich auch zum Informationsaustausch als einer besonders hoch entwickelte Form des Austausches mit der Umgebung.

Mit dem Einsetzen der "biologischen Phase", dem eigentlichen Beginn des Lebens, wird also mit der Umgebung nicht nur Stoff, sondern auch Information ausgetauscht. Mit der Entstehung des genetischen Kodes trat eine Art von "chemischer Stenographie" neben die direkt physikalisch-chemische Interaktion. Das war der Beginn der Informationsverarbeitung. Wir sprechen in diesem Zusammenhang von "Symbolisierung" oder von "Ritualisation". FEISTEL (1990) folgend, betrachten wir diesen Vorgang als einen "Phasenübergang", der sich am Übergang von konkreten physikalisch-chemischen Wechselwirkungen zur Einführung von Symbolen festmachen läßt. Da dieses Ereignis zeitlich diskret ist, stellt es – in Analogie zu Phasenübergängen zweiter Art in der Physik – einen *qualitativen* Sprung dar. Ein Beispiel aus der Physik, das einen solchen Umschlag zeigt, ist die plötzliche Entmagnetisierung eines erhitzten Permanent-Magneten, wenn die CURIE-Temperatur überschritten wird.

2.3 Zur Evolution der Informationsverarbeitung

Der für unsere Betrachtungen zentrale Begriff der *Ritualisation* wurde 1914 von HUXLEY auf Grund von Beobachtungen beim Haubentaucher in die Ethologie eingeführt. JULIUS HUXLEY war ein Bruder des Schriftstellers ALDOUS HUXLEY und Enkel von DARWINS Mitstreiter THOMAS HUXLEY. Der Begriff "Ritualisation" bezeichnet in der Verhaltensforschung die Entstehung von Signalhandlungen aus Gebrauchshandlungen. FEISTEL (1990) hat die Übertragung dieses Begriffes von der Verhaltensbiologie auf Prozesse der Selbstorganisation der Informationsverarbeitung vorgeschlagen. Der Mechanismus der Einführung von Symbolen, kurz Ritualisationsübergang genannt, ist *der* Schlüsselmechanismus bei der Entstehung informationsverarbeitender Systeme. Das läßt sich in verschiedenen Stadien der natürlichen Evolution der Information nachweisen (FEISTEL, 1990; EBELING & FEISTEL, 1994).

Der erste Ritualisationsübergang fand bei der Erfindung des genetischen Kodes statt. Neben konkreten chemischen bzw. sterischen Relationen wurden nun auch Abkürzungen/Symbole verwendet. Im Ergebnis wandelte sich eine mehr zufällige Verknüpfung vorhandener Bruchstücke hin zu einer organisierten Bausteintechnologie. Die Kombination und Verkettung weniger Standardelemente führte zu äußerst komplexen Formen von Biomolekülen. Wie wir sehen, bedingen sich Informationsverarbeitung und Entstehung komplexer Strukturen gegenseitig.

Der nächste Ritualisationsübergang war mit der Arbeitsteilung in Zellkolonien und der Morphogenese, als Resultat von Symmetriebrüchen in Zellhaufen, verbunden. Schon in den frühen Stadien des Lebens brauchten Zellen Chemorezeptoren zum Aufspüren von Nahrung, Feinden oder Gefahren. Mit dem Übergang zum differenzierten Vielzellsystem wurde diese Art von Wechselwirkung mit der Umgebung modifiziert. Dieser Vorgang war verbunden mit der Herausbildung einer zweiten Grenzfläche zwischen Individuum und Umgebung – sozusagen einer Grenzfläche höherer Ordnung in einer ganzen Hierarchie. Dazu entwickeln wir folgende Vorstellung (FEISTEL, 1990; EBELING & FEISTEL, 1994): Bei kritischen Werten der Ordnungsparameter (Morphogen-Konzentrationen) schalten die Zellen ihr genetisches Programm um und bilden andere Gewebe. Indem sich Organgrenzen, d.h. Phasengrenzen in bezug auf verschiedene Arten von Zellen, herausbilden, wird die nächste Stufe der Individualität erreicht: Die "Organismen" entstehen.

Die Oberfläche der Organismen wurde mit speziellen Zellen, sogenannten Sensor-Zellen mit speziellen Fähigkeiten für die Signalverarbeitung, ausgerüstet. Später haben sich aus diesen Zellen die Neuronen als die "Spezialisten der Signaltechnik" herausgebildet. Ihre Aufgabe war es nicht mehr, die chemischen Reize der Außenwelt, sondern die des inneren Milieus zu registrieren, speziell die chemischen Absonderungen von Rezeptoren zu verarbeiten. An dieser Stelle kommt es nun zu einer nächsten Ebene der Symbolisierung/Ritualisation: Durch synaptische individuelle Neuron-Neuron-Wechselwirkung wurden ursprünglich allgemeine Botenstoffe zu spezifischen Neurotransmittern ritualisiert. Dieser Prozeß verlief ganz ähnlich wie zuvor die Entstehung der Morphogene.

Die heutigen Neuronen sind "privilegierte" Zellen, es sind die "Künstler" bzw. die "Wissenschaftler" im Organismus. Sie leben in einer besonderen Umgebung, werden gefüttert und beschützt. Neuronen sind auch befreit von der Aufgabe der Nahrungssuche und Vermehrung. Die besondere Aufgabe der Neuronen ist es, die Eingabe- und Ausgabesysteme der Schnittstellen zur Welt zu regeln. Damit übernehmen die Neuronen schließlich die Hauptverantwortung für das Tierverhalten. Überleben und Vermehrung hängen stark von der Qualität dieser Funktion ab, deshalb evolvierten neuronale Funktionen unter hohem Selektionsdruck zu äußerst komplexen Strukturen.

Wir folgen hier Ideen von MICHAEL CONRAD (1984, 1985), wenn wir Neuronen als nichtlineare chemische Prozessoren mit adaptiver Hardware auffassen. Neuronen können zwischen stationären, oszillierenden oder chaotischen Zuständen umschalten. Mit ihren biochemischen Reaktionen können neuronale Zellen ähnliche Aufgaben lösen wie Computer, sie sind in gewissem Sinne sogar leistungsfähiger, da sie flexibler sind (CONRAD, 1984).

Im Organismus bilden Neuronen Netzwerke. Es gibt viele Analogien zwischen neuronalen Netzwerken und dem morphogenetischen Steuerungssystem. Die Evolution nutzte sozusagen einen erfolgreichen Trick zum zweiten Mal, nämlich das Wechselspiel von chemischer Kommunikation und Reaktion. In bezug auf die Eingabe hat ein Neuron seine momentane Situation zu beurteilen, die in Form eines Konzentrationsvektors von Transmittern (als Satz von Eingabewerten) an seinen Synapsen anliegt. In bezug auf die Ausgabe steuert das Neuron die Aktivität aller Effektorzellen, wie Muskelfasern, am Ende seines Nachfolgebaums; es steht also für ein Unterprogramm, das gerade arbeitet oder nicht. In dieser Hinsicht bestehen auch Analogien zur Wechselwirkung der verschiedenen Routinen eines Computerprogramms.

Man kann sich vorstellen, daß bei der Evolution der höheren Intelligenz die Evolution der Neuronen wiederholt wurde, diesmal mit kompletten Teilnetzen. Auch hier mögen bei der weiteren Entwicklung die Reproduktion und die nachfolgenden Symmetriebrüche sowie die Ritualisation der Kommunikation eine Rolle gespielt haben (FEISTEL, 1990). Da mit der Entfernung von der Physik auch die Unschärfe unserer eigenen Überlegungen wächst, verweisen wir den Leser an dieser Stelle besser auf die Literatur zur Evolution der neuronalen Informationsverarbeitung und der kognitiven Fähigkeiten (KLIX, 1980, 1992; RIEDL, 1987; HAKEN & HAKEN-KRELL, 1989; HESCHL & PESCHL, 1992; CHURCHLAND & SEIJNOWSKI, 1992; RIEDL & DELPOS, 1996, KLIX & LANIUS, 1997).

Die dritte, die "soziale Phase" bei der Evolution der Informationsverarbeitung wollen wir hier nicht mehr im Detail betrachten. Stellvertretend für weitere Ausführungen dient uns ein Zitat, das von ERNST HAECKEL stammt, einem der großen Pioniere der Evolutionstheorie. Dieses Zitat soll uns auch hinführen zu den komplexen Strukturen der Sprache, die eine wichtige Rolle in unseren eigenen Untersuchungen spielen (vgl. Kapitel 5).

HAECKEL formulierte 1863 in seiner "Jungfernrede" vor der 38. Versammlung Deutscher Naturforscher und Ärzte in Stettin: "Nach Allem, was wir von den frühesten Zeiten menschlicher Existenz auf der Erde wissen, daß auch der Mensch ... sich nur äußerst langsam und allmählich ... zu den ersten einfachen Anfängen der Cultur emporgearbeitet hat. Dafür sprechen außer den verschiedenen, durch die neuere Geologie und Alterthumsforschung an das Licht geförderte Thatsachen ganz besonders die neueren Entdeckungen auf dem Gebiete der vergleichenden Sprachforschung. Wie die Verwandtschaftsbeziehungen der letzteren [der Thiere und Pflanzen], sind auch die der Sprachen nur aus dem Princip der gemeinsamen Abstammung und der fortschreitenden Entwicklung zu erklären und zu verstehen."

2.4 Gebundene und freie Information

Das Problem der Informationsverarbeitung, das wir im letzten Abschnitt diskutiert haben, wirft die Frage auf, ob es überhaupt eine "Information" gibt, die vor oder unabhängig von der Informationsverarbeitung existiert.

Es gibt verschiedene Ansätze, Information *ontologisch* zu interpretieren und ihr damit einen von aller Wahrnehmung unabhängigen Status zuzubilligen. Im Abschnitt 2.1 haben wir bereits C. F. V. WEIZSÄCKER (1974) zitiert, der schreibt: "Masse ist Information. Energie ist Information." In ähnlicher Weise äußert sich STONIER (1991): "Information existiert. Um zu existieren, muß sie nicht wahrgenommen und nicht verstanden werden. ... Sie braucht keine Bedeutung, um zu existieren. Sie existiert einfach." Hier wird Information stets schon als gegeben betrachtet, und die Frage nach der Entstehung oder dem Austausch von Information wird zugunsten einer pragmatischen Analyse des Entropiegehalts zurückgestellt.

Wir werden nun eine andere, dazu alternative Auffassung entwickeln, die das Wesen der Information auf spezielle Eigenschaften und Fähigkeiten der lebenden Systeme gründet. Um zwischen der physikalischen Grundlage der Information und ihrem Austausch zu unterscheiden, führen wir die Begriffe *gebundene* und *freie Information* ein (EBELING & FEISTEL, 1994). Gebundene Information liegt grundsätzlich in jedem physikalischen System vor – "sie existiert einfach". Ein universelles quantitatives Maß für diese Information ist die Entropie des betrachteten Zustands. Diese Informationsform ist gewissermaßen verhüllt, sie ist keine eigentliche Information im Sinne der klassischen Informationstheorie. Wenn die Information im System vorhanden ist, so können wir sie aber zumindest *im Prinzip* entschlüsseln, so wie wir aus den Schichtungen der Gesteine etwas über die Geschichte unserer Erde erfahren können, aus den Farben des Sonnenlichts die chemische Zusammensetzung der Sonne ablesen oder aus den Runentafeln unserer Vorfahren etwas über ihr Leben herausfinden können. Wir werden aber aus dem Wasser in einem Kochtopf kaum eine Antwort auf die Frage nach dem Ursprung der Dinge finden, und ein Gas im thermodynamischen Gleichgewicht erlaubt keine Rückschlüsse mehr darauf, aus welchem Anfangszustand heraus das Gleichgewicht entstanden ist.

In diesem Sinne tragen physikalische Strukturen gebundene Information. Gebundene Information dient keinerlei Zweck, sie repräsentiert sich selbst und ist eine unmittelbare materielle Eigenschaft des betrachteten Systems, mit dessen physikalischem Zustand sie unmittelbar verbunden ist.

Freie Information ist von völlig anderer Qualität. Sie ist stets Teil einer Beziehung zwischen zwei Systemen, dem Sender und dem Empfänger der Information. Freie Information ist eine binäre Relation, keine unmittelbare Systemeigenschaft, sondern sie hat eine relativ eigenständige Existenz. Freie Information ist immer symbolische Information, sie setzt voraus, daß Sender und Empfänger diese Symbole erzeugen und verstehen können.

Dabei ist es für den Inhalt der Information nicht wesentlich, welcher Art und Natur diese Symbole sind und welcher Informationsträger benutzt wird. Die konkrete materielle Bindung ist für den Inhalt nicht relevant, die freie Information ist unabhängig davon, ob sie auf einer Diskette gepeichert oder in einem Buch abgedruckt ist. Auch die Codierung spielt keine Rolle, solange nur Sender und Empfänger unter dem gleichen Symbol das gleiche verstehen. Wenn man will, kann man gebundene Information als körperliche bezeichnen, und freie Information als abstrakte oder geistige.

Die Invarianz der freien Information gegen die physikalische Natur des Datenträgers ist keine nebensächliche Eigenschaft, sondern aus physikalischer Sicht von großer Relevanz. Jeder Datenträger ist physikalischer Natur und unterliegt dem 2. Hauptsatz, aus dem folgt, daß abgeschlossene Systeme, die keinen Austausch mit ihrer Umgebung haben, dem thermodynamischen Gleichgewicht, also dem Zustand maximaler Entropie zustreben. Insofern ist für die gebundene Information stets die Differenz zwischen dem Maximalwert der Entropie und dem aktuellen Wert relevant. Diese Differenz, von KLIMONTOVICH Entropie-Absenkung genannt (vgl. Abschnitt 1.5), ist *potentielle gebundene Information*. Mit dem Konvergieren eines physikalischen Zustands gegen das thermodynamische Gleichgewicht wird also auch die in diesem Zustand gebundene Information ausgelöscht, denn aus dem Zustand maximaler Unordnung kann keine Information mehr extrahiert werden. Damit schließt sich der Kreis, und wir haben eine tiefliegende Beziehung zwischen physikalischer Entropie, 2. Hauptsatz und Information aufgedeckt.

FEISTEL (1990) hat die These entwickelt, daß es in der Evolution einen Phasenübergang von gebundener zu freier Information gibt, den wir im vorhergehenden Abschnitt als Ritualisation oder auch Symbolisierung charakterisiert haben. Dieser Übergang von gebundener zu freier Information dient einer "Entmaterialisierung" von gebundener Information und ist die Grundvoraussetzung dafür, daß überhaupt Information in Symbolen gespeichert, ausgetauscht und weiterverarbeitet werden kann (EBELING, FEISTEL, 1994). In gewisser Weise ist freie Information ärmer als gebundene Information, weil sie nur einen ausgewählten Teilaspekt der ursprünglichen Struktur repräsentiert. Gleichzeitig entsteht damit aber ein neuer Freiheitsgrad: Durch die Symbolisierung wird gebundene Information freigesetzt, sie unterliegt nun nicht mehr den systemspezifischen Gesetzen der gebundenen Information.

Im Gegensatz zu gebundener Information hat freie Information einen Zweck: sie wird aus gebundener Information extrahiert, gespeichert, ausgetauscht, weiterverarbeitet, um vielleicht als Bauplan oder Verhaltensprogramm wieder in gebundene Information zurückverwandelt zu werden. "Zweck" ist ein

Terminus, der nur für Lebewesen eine Bedeutung hat. In diesem Sinne ist freie Information etwas, das außerhalb der Welt der Lebewesen nicht existiert. Natürlich können auch Computer oder Maschinen freie Information austauschen, aber auch sie gehören von ihrer Funktion und von ihrer Entstehung her eindeutig in das System der sozialen Evolution, also in die "Lebenswelt".

Die Rolle der Information erinnert uns in mancher Hinsicht an die Rolle des Geldes in der Gesellschaft. Die Analogien zwischen Information und Geld, dem Informationsträger des Tauschwerts, sind nicht nur formal. Gebrauchswerte sind materielle Eigenschaften von Gegenständen oder Waren, die sich selbst darstellen. Tauschwerte dagegen abstrahieren von der konkreten Form der Ware und sind gegen ihren Träger invariant. Geld kann als Münze oder Schein oder Scheck gehandelt werden. Es dient stets einem Zweck, es hat nur einen Sinn, wenn es zwischen zwei Partnern ausgetauscht wird, z.B. wenn man es für eine Ware oder Handlung erhält und letztendlich wieder in eine Ware oder Dienstleistung zurückverwandeln kann.

2.5 Strukturelle und funktionale Information

Im folgenden wollen wir versuchen, den Informationsbegriff noch weiter zu differenzieren. Dazu werden wir drei verschiedene Formen der Information, die *strukturelle, funktionale* und *pragmatische* Information unterscheiden.

Durch den Begriff *strukturelle Information* (SCHWEITZER, 1997A,B,E) wollen wir diejenige Information bezeichnen, die mit einer vorliegenden (materiellen) Struktur zu einer bestimmten Zeit an einem bestimmten Ort gegeben ist. Damit werden Elemente der Informationsdefinition aufgegriffen, die FONG (1973) in bezug auf die Biologie vorgeschlagen hat: "Information ist jegliche, nichtzufällige räumliche oder zeitliche Struktur oder Beziehung von Größen."

Strukturelle Information ist mit der physikalischen Natur eines Zustandes verbunden und steht daher in enger Beziehung zu dem Begriff der gebundenen Information, die wir im vorhergehenden Abschnitt diskutiert haben. Die strukturelle Information erfaßt den Informationsgehalt, wie er auf materieller Grundlage codiert ist, sie repräsentiert die *strukturelle Determiniertheit* eines Zustandes.

2.5 Strukturelle und funktionale Information

Der Begriff "strukturelle Information" wird hier nicht in demselben Sinne verwendet wie bei STONIER (1991), der zwischen struktureller und kinetischer Information unterscheidet und strukturelle Information an die Existenz eines Gleichgewichtszustandes knüpft. Entsprechend werden dann von STONIER auch die "Transformationen zwischen kinetischer und struktureller Information" abgehandelt, wobei die Analogie zur Energieumwandlung in der klassischen Mechanik deutlich strapaziert wird.

Eine Möglichkeit, strukturelle Information abzubilden, sind Strings oder symbolische Sequenzen, also Strukturen der folgenden Art: $s_0\ s_1\ s_2 \ldots s_i \ldots$, wobei die s_i generell als "Buchstaben" bezeichnet werden sollen. Im Kapitel 4 werden wir zeigen, daß Strukturen und dynamische Vorgänge mit Hilfe von *symbolischen Dynamiken* auf solche Sequenzen abgebildet werden können, indem der Zustandsraum diskretisiert und die einzelnen Zellen mit den "Buchstaben" eines vorgegebenen Alphabets benannt werden. Die Anordnung der Buchstaben in der Sequenz ergibt sich dann durch die Reihenfolge, mit der die verschiedenen Zellen des Zustandsraumes angelaufen werden.

Die "Herkunft" der Sequenzen kann ganz verschieden sein, zu den Beispielen, die wir im Kapitel 5 betrachten, gehören (räumlich angeordnete) Folgen von Buchstaben (Text), (zeitlich angeordnete) Folgen von Tönen (Musik), Biopolymeren, die aus Basenpaaren gebildet werden (DNA), Binärcodes im Computer (...00101001...). Aber auch die Aktienkurse der New Yorker Börse oder die Positionen eines Zufallswanderers auf einem Gitter lassen sich auf Sequenzen abbilden. Das heißt, für die Repräsentanz der strukturellen Information in Sequenzen ist es letztlich unerheblich, ob s_i die Information ist, die zum Zeitpunkt i generiert wurde, oder ob es die Information ist, die durch Entscheidung einer Alternative auf dem Level i des Entscheidungsbaums entstanden ist - oder ob s_i einfach die Information ist, die an der Stelle i einer Sequenz steht.

Die Bedeutung, die der strukturellen Information gerade in den Naturwissenschaften beigemessen wird, spiegelt sich in den zahlreichen Methoden zur Sequenzanalyse wider, die in den letzten Jahren entwickelt wurden. Von großem Interesse sind dabei sogenannte "natürliche" Sequenzen, wie zum Beispiel die DNA als Abfolge von Basenpaaren, literarische Texte als Abfolge von Buchstaben oder Musik als Abfolge von Tönen. Im Kapitel 5 werden wir im einzelnen darauf eingehen. An dieser Stelle wollen wir jedoch schon auf eine Besonderheit hinweisen: Natürliche Sequenzen sind strukturell gerade so aufgebaut, daß sie weder vollkommen chaotisch, noch vollkommen periodisch sind. Sie liegen in der Abfolge ihrer "Buchstaben" auf der Grenze zwischen Ordnung und Chaos, oder - mit anderen Worten - zwischen Redundanz und Neuigkeit.

Die strukturelle Information natürlicher Sequenzen ist durch langreichweitige Korrelationen gekennzeichnet, das heißt, es sind noch Beziehungen zwischen Buchstaben nachweisbar, die an voneinander entfernten Stellen innerhalb der Sequenz stehen. Das langsame Abklingen der Korrelationen nach einem Potenzgesetz bedeutet, daß innerhalb der Sequenz sehr viel Information "verpackt" wird. Dies hat Auswirkungen auf die effektive Komplexität, die in solchen Fällen einen hohen Wert aufweist.

Bei der Sequenz-Analyse wird ausschließlich der *syntaktische* Aspekt von Information erfaßt - also die strukturelle Verknüpfung innerhalb eines Strings. Ein grundsätzlich anderer Standpunkt besteht darin, Information von einer *algorithmischen* Seite her zu verstehen, also unter dem Aspekt der Informations*verarbeitung*, wie es vornehmlich in der Informatik geschieht. Nach P. SCHEFE ist der zentrale Begriff der Informatik nicht die Information, sondern der Algorithmus (vgl. auch SCHEFE et al. , 1993).

Die "algorithmische" Information ist gewissermaßen eine Information 2. Art. Sie hat die Aufgabe, die Information 1. Art, die als strukturelle Information auf "materieller" Grundlage einen Sachverhalt codiert, zu aktivieren bzw. zu interpretieren - zu "deuten". Diese Information 2. Art wird im folgenden als *funktionale Information* bezeichnet (SCHWEITZER, 1997A,B,E).

Mit der Unterscheidung zwischen struktureller und funktionaler Information wird berücksichtigt, daß in einer komplexen Struktur, wie beispielsweise der DNA, viele verschiedene Informationen enthalten sind, die je nach den Umständen "herausgelesen", aktiviert werden können. Schon kernhaltige Zellen sind in der Lage, in Abhängigkeit vom physikalischen und chemischen Milieu innerhalb der Zelle die genetische Information unterschiedlich zu interpretieren. Die funktionale Information ist also kontextabhängig - sie existiert nur im Hinblick auf einen Rezipienten, der bei der "Deutung" der strukturellen Information immer auf die mit der funktionalen Information gegebenen Referenzzustände zurückgreifen muß.

Unter Benutzung der Terminologie, die sich im Anschluß an die Autopoiese-Theorie etabliert hat, können wir auch sagen: die strukturelle Information repräsentiert die *strukturelle Determiniertheit* des Informationssystems, während die funktionale Information die *Selbstreferentialität*, die *operationale Geschlossenheit* des Informationssystems beschreibt.

2.5 Strukturelle und funktionale Information

Um die Wirkungsweise funktionaler Information zu umschreiben, scheint ein Vergleich mit dem quantenmechanischen Meßprozeß angebracht: Wir wissen, daß ein Mikroobjekt (zum Beispiel ein Elektron) erst durch den Meßprozeß als das konstituiert wird, als das es uns erscheint: als Welle oder als Teilchen; das heißt, die Information über das Teilchen kann nicht unabhängig vom Meßprozeß gesehen werden. Mit der Art der (experimentellen) Fragestellung wird aus dem Raum möglicher Informationen über das Objekt eine bestimmte Information gewissermaßen herausprojiziert.

Ähnliche Verhältnisse liegen auch in dem Verhältnis von struktureller und funktionaler Information vor. Es ist die funktionale Information, die während des Rezeptionsprozesses bestimmt, welche Information aus der nativen, verhüllten, strukturellen Information herausprojiziert wird.

Diese Komplementarität sollte Berücksichtigung finden, wenn in der Informationstheorie darüber gestritten wird, ob Information als objektive Größe mit eigenem ontologischem Status, vielleicht gar als dritte Grundgröße des Universums angesehen werden kann. So schrieb C.F. v. WEIZSÄCKER (1974): "Man beginnt sich daher heute daran zu gewöhnen, daß Information als eine dritte, von Materie und Bewußtsein verschiedene Sache aufgefaßt werden muß." Sicherlich könnte man der strukturellen Information einen solchen Status zubilligen - und der Physik der Informationsprozesse, die sich einzig mit struktureller Information befaßt, wird hiermit auch ihr Platz zugewiesen. Um aber den Charakter von Information als Ganzes zu verstehen, dazu bedarf es einer Art "quantenmechanischer Revolution" in der Informationstheorie, durch die der Blick auf die Konstruktion von Information im Rezeptionsprozeß gerichtet wird. Strukturelle und funktionale Information erscheinen dann als zwei Seiten einer Medaille, die nur im Rahmen bestimmter Näherungen unabhängig voneinander diskutiert werden können.

Der im Abschnitt 2.4 beschriebene Phasenübergang von gebundener zu freier Information hat auch Bedeutung für das Verhältnis von struktureller und funktionaler Information, das wir hier behandeln: Solange die strukturelle Information gebunden ist, bleibt die funktionale Information, die die strukturelle Information erst aktiviert und interpretiert, ebenfalls an diese materielle Grundlage gebunden. Mit dem Übergang von gebundener zu freier Information aber hat es die funktionale Information mit Symbolen zu tun und ist in diesem Sinne verselbständigt. Ebenso wie freie strukturelle Information ausgetauscht, kopiert und weiterverarbeitet wird, kann nun auch die freie funktionale Information ausgetauscht werden.

Dies bedeutet, daß nunmehr auch die Deutungsmuster für strukturelle Information übertragen werden können: mit dem Symboltransfer wird auch ein Sinntransfer ermöglicht - ein Vorgang, der weitreichende Konsequenzen hat, wenn man von der biologischen zur soziologischen Ebene der Informationsverarbeitung übergeht. Gerade der gesellschaftliche Informationsverarbeitungsprozeß lebt ganz entscheidend von dem Ritualisationsvorgang, durch den strukturelle Information symbolisiert und eingefroren wird, und dem darauf aufbauenden Transfer von Deutungsmustern. Damit ist die Frage, inwieweit Information auf strukturelle bzw. syntaktische Aspekte reduziert werden kann, also im Rahmen dieser Überlegungen zugunsten einer komplementären Beschreibung von struktureller und funktionaler Information beantwortet worden.

2.6 Pragmatische Information

Die strukturelle Information repräsentiert den syntaktischen Aspekt der Information, sie läßt aber die Bedeutung der Information außer acht. Mit dem Begriff der funktionalen Information wurde bereits angedeutet, daß diese strukturelle Information auf unterschiedliche Weise algorithmisch interpretiert werden kann. Das heißt, die letztlich *wirksame* Information *entsteht* erst in einem Wechselspiel von struktureller und funktionaler Information. Auf diese Weise existiert zwischen der strukturellen und der funktionalen Information eine Art komplementäre Einheit, die Ausdruck der *Kontextabhängigkeit* von Information ist.

Ein Text beispielsweise existiert als freie strukturelle Information und kann als solche ausgetauscht und weiterverarbeitet werden. Was wir jedoch aus diesem Text an Information entnehmen, hängt wesentlich von der funktionalen Information ab, in diesem Fall von dem Algorithmus, mit dem wir die Buchstabensequenzen des Buches verarbeiten. Dieser Algorithmus existiert unabhängig von einem konkreten Text; funktionale und strukturelle Information sind also selbständige Informationen, wenngleich sie durch ihre Evolution miteinander verbunden sein können. Nehmen wir an, der Text sei eine Gebrauchsanleitung. Dann würde die wirksame Information, die aus dem Wechselspiel des Textes mit unserem Lesealgorithmus entsteht, uns den Gebrauch eines Gerätes ermöglichen. Wenn allerdings die Gebrauchsanleitung in einer Sprache geschrieben ist, die wir nicht verstehen, dann entsteht diese Wirk-Information auch nicht. Die strukturelle Information existiert

2.6 Pragmatische Information

zwar weiterhin, aber die Kontextabhängigkeit der funktionalen Information sorgt dafür, daß in diesem Fall keine wirksame Information erzeugt wird.

Die Tatsache, daß Information verstanden werden muß, um zu wirken, wird mit dem Begriff der *pragmatischen Information* erfaßt (E. V. & C. V. WEIZSÄCKER (1972, 1974)). Die pragmatische Information soll ein Maß für die Wirkung der Information beim Empfänger sein. Unter Bezugnahme auf den pragmatischen Informationsbegriff kann der Zusammenhang zwischen struktureller und funktionaler Information auch so formuliert werden: *durch die funktionale Information wird der Übergang von struktureller zu pragmatischer Information ermöglicht* (SCHWEITZER, 1997A,B,E).

Es gibt verschiedene Ansichten darüber, wie die Lücke zwischen der strukturellen und der Bedeutungsebene von Information geschlossen werden kann. Einen Versuch, diese Bedeutungsebene in den Informationsbegriff zu integrieren, bildet das Konzept der *semantischen Information*, das hier aber nicht weiter diskutiert werden soll (CARNAP & BAR-HILLEL, 1952; BAR-HILLEL, 1964). Es basiert darauf, Aussagen in logische Elementarsätze zu zerlegen, die jeweils mit "wahr" oder "falsch" beurteilt werden können - eine Art logischer Atomismus, wie er auch bei WITTGENSTEIN zu finden ist. Hier existieren Analogien zu dem in Abschnitt 2.1 beschriebenen Ansatz von C.F. V. WEIZSÄCKER (1974), Objekte in entscheidbare Uralternativen zu zerlegen.

E. V. WEIZSÄCKER (1974) hat versucht, "die begrifflichen Schwierigkeiten der Informationstheorie zu überwinden, indem wir zwei Begriffe vorschlagen, die ein Gegensatzpaar bilden und von denen wir annehmen, daß sie für *jede* Information gemeinsam konstitutiv sind: Erstmaligkeit und Bestätigung". In einer Fußnote merkt E. V. WEIZSÄCKER (1974) an: "Besonders originell ist diese Einsicht nicht; sie findet sich mehr oder weniger versteckt mehrfach in der Literatur", und er verweist dabei auf ZEMANEK (1959) und PIERCE (1972). Weiter führt er aus: "Die Bestätigung soll wie die Erstmaligkeit nur anteilig in Informationen, Ereignissen oder Dingen anzutreffen sein, nie ganz fehlen, nie alles umfassen. Es sieht so aus, als könne man (unter Konstanthaltung von etwas noch Ungeklärtem) sagen, daß eine informationelle Situation desto mehr Bestätigung enthält, je weniger Erstmaligkeit sie enthält." Dieses "noch Ungeklärte" identifiziert E. V. WEIZSÄCKER dann später als *Komplexität*.

Der Gehalt von Erstmaligkeit und Bestätigung wird explizit für "jede Information, gleichgültig ob als syntaktische, semantische oder pragmatische" angenommen. Zur Veranschaulichung des Zusammenhanges schlägt V. WEIZSÄCKER jene bekannte Skizze (Abb. 2.3) vor, die er bewußt als "Denkhilfe" bezeichnet.

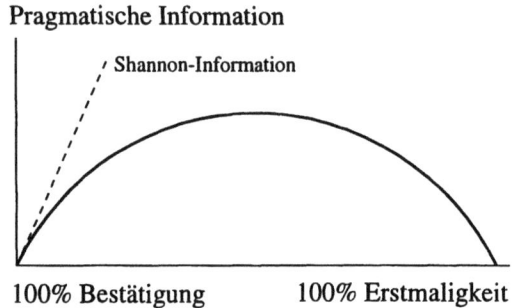

Abb. 2.3 Schematische Darstellung der pragmatischen Information

Danach ist die pragmatische Information, die die Wirkung der Information beim Empfänger beschreibt, immer dann minimal (oder Null), wenn die Information bereits vollständig bekannt, also redundant ist (Erstmaligkeit Null, Bestätigung 100 Prozent) - oder wenn die Information nicht an bereits Bekanntes anknüpft, also vollkommen neu und damit unverständlich ist (Erstmaligkeit 100 Prozent, Bestätigung Null). Zum Vergleich ist die Shannonsche Informationsentropie gerade dann maximal, wenn die Erstmaligkeit 100 Prozent beträgt, während sie im anderen Grenzfall minimal wird.

E. V. & C. V. WEIZSÄCKER (1972) haben die These vertreten, daß lebende Systeme zwischen diesen beiden Grenzfällen und damit in der Nähe des Maximums der pragmatischen Information operieren. Das heißt, die für die Evolution bedeutsame Information muß einerseits einen gewissen Neuheitswert haben, der andererseits aber auf der Grundlage der bereits vorhandenen Information auch verstanden werden kann.

Hier ergeben sich interessante Parallelen zur strukturellen Information von natürlichen Sequenzen, die wir schon im Abschnitt 2.5 erwähnt haben und die im Kapitel 5 ausführlich behandelt werden. Hinsichtlich ihres strukturellen Aufbaus sind natürliche Sequenzen weder chaotisch (Erstmaligkeit 100 Prozent, Bestätigung Null), noch sind sie periodisch (Erstmaligkeit Null, Bestätigung 100 Prozent), sondern sie weisen eine "Mischung" aus redundanten und neuen Anteilen auf, so daß die Korrelationen möglichst langreichweitig sind. Erst die richtige Mischung aus diesen beiden Anteilen gewährleistet einen möglichst große Wirk-Information.

2.6 Pragmatische Information

Das heißt, natürliche Sequenzen sind bereits strukturell so aufgebaut, daß sie der Anforderung an eine möglichst große pragmatische Information entsprechen. Damit bestätigt die informationstheoretische Analyse der strukturellen Information natürlicher Sequenzen die These, daß in der Evolution nicht die syntaktische Information maximiert wurde, die einzig den Neuheitswert mißt, sondern es wurde die pragmatische Information optimiert als diejenige, die letztlich auch verstanden werden kann. Vermutlich war dieses Optimum an pragmatischer Information auch der Selektionsvorteil der entsprechenden Sequenzen, die wir heute als "natürlich" bezeichnen, weil sie aus einer langen Evolution hervorgegangen sind.

Es sind also gewisse strukturelle Gesetzmäßigkeiten nötig, um eine wirksame Information und letztlich ein Verstehen zu ermöglichen - ohne daß die semantische Ebene jedoch aus der Struktur extrahiert werden könnte. Von hier aus ergibt sich ein erweiterter Blick auf den pragmatischen Informationsbegriff, und es wäre daher überdenkenswert, die Analyse der strukturellen Information zur quantitativen Messung der pragmatischen Information heranzuziehen.

Der Kurvenverlauf der pragmatischen Information in Abb. 2.3 kann auch in bezug auf den Komplexitätsgehalt diskutiert werden. E. V. WEIZSÄCKER (1974) hat eine Interpretation vorgeschlagen, "die mit der Komplexität der jeweils betrachteten Information (einschließlich der relevanten Empfänger- und Umweltstrukturen) zu tun hat. Diese Komplexität, sagen wir, beschränkt das Kurvenmaximum und jeden anderen Kurvenpunkt nach oben". Ein Vergleich des pragmatischen Informationsgehaltes ist demnach nur bei als konstant angenommener Komplexität möglich. Die Kurve symbolisiert nach V. WEIZSÄCKER "in Wirklichkeit nur die maximale Einhüllende von verschiedenen möglichen Ausnutzungsstrategien eines gegebenen Komplexitätsreservoirs". Weiterhin wird einschränkend hinzugefügt, "die Interpretation der Kurve dürfte erst nach einer Abszissennormierung stimmig werden, bei welcher der Abszissenwert des Kurvenmaximums unabhängig vom Komplexitätsgrad ist".

Abb. 2.3 hat ihren heuristischen Wert bei der Diskussion des Informationsbegriffes bewiesen; auch wir werden in diesem Buch an verschiedenen Stellen auf diese Skizze zurückkommen. Trotzdem wirft das Konzept der pragmatischen Information, wie es von E. V. WEIZSÄCKER (1974) vorgeschlagen wurde, verschiedene grundsätzliche Probleme auf. Eine der Fragen, die mit der Interpretation von Abb. 2.3 verbunden sind, besteht darin, ob sich "Erstmaligkeit" und "Bestätigung" jeweils unabhängig voneinander quantifizieren lassen. V. WEIZSÄCKER (1974) vermerkt dazu: "Wenn wir demnach eine gemeinsame Abszisse für sinnvoll halten, behaupten wir, daß wenigstens eine umkehrbar eindeutige Abbildung der Erstmaligkeit- und der Bestätigung-Prozentsätze aufeinander existiert." GERNERT (1985, 1996) hat Vorschläge unterbreitet, Erstmaligkeit und Bestätigung auf der Grundlage von Ähnlichkeits- oder Distanzmaßen zu quantifizieren und damit die pragmatische Information zu messen.

Ein zweites zentrales Problem ist das Vorwissen als Vorbedingung des pragmatischen Informationsgewinns. Wenn es dieses Vorwissen nicht gäbe, könnte die "erste eintreffende Information" nicht einmal teilweise verstanden werden, und es gäbe dann bei der "zweiten eintreffenden Information" natürlich auch keinen Anteil von Bestätigung. Dieses Vorwissen sieht E. V. WEIZSÄCKER (1974) als "individuelle Größe des Empfängers", und für das Verstehen "chinesischer Texte hilft Vorwissen im Chinesischen beträchtlich mehr als noch so häufige Wiederholung". Im Rahmen des pragmatischen Informationskonzeptes wird also bereits eine Information 2. Art vorausgesetzt, durch die die Information 1. Art verstanden werden kann. Woher dieses Vorwissen kommt, bleibt allerdings ungeklärt. Wie wir im Abschnitt 2.3 ausgeführt haben, ist aber gerade die Frage, wie die Wirkung oder das Verständnis von Information aus den Anfangsbedingungen heraus entstehen kann, von eminenter Bedeutung für ein Verständnis der Evolution (vgl. auch KÜPPERS, 1986; HAKEN, 1987, 1988; HAKEN & HAKEN-KRELL, 1989; EBELING & FEISTEL, 1994).

Ein drittes Problem betrifft die Frage nach dem Neuen in der Information. Das Konzept der pragmatischen Information impliziert, daß wir mit Hilfe unseres Vorwissens in der Lage sind, aus einer unvollständigen Information eine vollständige zu machen. Unvollständigkeit bedeutet hier, daß die Information Anteile enthält, die neu sind, die wir also noch nicht kennen, die aber durch den Rückgriff auf unserer Vorwissen erschlossen (erraten) werden können. Wenn wir zum Beispiel eine Nachricht als Text erhalten, dann ist die Kenntnis des kompletten Alphabets ein Teil dieses Vorwissens. Was an Neuheit in der Information zugelassen ist, beschränkt sich in der Praxis ausdrücklich auf die Permutationen von Buchstaben innerhalb des bekannten Alphabets. Diese Menge kann natürlich ungeheuer groß sein. Aber etwas grundsätzlich Neues, das nicht an Bekanntes anknüpft, das also über den Raum darstellbarer Information hinausreicht, zum Beispiel das Auftreten eines bisher unbekannten Buchstabens, läßt sich aus dem vorhandenen Vorwissen nicht erschließen.

2.6 Pragmatische Information

Dies ist aber unseres Erachtens gerade die Situation, in der sich alle evolutiven Systeme irgendwann befunden haben oder in der sie sich vielleicht fortlaufend befinden. Sie sind, zumindest zeitweise, mit wirklich Neuem konfrontiert und müssen die Basis für ihren Informationsraum ständig erweitern, verändern, um dieses Neue als Information aufzunehmen.

Was dem Konzept der pragmatischen Information fehlt, ist gerade diese evolutive Komponente - die Erweiterung des Zustandsraumes der Information. Das Maximum an pragmatischer Information kann daher immer nur ein temporäres Maximum sein, das an einen statischen Zustandsraum gebunden bleibt. Sobald in Gestalt des wirklich Neuen eine Erweiterung dieses Zustandsraumes notwendig wird, bricht das Maximum zusammen. Dieses Problem ist auch in der Funktionentheorie gut bekannt: Wenn der Zustandsraum um neue Koordinatenachsen erweitert wird, dann degenerieren in der Regel alle Maxima zu Sattelpunkten.

Das vierte Problem des pragmatischen Informationskonzeptes, das wir hier erwähnen wollen, betrifft die Annahme, daß es in der eintreffenden Information überhaupt etwas gibt, was wir bestätigen könnten - das heißt zugespitzt formuliert, daß die eintreffende Information mehr enthält als das, was wir hineinlegen. Aus konstruktivistischer Sicht ist jede eintreffende Information eine neutrale Störung, die das operational geschlossene System im Rahmen seiner eigenen Möglichkeiten interpretieren muß, ein Umstand, der als *Selbstreferentialität* bezeichnet wird. Die eintreffende Information liegt in unspezifischer Codierung ohne jeden Hinweis auf eine Bedeutung vor, sie ist praktisch nur strukturelle Information. Die Bedeutung selbst wird erst konstruiert, im Rezipienten der Information.

In den Kognitionswissenschaften wird die These diskutiert, die Entstehung von Bedeutung durch einen Selbstorganisationsprozeß zu erklären und damit dem Konzept der "semantischen Information" einen neuen, antireduktionistischen Inhalt zu geben (ROTH, 1992; STADLER & KRUSE, 1992). Semantische Information entsteht in diesem Kontext nicht durch Aufsummation logischer Elementarsätze, sondern als Emergenzphänomen über den möglichen Zuständen des Gehirns. An die Stelle der Bestätigung von Information tritt damit - nicht nur in einem radikal-konstruktivistischen Sinne - die *Konstruktion der Information* als pragmatischer Information, als diejenige Information, die eine Wirkung erzielt.

Wir haben versucht, einige der genannten Probleme des pragmatischen Informationskonzeptes von E. V. WEIZSÄCKER (1974) zu umgehen, indem wir pragmatische Information als eine Information charakterisiert haben, die im Wechselspiel von struktureller und funktionaler Information erst entsteht. Die funktionale Information ist damit jene "individuelle Größe des Empfängers", die E. v. WEIZSÄCKER (1974) als Vorwissen vorausgesetzt hat, während die strukturelle Information eine unspezifisch codierte Information ist, die keine Bedeutung mitbringt. Für uns ist die Konstruktion pragmatischer Information das Entscheidende: das Prozessuale, die Dynamik, durch die eintreffende "Information" in pragmatische Information verwandelt wird. In den folgenden Abschnitten wollen wir das an einem Computermodell genauer erläutern. Dabei werden wir einen wichtigen Punkt wieder aufgreifen, die Tatsache nämlich, daß vorhandene Information entsprechend des 2. Hauptsatzes der Thermodynamik entwertet wird.

2.7 Information und Kommunikation

Pragmatische Information ist zweckorientiert, der Terminus *pragmatisch* bezieht sich gerade auf diesen Zweck-Charakter. Von einem evolutionären Standpunkt aus besteht ein enger Zusammenhang zwischen Information und Nutzen: nur die Information, die auch Verwendung findet, ist letztlich wirksame Information, und die Genese der Information ist zwangsläufig mit ihrem Verstehen verknüpft. Diese Einsicht umschreibt C.F. v. WEIZSÄCKER (1974) mit den zwei Thesen: "1. Information ist nur, was verstanden wird. 2. Information ist nur, was Information erzeugt."

Ein solcher Standpunkt ist unserem alltagssprachlichen Verständnis des Begriffs "Information" sehr verwandt. Das zeigt sich auch bei den etymologischen Wurzeln des Wortes. Den Ausgangspunkt bildet das lateinische *informare* (gestalten, formen, bilden), das im Spätmittelhochdeutschen des 14. Jahrhunderts zu *informieren* im Sinne von "unterrichten, durch Unterweisung bilden, befähigen" wurde. So wird es auch noch in der heutigen Umgangssprache gebraucht: Wenn wir ein Buch als informativ einschätzen, dann meinen wir auch, daß es "belehrend, unterrichtend" ist.

Information im umgangssprachlichen Sinne ist also keinesfalls jede x-beliebige Nachricht, sondern eine Nachricht mit einer bestimmten Wirkung beim Empfänger. Noch ein zweiter Aspekt ist für das umgangssprachliche Verständnis von Information charakteristisch: Information erschließt sich erst in der Relation, im Verhältnis, beispielsweise zwischen zwei Personen: "Information ist ein Phänomen unseres zwischenmenschlichen Existierens, nämlich das der Mitteilung von Bedeutungsgehalten" (CAPURRO, 1996). Wir haben im Abschnitt 2.4 deshalb Information auch als eine binäre Relation zwischen zwei Systemen charakterisiert (EBELING & FEISTEL, 1994). Information ist Mitteilung - also etwas, das man mit anderen teilt. Eine Information, die niemand teilt, ist keine Information. Damit deutet sich eine enge Beziehung zwischen Information und Kommunikation an, die uns im weiteren beschäftigen wird.

Bereits SHANNON (1948) benutzte ausdrücklich das Wort Kommunikation im Titel seiner berühmten Arbeit zur Informationstheorie. Er wollte nicht Information an sich, sondern Nachrichten eines Senders für einen Empfänger meßbar machen. Wie wir bereits ausgeführt haben, basiert dies auf dem Vorwissen des Empfängers, z.B. in Form eines verbindlichen Alphabets. Im Rahmen des pragmatischen Informationskonzeptes wird weiterhin vorausgesetzt, daß der Sender semantisch auch etwas sagen will, was es zu bestätigen gilt - eine Rauschquelle wird nicht als Sender akzeptiert.

Wir wollen das Problem der Kommunikation hier mit den Begriffen strukturelle und funktionale Information verknüpfen. Im umgangssprachlichen Verständnis wurde Information einerseits charakterisiert als das Mitgeteilte; andererseits sollte Information eine bestimmte Wirkung erzeugen. Diejenige Information, die ausgetauscht und mitgeteilt werden kann, ist die strukturelle Information. Allerdings setzen wir im Anschluß an die obigen Ausführungen voraus, daß diese Information unspezifisch codiert ist, daß sie also durch die funktionale Information, die "individuelle Größe des Empfängers" (E. v. WEIZSÄCKER, 1974), erst interpretiert werden muß. Die wirksame Information schließlich ist die pragmatische Information, die erst im Rezipienten aus der Wechselwirkung von struktureller und funktionaler Information entsteht.

Die funktionale Information kann zum Beispiel ein Algorithmus sein, der die strukturelle Information verarbeitet, verwertet. Die funktionale Information repräsentiert damit den Aspekt der Informationsverarbeitung, der u.a. in der Informatik formalisiert wird, während die strukturelle Information in der Physik der Informationsprozesse behandelt wird. Beide Bereiche sind, ebenso wie die Arten der Information, klar voneinander geschieden; in der Generierung pragmatischer Information finden sie wieder zusammen.

Den Austausch struktureller Information wollen wir ganz allgemein als *Kommunikation* bezeichnen. Ein solcher Austausch ist angewiesen auf den Gebrauch eines *Mediums* (zu deutsch: "der Mittler") - sei es Sprache, Bücher, elektronische Medien usw. Das heißt, auch das, was wir umgangssprachlich als "direkte" Kommunikation bezeichnen, ist nur als ein Spezialfall der indirekten Kommunikation anzusehen.

Um einen solchen Kommunikationsprozeß zu simulieren, wollen wir im folgenden ein einfaches, an der Physik orientiertes Modell (SCHWEITZER & SCHIMANSKY-GEIER, 1994, 1996) betrachten, in dem eine Anzahl von Agenten Information austauscht. Diese Agenten bewegen sich plan- und ziellos auf einer Oberfläche. Allerdings generiert jeder Agent bei jedem Schritt Information, indem er lokal eine Markierung setzt; er schreibt mit dieser Markierung praktisch auf jeden Platz, den er aufgesucht hat: "Hier war ich schon." Zunächst sollen alle Agenten dieselbe Art von Markierungen benutzen. Die Markierung codiert also Information auf materieller Grundlage, als strukturelle Information. Da die Markierungen auf der Oberfläche gespeichert werden, ist die Information auf diese Weise unabhängig von den Agenten.

Die Markierungen selbst unterliegen dem 2. Hauptsatz der Thermodynamik. Sie haben eine Eigendynamik, sie können verblassen und damit langsam wieder verschwinden, wenn sie nicht ständig erneuert werden. Wenn andererseits ein Platz (von einem oder verschiedenen Agenten) mehrmals aufgesucht wird, nimmt die Stärke der Markierung wieder zu; die Information kann also lokal akkumuliert werden. Außerdem kann die Information sich eigenständig ausbreiten (hier durch Diffusion der Markierungen). Die Oberfläche ist damit charakterisiert durch eine Informationsdichte $b(r,t)$, die angibt wie stark die Markierung an einem bestimmten Ort r zu einer gegebenen Zeit t ist.

In unserem Modell nehmen wir an, daß die Agenten gedächtnislos sind, das heißt, sie können selbst intern keine Information akkumulieren, aber sie verfügen über funktionelle Information, die sie befähigt, die strukturelle Information zu lesen, wenn sie sich im direkten Umkreis ihres Platzes befindet. Bei einer Realisierung auf einem Gitter bedeutet dies, daß der Agent genau die nächsten Nachbarplätze erkennen kann, nicht aber Gitterplätze, die mehr als einen Schritt entfernt sind. Werden Markierungen in der unmittelbaren Umgebung entdeckt, dann können sie die Bewegungsrichtung des Agenten beeinflussen: der Agent wird mit einer gewissen Wahrscheinlichkeit der stärksten Markierung folgen. Da das Modell probabilistisch ist, existiert allerdings stets auch die Möglichkeit, daß der Agent eine zufällige Richtung einschlägt, obwohl er eine Markierung gefunden hat.

2.7 Information und Kommunikation

In dem hier diskutierten Modell verhalten sich die Agenten also wie physikalische Partikel, die spontan auf lokale Gradienten reagieren, ohne eine bestimmte Absicht zu verfolgen (SCHWEITZER, 1997D; SCHIMANSKY-GEIER et al. , 1997). Es stellt sich die Frage, inwieweit die Agenten tatsächlich gedächtnislos sein müssen. Diese Bedingung ist natürlich nicht notwendig - in den Wissenschaften, die sich mit Artificial Life und Artificial Intelligence beschäftigen, werden verschiedene Modelle für künstliche Agenten mit Gedächtnis diskutiert (MEYER & WILSON, 1991; LANGTON, 1994). Wir haben diese Annahme hier verwendet, um einen Selbstorganisationsprozeß zu simulieren, der sich ausschließlich auf der Grundlage der rückgekoppelten Informationsgenerierung und -verwertung vollzieht und nicht auf irgendeine Art in den Individuen verankert ist - zum Beispiel durch spezielle Absichten, Wünsche, Ziele usw. (MAES, 1992).

Bevor wir die Dynamik dieses Modells diskutieren, soll der Bezug zu den oben eingeführten Informationsbegriffen hergestellt werden. Die strukturelle Information ist hier gegeben durch die Informationsdichte $b(r,t)$, die natürlich auch als symbolische Sequenz dargestellt werden kann. Sie existiert auf "materieller Grundlage" in Form von Markierungen. Die Informationsdichte an einem bestimmten Ort r gibt zugleich die lokale Information an.

Die funktionale Information, die die Aufgabe hat, die strukturelle Information im Hinblick auf den Rezipienten zu interpretieren, existiert im vorliegenden Modell als ein Satz von einfachen Regeln, nach denen ein Agent verfährt - also durch das kleine Programm, das er fortlaufend abarbeitet:

1. der Agent prüft lokal, ob sich in seiner unmittelbaren Umgebung Markierungen befinden,

2. der Agent fällt eine Entscheidung über die Richtung des nächsten Schrittes in Abhängigkeit von der Stärke der lokalen Markierungen,

3. der Agent setzt an seinen jetzigen Platz eine Markierung,

4. der Agent bewegt sich auf seinen neuen Platz und wiederholt dann (1).

Mit den Regeln (1) bis (4) ist vorgegeben, was der Agent an Wirk-Information aus der vorhandenen strukturellen Information herauslesen kann. Das heißt, die funktionale Information ermöglicht den Übergang von der strukturellen zur pragmatischen Information, die die weitere Bewegung des Agenten bestimmt. Dabei zeigt sich, daß strukturelle und funktionale Information durchaus unterschiedlichen Charakter haben: im betrachteten Beispiel ist die strukturelle Information einfach ein skalares Feld, während die funktionale Information einen Algorithmus darstellt, durch den aus diesem Feld pragmatische Information gewonnen werden kann.

Dieser Algorithmus kann in der Tat von sehr simplen, gedächtnislosen Agenten abgearbeitet werden, da es keinerlei interner Informationsspeicherung bedarf - physikalisch gesehen, bewegen sich die Agenten fortlaufend in die Richtung des größten lokalen Gradienten eines Potentials, das sie selbst verändern können. Da die Agenten nicht *direkt*, sondern nur über die externe Informationsdichte miteinander wechselwirken, beschreibt das vorliegende Modell eine *indirekte Kommunikation*, die sich über den Zyklus "schreiben - lesen - handeln" vollzieht (SCHWEITZER, 1997D).

2.8 Selbstorganisation durch Information in einem Agentenmodell

Im Abschnitt 2.2 haben wir bereits dargestellt, daß die nichtlineare Wechselwirkung von Teilsystemen zu einem Strukturbildungsprozeß auf der makroskopischen Ebene führen kann, wenn bestimmte Bedingungen eingehalten werden. Der Kommunikationsprozeß, den wir hier diskutieren, beschreibt eine solche nichtlineare, rückgekoppelte Wechselwirkung, wobei die Teilsysteme in diesem Fall die Agenten sind. Die spontane räumliche Strukturierung, die aufgrund des Informationsaustausches innerhalb des Agentensystems abläuft, kann im Rahmen der Selbstorganisationstheorie verstanden werden.

Der Zugang der Selbstorganisationstheorie läßt sich auf einfache Weise als "bottom-up"-Zugang anstelle eines "top down"-Zuganges charakterisieren, wie er zum Beispiel für hierarchische Planungsstrukturen kennzeichnend ist. Auf der mikroskopischen Ebene haben wir "Individuen" (zum Beispiel Agenten) mit relativer Freiheit, die miteinander wechselwirken. Auf der makroskopischen Ebene entstehen aus der Wechselwirkung dieser "Individuen" neue Eigenschaften des Gesamtsystems, die als Strukturen sichtbar werden. Die Bildung derartiger Strukturen wird als Emergenzphänomen bezeichnet, weil die neuen Systemqualitäten sich zumeist sprunghaft herausbilden.

Um zu verstehen, wie diese Strukturen entstehen, muß die mesoskopische Ebene berücksichtigt werden, die zwischen der mikroskopischen und der makropskopischen Ebene vermittelt. Auf dieser Ebene vollzieht sich die Dyna-

2.8 Selbstorganisation durch Information in einem Agentenmodell

mik, die den Strukturbildungsprozeß entscheidend beeinflußt: die Herausbildung von Ordnungsparametern, die das System "versklaven", sowie Konkurrenz und Selektion. Auf diese Weise haben wir einen wechselseitigen Zusammenhang zwischen der mikroskopischen und der makroskopischen Ebene: einerseits sind es die "Individuen", die Systeme konstituieren - andererseits "versklaven" Systeme ihre Individuen, wenn sie sich einmal etabliert haben. Das *Versklavungsprinzip* ist ein sehr allgemeines Prinzip, das die Modenvielfalt in komplexen dynamischen Systemen einschränkt. Es wurde zuerst von HAKEN (1975, 1978) am Beispiel des Lasers entwickelt und ist für das Verständnis einer Vielzahl kooperativer Phänomene sehr hilfreich.

Im folgenden geht es speziell um die Frage, in welcher Weise eine "Versklavung" der Agenten durch den Informationsaustausch erfolgt und welche Art von Emergenzphänomenen auf der globalen Informationsebene entstehen. Der Selbstorganisationsprozeß, der sich auf der Grundlage indirekter Kommunikation in dem zuvor beschriebenen Modell vollzieht, soll am Beispiel einer Computersimulation erläutert werden (Abb. 2.4). Die Bilder 2.4 a-f stellen die Informationsdichte $b(r,t)$ zu verschiedenen Zeitpunkten dar. Ausgangszustand der Simulation war eine Oberfläche ohne jegliche Markierungen, auf der 100 Agenten zufällig verteilt wurden.

In Abb. 2.4a sehen wir, daß von den Agenten zunächst lokal Information in Form von Markierungen aufgebaut wird. Dabei läuft ein Selbstverstärkungsprozeß ab (Abb. 2.4 b,c), denn dort, wo der Agent eine Markierung findet, setzt er mit einer größeren Wahrscheinlichkeit wieder eine - aber wenn dies nicht fortlaufend geschieht, verblassen die Markierungen wieder, außerdem können sie diffundieren.

Die Simulation zeigt deutlich zwei verschiedene dynamische Regimes für die Entwicklung der Informationsdichte: anfänglich existiert eine Phase, wo an *vielen* Orten lokal Information angehäuft wird, erkenntlich an den hohen *spikes*, die die Maxima der Informationsdichte markieren und daher mit *Informationszentren* vergleichbar sind. Dann aber folgt eine Phase (Abb. 2.4 d-f), in der diese Informationszentren beginnen, miteinander zu konkurrieren - was dazu führt, daß die Zahl der spikes wieder abnimmt, bis sich schließlich ein Zentrum durchgesetzt hat.

Worum konkurrieren diese Zentren? Sie konkurrieren um die Agenten, die die Information, in diesem Fall die Markierungen, erst produzieren. Durch die Diffusion bedingt, existiert die Information natürlich überall, aber sie hat nicht überall einen überkritischen Wert, sondern nur in den Zentren. Die

70 2 Selbstorganisation und Information

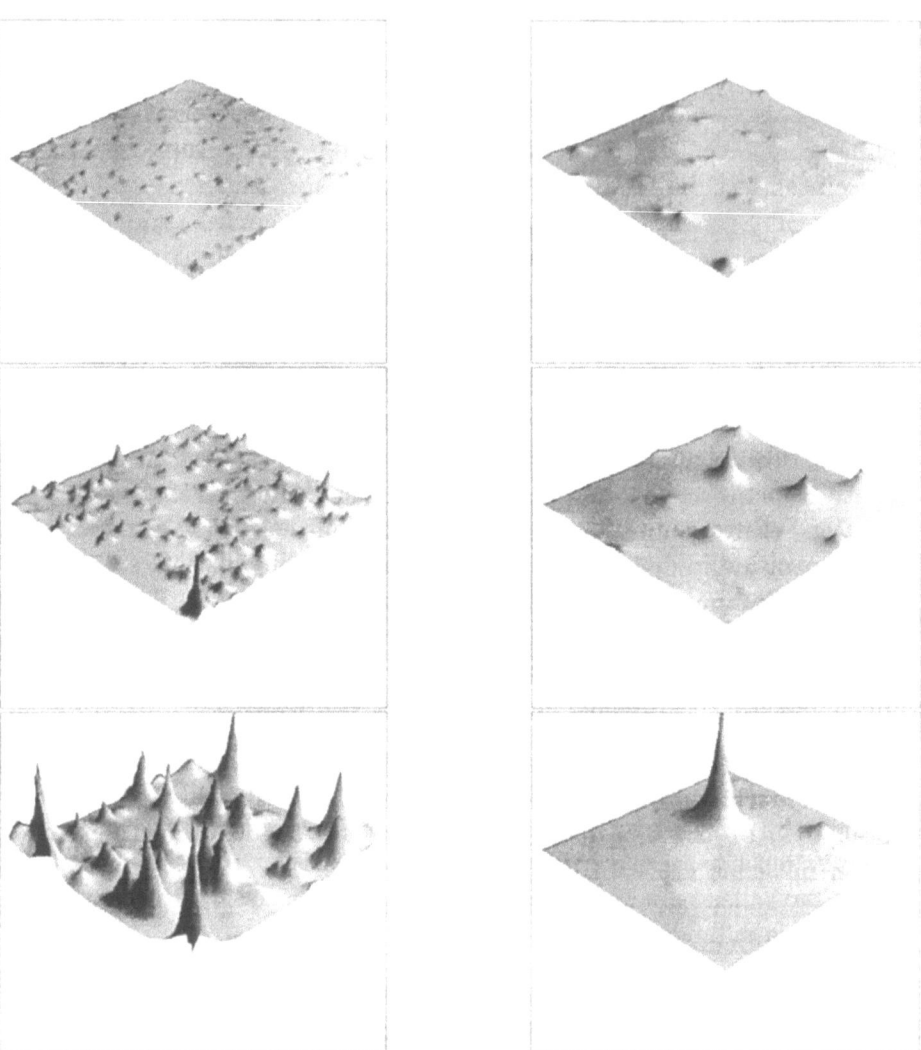

Abb. 2.4 Entwicklung der Informationsdichte $b(r,t)$: linke Seite: nach (a) 10, (b) 100, (c) 1000 Simulationsschritten; rechte Seite: nach (d) 1000, (e) 5000 und (f) 50000 Simulationsschritten. Bei den Abb. d-f wurde der Maßstab gegenüber Abb. a-c um das 10fache vergrößert, um die weitere Entwicklung der Informationsdichte zu erfassen. Die Dichte von Abb. (d) entspricht damit derjenigen von Abb. (c) bei einem 10fach vergrößerten Maßstab. (Anzahl der Agenten: 100, triangulares Gitter der Größe 100x100) (SCHWEITZER & SCHIMANSKY-GEIER, 1994, 1996)

Agenten, in ihrem Bestreben, sich in die Richtung der größten lokalen Informationsdichte zu bewegen, werden auf diese Weise nach und nach in die ver-

2.8 Selbstorganisation durch Information in einem Agentenmodell

schiedenen lokalen Informationszentren hineingezogen. Bei einer begrenzten Zahl von Agenten können aber nicht alle Informationszentren gleichermaßen wachsen, so daß letztlich nur diejenigen überleben, die das größte Attraktionspotential auf die Agenten ausüben, während die anderen Zentren nach und nach ihre ehemals überkritische Größe verlieren und wieder verschwinden. Die damit frei werdenden Agenten werden von den noch existierenden Zentren gebunden, so daß die produzierte Information mit der Zeit in immer weniger Zentren akkumuliert wird. Für diesen Konkurrenz- und Selektionsprozeß können Selektionsgleichungen hergeleitet werden (SCHWEITZER & SCHIMANSKY-GEIER, 1994), die dieselbe Form haben wie die bekannten EIGEN-FISHER–Gleichungen für die präbiotische Evolution (EBELING & FEISTEL, 1982).

Die nichtlineare Rückkopplung der Informationsdichte $b(r,t)$ auf die Bewegung der Agenten wird durch das *Versklavungsprinzip* adäquat beschrieben: Die Agenten schaffen durch die Produktion von Markierungen gemeinsam eine Informationsebene, über die sie miteinander kommunizieren. Wenn diese Ebene einmal existiert und ihr Einfluß durch eine ausreichende Informationsdichte $b(r,t)$ überkritisch geworden ist, dann beginnt sie, das weitere Verhalten der Agenten zu versklaven, indem aus der ehemals freien Bewegung der Agenten auf der Oberfläche mit der Zeit eine gebundene Bewegung wird, die sich um die erst geschaffenen Informationszentren konzentriert.

Die Wirkung dieses Versklavungsprinzips soll noch im Hinblick auf ein anderes Emergenzphänomen näher untersucht werden, das wir als kollektives Gedächtnis bezeichnet haben (SCHWEITZER, 1997, 1998B). Dazu betrachten wir das eben diskutierte Modell in einer etwas abgewandelten Form: die Agenten verfügen über dieselbe funktionale Information wie bisher, allerdings mit dem Unterschied, daß sie nur Markierungen erkennen können, die sich in dem Halbkreis vor ihnen befindet, der in Bewegungsrichtung liegt. Praktisch heißt dies, die Agenten können nicht *zugleich* nach vorn und nach hinten schauen - natürlich können sie aber zufällig ihre Bewegungsrichtung umkehren. Außerdem nehmen wir an, daß die Information jetzt nicht diffundiert, aber die Markierungen können wie bisher verblassen.

Unter diesen Modifikationen erhalten wir mit demselben Modell eine andere Struktur der Informationsdichte $b(r,t)$; es sind keine Informationsspikes mehr, sondern die Markierungen bilden Spuren, die die Wege kennzeichnen, die die Agenten beschritten haben (Abb. 2.5). Auch hier gibt es wieder Konkurrenz und Selektion: Spuren, die nicht ständig verstärkt werden, verschwinden wieder. Die Struktur, die zum Schluß erhalten wird, entspricht genau dem Wegenetz, das die Agenten letztlich gemeinschaftlich unterhalten können. Dabei ist, bedingt durch den Einfluß von Fluktuationen während der Herausbildung des Wegenetzes, jede der entstehenden Strukturen einmalig (HELBING et al., 1994, 1997; SCHWEITZER, 1998B).

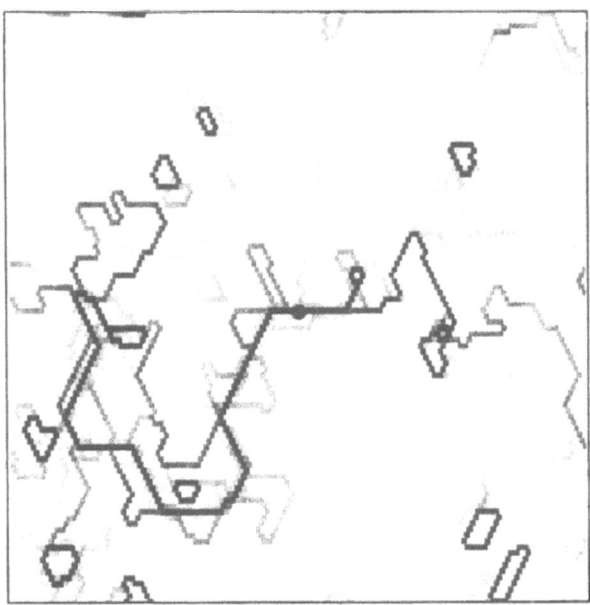

Abb. 2.5 Informationsdichte $b(r,t)$ nach 10000 Simulationsschritten (Anzahl der Agenten: 100, triangulares Gitter der Größe 100x100). Anhand der Stärke der Markierungen ist deutlich die Herausbildung von Haupt- und Nebenwegen zu erkennen (SCHWEITZER et al., 1997)

Interpretiert man diesen Vorgang, dann ist in dieser Struktur praktisch die Geschichte der Agenten-Community festgeschrieben: die Struktur ist historisch durch das gemeinschaftliche Handeln aller Agenten entstanden, und sie hat alle Aktionen der Agenten hinsichtlich der dabei generierten Information gespeichert, wobei diese Information mit der Zeit auch wieder verblassen kann. Für die Agenten, die selbst kein Gedächtnis haben, repräsentiert diese Struktur eine Art *kollektives Gedächtnis*, in dem durch die Informationsdichte $b(r,t)$ genau die Information angegeben wird, die nach einer bestimmten Zeit noch im System *verfügbar* ist. Verfügbarkeit bedeutet hier, daß diese Information (als strukturelle Information) tatsächlich noch durch funktionale Information aktiviert werden kann und damit *wirksam* wird.

In dieses kollektive Gedächtnis gehen die Informationen, die zu unterschiedli-

2.8 Selbstorganisation durch Information in einem Agentenmodell

chen Zeiten generiert wurden, gewichtet ein. Dieser Prozeß ist aber durch die nichtlineare Rückkopplung durchaus differenziert zu betrachten: natürlich ist die Information, die in den frühen Stadien der Entwicklung generiert wurde, längst verblaßt - auf der anderen Seite waren die ersten Markierungen, die von den Agenten gesetzt wurden, auch diejenigen, durch die das System seine frühe Prägung erhalten hat. Dieser Vorgang wird in der Physik als Symmetriebrechung bezeichnet: bevor überhaupt Markierungen gesetzt wurden, ist die Symmetrie des Systems noch erhalten - das heißt, es gibt keine Unterscheidung zwischen markierten und nicht markierten Plätzen. Mit dem Setzen von Markierungen aber wird diese Unterscheidung existent, und die Symmetrie des Systems ist gebrochen. Wie bereits im Abschnitt 2.2 betont wurde, sind Symmetriebrüche ein charakteristisches Merkmal von Evolutionsprozessen, vergleichbar der Entscheidung von Alternativen bzw. der Bifurkation des Systemverhaltens an kritischen Punkten (NICOLIS & PRIGOGINE, 1987).

Die frühe Information kann im Verlauf der Evolution des Systems durch "Verwertung" verstärkt werden; wird sie ständig "aufgefrischt", dann steht sie auf diese Weise auch noch zu späteren Zeiten zur Verfügung. Wird sie aber nicht laufend verstärkt, dann verblaßt sie mit der Zeit und hat auf die spätere Entwicklung des Systems keinen entscheidenden Einfluß mehr. In diesem Zusammenhang sei noch einmal auf die im Abschnitt 2.7 erwähnte These von C.F. V. WEIZSÄCKER (1974) verwiesen: "Information ist nur, was verstanden wird", die von V. WEIZSÄCKER wie folgt kommentiert wird: "Information existiert nur, wenn und insofern Information erzeugt wird."

Auf diese Weise charakterisiert die Struktur, die hier als Beispiel diskutiert wird, tatsächlich ein kollektives Gedächtnis für die Agenten (SCHWEITZER, 1998B). Nur diejenigen Wege, die wirklich ständig benutzt und damit aufgefrischt werden, bleiben im Verlauf der Entwicklung erhalten. Daneben können zu allen Zeiten auch stets neue Markierungen gesetzt werden: die Agenten sind nicht gezwungen, sich stets auf alten, eingefahrenen Wegen zu bewegen, sondern sie haben (im Rahmen eines probabilistischen Modells) auch die Möglichkeit, "Neuland zu betreten". Die Frage ist aber, ob die damit generierte neue Information im Verlauf der Evolution auch weiter verstärkt und als neuer "Aus-Weg" akzeptiert wird, oder ob sie mit der Zeit wieder verblaßt und vergessen wird. Hier wird der Versklavungseffekt durch die einmal hervorgebrachten Wege deutlich: je stärker die Wege ausgebaut sind, das heißt, je mehr die Information auf bestimmte Bereiche beschränkt ist, um so schwerer ist es, daß sich neue Wege etablieren. Das kollektive

74 2 Selbstorganisation und Information

Gedächtnis versklavt die Agenten, indem es sie bevorzugt auf vorhandene Wege einschränkt - da aber andererseits dieses kollektive Gedächtnis erst durch die Agenten hervorgebracht wurde, werden die Agenten letztlich von ihrer eigenen Geschichte versklavt, die ihre Gegenwart mitbestimmt.

2.9 Kollektive Information

Wir haben anhand eines einfachen Modells durch Computersimulationen gezeigt, wie sich eine Anzahl von Agenten über die Erzeugung und Verwertung von Information räumlich organisiert und dabei gemeinschaftlich Strukturen aufbaut. Der Begriff Selbstorganisation hat hier durchaus seine Berechtigung, denn während des Prozesses wird in der Tat Information generiert - einer Vereinbarung von H. v. FOERSTER und K. FUCHS-KITTOWSKI zufolge sollte der Begriff "Selbstorganisation" nur dort verwendet werden, wo tatsächlich Information entsteht, ansonsten soll der Begriff "Selbststrukturierung" Anwendung finden, der auch für konservative Systeme gilt.

Während des ablaufenden Selbstorganisationsprozesses wird mit Hilfe von funktionaler Information ständig aus vorhandener struktureller Information pragmatische Information gewonnen. Diese pragmatische Information beeinflußt die Bewegung der Agenten und hat daher einen Einfluß auf die *weitere Erzeugung* struktureller Information. Wie wir gezeigt haben, läuft die Entstehung von Information auf zwei verschiedenen Ebenen ab: Zum einen wird Information *lokal* generiert, indem die Agenten Markierungen setzen, die die verschiedenen Plätze hinsichtlich der Informationsdichte voneinander unterscheiden; zum anderen wird auf der Ebene des Gesamtsystems eine neue Art von *globaler* oder *kollektiver Information* erzeugt, die von dem einzelnen Agenten nicht als Ganzes wahrgenommen werden kann, gleichwohl aber dessen Aktion beeinflußt. Diese globale Information wurde hier in Analogie zu einem kollektiven Gedächtnis diskutiert, das durch drei verschiedene Prozesse strukturiert wird:

1. die gemeinschaftliche Generierung von neuer Information,

2. die gemeinschaftliche Erhaltung von vorhandener Information,

3. das schrittweise Verschwinden von Information, die nicht ständig verstärkt wird.

2.9 Kollektive Information 75

Auf diese Weise werden die individuellen Agenten, die selbst kein Gedächtnis haben und für die es kein Vergessen und Erinnern gibt, rückgekoppelt mit der Geschichte ihres Gesamtsystems konfrontiert. Das kollektive Gedächtnis ist gewissermaßen die Ebene, über die die Agenten indirekt miteinander kommunizieren, indem sie "schreiben, lesen und handeln".

Diese Ebene spielt in der Synergetik die Rolle des Ordners, der von den Agenten gemeinschaftlich kreiert auf deren Bewegung zurückwirkt und diese versklavt. Durch die Rückkopplung zwischen der Ebene der Agenten und der Ebene des kollektiven Gedächtnisses können sich beide nur gleichzeitig, also im Sinne einer *Ko-Evolution*, entwickeln - die sich dabei vollziehende Ausdifferenzierung der *Informationslandschaft* erfolgt also selbstreferentiell und nicht durch Steuerung von außen. In dem dabei ablaufenden Selbstorganisationsprozeß können sich, je nachdem, ob die Information sich ausbreiten kann oder nicht oder ob verschiedene Arten von struktureller Information zugelassen werden, durchaus verschiedene Strukturen innerhalb der Informations-"Landschaft" etablieren, so daß Selbstorganisation und Entstehung von Information hier eng miteinander verkoppelt sind. Dies weist auf die *aktive Rolle* von Information im Strukturbildungsprozeß hin.

Das dynamische Verhalten, das wir an diesem einfachen Modell beobachten können, ist durchaus geeignet, um weitergehende Schlußfolgerungen über die sich entwickelnde Informationslandschaft zu ziehen. Wir haben in den Computersimulationen gesehen, daß die entstandene Informationsstruktur, das kollektive Gedächtnis, sich nach einer gewissen Einschwingphase in einem quasistationären Zustand bzw. einem homöostatischen Gleichgewicht befindet. Dieses Gleichgewicht ist dadurch gekennzeichnet, daß der Zuwachs an neu generierter Information und das Verschwinden von vorhandener Information sich auf der globalen Ebene gerade die Waage halten. Dabei ist zu beachten, daß die neu generierte strukturelle Information im wesentlichen ein Auffrischen, ein Verstärken der schon vorhandenen Information bedeutet - nur im Einzelfall wird tatsächlich etwas Neues generiert, ein Ausweg wird gefunden.

Wir stellen also, zumindest im Rahmen des diskutierten Modells, im Langzeit-Limit kein Wachstum der kollektiven Information fest, sondern eine *Substitution von Information*: für das, was wir dazugewinnen, verlieren wir gleichzeitig alte Anteile. Auf diese Weise ändert sich das kollektive Gedächtnis auf einer sehr langsamen Zeitskala. Ein "Fortschritt", der sich quantitativ messen ließe, kann aus diesem Prozeß nicht abgeleitet werden, vielmehr geht

2 Selbstorganisation und Information

es um die *Erhaltung der Anpassung* des kollektiven Gedächtnisses an die sich verändernde Informationslandschaft (SCHWEITZER, 1998B).

Dieser Adaptationsprozeß ändert sich auf interessante Weise, wenn wir verschiedene Arten von struktureller Information zulassen (SCHWEITZER 1997 A). Zum Beispiel können wir annehmen, daß erfolgreiche Agenten, die ein bestimmtes Ziel erreicht haben, eine neue Art von struktureller Information generieren, auf die alle Agenten rückgekoppelt reagieren können. Diese Erfolgsinformation übt dann einen zusätzlichen Selektionsdruck bei der Adaptation der Informationslandschaft aus.

Um ein solches Verhalten zu simulieren, führen wir in das bereits behandelte Agenten-Modell einige Modifikationen ein, ohne jedoch die prinzipielle Dynamik des Modells zu ändern. Wir nehmen an, daß die Agenten jetzt ein Zentrum haben (Nest, Haus, Stadt usw.), das mit verschiedenen Plätzen in der Umgebung (Futterplätze, Handelsplätze usw.) verbunden werden soll. Diese Verbindungen sollen wiederum von gedächtnislosen Agenten aufgebaut werden, das heißt von Agenten, die weder wissen, wo die Futterplätze sind, noch wo ihr Nest ist. Diese Aufgabe ist in der Tat ohne Vorwissen und ohne Navigation lösbar und hat eine eminente praktische Bedeutung für jegliche Art von selbstorganisierter Netzwerkbildung (SCHWEITZER et al. , 1997; SCHIMANSKY-GEIER et al. , 1997).

Die Agenten haben keine Repräsentanz ihrer Umgebung; alles, was sie "wissen", ist durch die vorgegebene funktionale Information (Algorithmus) und durch die strukturelle Information (Markierungen) bestimmt. Die Agenten handeln dabei ausschließlich lokal: die Information wird lokal gelesen und lokal geschrieben, die Richtung für die weitere Bewegung wird lokal bestimmt, und die Entscheidung darüber ist sofort vergessen, da sie nicht gespeichert werden kann.

In dem Modell wird angenommen, daß die Agenten, die einen Futterplatz entdeckt haben, von den nicht erfolgreichen Agenten dadurch unterschieden werden, daß sie für die weitere Markierung eine andere Farbe verwenden (zum Beispiel rot statt blau). Es ändert sich, wohlgemerkt, nicht der Algorithmus, sondern nur die Art der Markierung: von den erfolgreichen Agenten wird also zusätzliche strukturelle Information generiert. Falls ein erfolgreicher Agent anhand alter (blauer) Markierungen zum Ausgangszentrum zurückfindet, verläßt eine Anzahl weiterer Agenten das Zentrum. Diese Agenten können nur durch erfolgreiche Agenten aktiviert werden, und sie richten sich auch nur nach den (roten) Markierungen, die der erfolgreiche

Agent gesetzt hat, während sie selbst, solange sie noch nicht erfolgreich sind, noch blaue Markierungen setzen. Sind sie selbst erfolgreich, dann machen sie es genau umgekehrt - sie setzen die rote Markierungen und sehen nach den blauen.

Durch diese Modifikation des Modells existieren also zwei verschiedene Arten struktureller Information im System: die der erfolgreichen Agenten und die der nicht erfolgreichen, wobei die nicht erfolgreichen Agenten, die durch die erfolgreichen rekrutiert oder aktiviert wurden, versuchen, sich immer nach der Information der erfolgreichen Agenten zu richten, sofern diese verfügbar ist.

In der Computersimulation dieses Modells lassen sich wiederum zwei verschiedene dynamische Regimes beobachten: Zunächst startet ein Schwarm von Agenten, die unkorrelierte Bewegungen ausführen und zufällig Erfolg haben, indem sie einen der Futterplätze entdecken. Damit beginnen sie, eine Spur des Erfolgs zu legen und die Informationslandschaft entscheidend zu verändern. Gelingt es ihnen, zum Zentrum zurückzukehren und andere Agenten zu aktivieren, dann kann diese Spur verstärkt werden, wobei der Übergang in das zweite dynamische Regime erfolgt. Dieses ist optisch eindrücklich sichtbar in der Entstehung eines Weges zwischen dem Zentrum und dem Futterplatz (Abb. 2.6 a-d).

Dieser Weg ist ein echtes Emergenzphänomen, das durch einen Selbstorganisationsprozeß entsteht. Es ist weder im Algorithmus, noch in den Markierungen vorgeschrieben, daß die Agenten einen Weg zu bauen hätten; dies geschieht einzig durch die Art der nichtlinearen Rückkopplung zwischen den Agenten (HELBING et al. , 1994, 1997).

In dem hier diskutierten Modell bricht die Struktur schlagartig durch und nicht etwa allmählich: sobald die Erfolgsinformation einen kritischen Wert übersteigt, entsteht der Weg innerhalb sehr kurzer Zeit. Das heißt, die Existenz des Weges ist an die Existenz einer überkritischen Erfolgsinformation geknüpft - nur die Erfolgsinformation vermag die Agenten zu den Plätzen zu leiten, wo sie beispielsweise Ressourcen ausbeuten können (in Form von Futterquellen).

Die Existenz des Weges versklavt natürlich wiederum die weitere Entwicklung des Systems, da die Agenten infolge der hohen Informationsdichte, die sich in den Wegen akkumuliert hat, zum großen Teil an diese gebunden sind. Wenn aber beispielsweise, wie in dem hier diskutierten Modell simuliert, die Ressourcen an den entsprechenden Plätzen aufgebraucht sind, dann wird

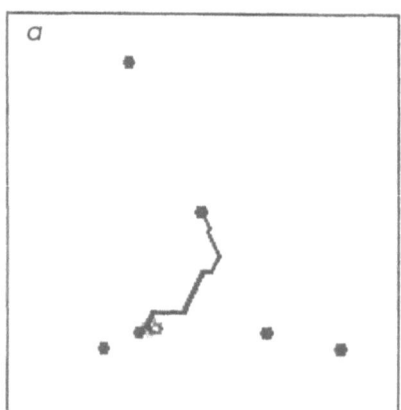
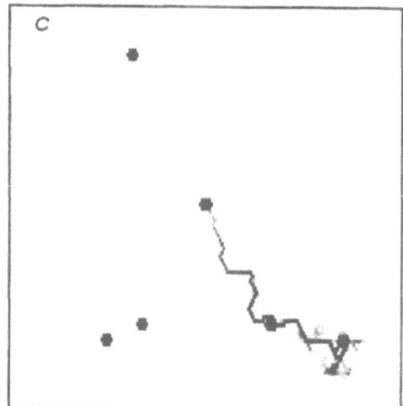
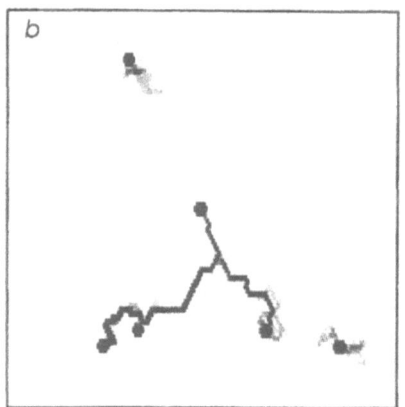
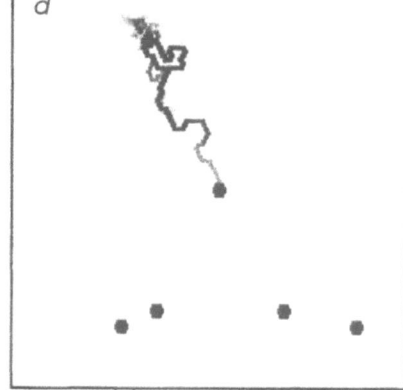

Abb. 2.6 Herausbildung von Verbindungen zwischen einem Zentrum und fünf umliegenden Plätzen durch lokale Interaktion von künstlichen Agenten unter Verwendung von zwei verschiedenen Markierungen. Die Abb. zeigen die Gesamtdichte der Information nach (a) 2000, (b) 4000, (c) 8500 und (d) 15000 Simulationsschritten (SCHWEITZER et al., 1997)

von den Agenten keine Erfolgsinformation mehr produziert, und der Weg, der praktisch nutzlos geworden ist, beginnt wieder zu verblassen - das heißt, die gespeicherte strukturelle Information wird nach und nach verschwinden. Statt dessen entdecken die nun "freien" Agenten neue Futterquellen, zu denen neue Wege aufgebaut werden (Abb. 2.6 b-d). Natürlich macht sich auch hier der Einfluß der vorhandenen Prägungen bemerkbar, was daran ersichtlich ist, daß auch bei den neuen Wegen Teile der alten Wege integriert werden, sofern sie Verwendung finden können.

Der Vorteil des hier diskutierten Modells liegt unter anderem darin, daß auf eine sehr einsichtige Weise gezeigt werden kann, wie emergente Strukturen durch nichtlineare, indirekte Wechselwirkung zwischen Agenten entstehen können - ein Prozeß, bei dem *Komplexität generiert* wird: durch die kollektive Wechselwirkung der Agenten werden komplizierte Aufgaben gelöst (wie das Entdecken und Verbinden von vorher nicht bekannten Punkten), die auf der Ebene des Individuums gar nicht "verstanden" werden können, weil es keine Entsprechung dafür gibt.

Information ist, zumindest im Rahmen dieses Modells, darauf angewiesen, daß sie wahrgenommen, rezipiert wird. Ein Buch, das niemand liest, ist in diesem Sinne soviel wert wie ein Buch, das nicht geschrieben wurde. Nur die Information, die wirkt, bleibt als Information bestehen, alle andere Information wird vergessen. Das bedeutet, wirksame, pragmatische Information ist keine Invariante der Entwicklung, sondern sie entsteht ständig neu durch das komplementäre Zusammenspiel von funktionaler und struktureller Information. Damit haben wir ein *evolutives* Verständnis von Information favorisiert.

In den folgenden Kapiteln wollen wir uns vornehmlich mit denjenigen Aspekten von Information beschäftigen, die quantifizierbar sind. Diese Analyse beschränkt sich derzeit allerdings noch auf die syntaktische bzw. strukturelle Ebene.

3 Informationstheoretische Maße

3.1 Nachrichten und Kommunikation

Im Zentrum der folgenden Untersuchungen stehen Symbolsequenzen oder allgemeiner lineare Strukturen. Die Anbindung an das Gebiet der Informationstheorie erfolgt durch Betrachtung der Symbolsequenzen als kodierte Nachrichten in einem Kommunikationsprozeß.

Als historischer Ausgangspunkt einer quantitativen Theorie der Kommunikation ist die Arbeit von CLAUDE SHANNON aus dem Jahr 1948 zu betrachten (SHANNON, 1948). Unter Rückgriff auf Vorarbeiten von NYQUIST (1924; 1928) und HARTLEY (1928) unternahm SHANNON dort den Versuch einer konzeptuellen und quantitativen Beschreibung des Vorganges der Kommunikation. Der gesamte Vorgang wurde dabei in eine Reihe elementarer Akte zerlegt. Diese sind:

1. die Emission einer Nachricht durch einen Sender – SHANNON spricht bereits von einer *Informationsquelle* –,

2. die Kodierung der Nachricht und die Einspeisung des kodierten Signals in einen Kanal durch den *Transmitter*,

3. die tatsächliche Übertragung des kodierten Signals durch einen *Kanal* mit Störung,[1]

4. der Empfang am anderen Kanalende sowie die Dekodierung des Signals durch den *Empfänger* und

5. der Erhalt der rückübersetzten Nachricht durch die *Bestimmungseinheit (destination)*.

Die *Informationsquelle* und die *Bestimmungseinheit* können Personen oder Maschinen sein.

---

[1] D.h. das Signal kann auf der Übertragungsstrecke verrauscht werden.

3.1 Nachrichten und Kommunikation

Diese Betrachtungsweise bei SHANNON ist unidirektional, d.h. die Rollen von Informationsquelle und Bestimmungseinheit sind festgeschrieben. Es findet keine wechselseitige Beeinflussung statt. Eine Erweiterung durch einen generell symmetrischen Aufbau – wer redet, kann auch zuhören, und wer zuhört, kann auch reden – stellt die von MARKO vorgeschlagene bidirektionale Kommunikation dar (MARKO, 1973; 1981).

Einen wesentlichen Aspekt bei dieser Betrachtung bildet die Frage nach der *Kapazität* oder *Informationsübertragungsrate*. In diesem Zusammenhang ist aber zunächst ein Maß für den *Informationsgehalt* einer Nachricht zu definieren. Hierbei ist es wichtig zu bemerken, daß SHANNONS Beschreibung sich nicht auf den *semantischen* Inhalt einer Nachricht, sondern stets nur auf den *syntaktischen* Informationsgehalt bezieht.

Zur Verdeutlichung des Unterschiedes zwischen beiden Aspekten betrachte man einen Vorrat an Buchstaben des Alphabets. Jeder Buchstaben sei in einer Häufigkeit enthalten, welche seiner *natürlichen Frequenz* etwa in der deutschen Sprache entspricht. Nun sollen fünf Buchstaben nacheinander mit Zurücklegen, also unabhängig voneinander, aus diesem Vorrat gezogen und in der Reihenfolge ihres Erscheinens notiert werden. Als zwei mögliche Ergebnisse dieses Experimentes gelten die Buchstabenfolgen H-A-L-L-O und Y-Y-Y-Y-Y. Erstere wird gegenüber letzterer sehr viel wahrscheinlicher sein. Im Vorgriff auf die folgenden Ausführungen wird vermerkt, daß sich syntaktische Information lediglich auf Wahrscheinlichkeiten des Auftretens bezieht und dabei der Folge H-A-L-L-O einen geringeren Informationsgehalt zuschreibt als der Folge Y-Y-Y-Y-Y. Dies steht natürlich im krassen Widerspruch zum intuitiven Verständnis vom Begriff der *Information*; es hat aber lediglich mit der Tatsache zu tun, daß wir dem Wort HALLO, nicht aber dem Wort YYYYY eine *Bedeutung* zumessen, welche abhängig ist von unserem Vorwissen, also etwa Vorkenntnissen der deutschen Sprache. Die Einbeziehung semantischer Aspekte erfordert daher in jedem Fall die Einordnung der empfangenen Nachricht in den Bedeutungshintergrund des Empfängers. Dieser Problemkreis wird nicht bei SHANNON und auch nicht in der vorliegenden Arbeit berührt.

Neben den Begriffen der *syntaktischen*Information!syntaktische und der *semantischen*Information!semantischeInformation gibt es noch einen weiteren, den der *pragmatischenn Information*, auf welchen wir ja schon in Abschnitt 2.6 eingegangen waren.

82   3 Informationstheoretische Maße

Das Tripel *Syntax, Semantik, Pragmatik* geht im wesentlichen zurück auf C. W. MORRIS (1938), der dafür die folgenden Definitionen gibt:

- *Syntax* ist die Lehre von den Beziehungen zwischen den Zeichen.
- *Semantik* ist die Lehre von den Beziehungen zwischen den Zeichen und den Objekten, welche sie symbolisieren.
- *Pragmatik* ist die Lehre von den Beziehungen zwischen den Zeichen und ihren Benutzern.

Pragmatische Information und Komplexität weisen ähnliche Merkmale auf; diese Parallelen wurden in Abschnitt 2.6 betrachtet. Für eine ausführliche Diskussion dieses Themenkomplexes weisen wir hin auf Arbeiten und weiterführende Referenzen in (KORNWACHS & JACOBY, 1996).

Da dem Begriff der Informationsquelle eine zentrale Bedeutung für die Einordnung der vorzustellenden Arbeiten in das Gebiet der Informationstheorie zukommt, soll dieser zunächst erläutert werden.

3.2 Informationsquellen

Das Konzept der *Informationsquelle*, oder auch nur der *Quelle*, ist grundlegend für das Verständnis informationstheoretischer Begriffe. Die mathematische Definition geht auf MCMILLAN (1953) zurück. In diesem Zusammenhang ist aber insbesondere auch der Name von KHINCHIN zu erwähnen (KHINCHIN, 1957A; 1957B). Die mathematisch exakte Darstellung des Begriffes der Quelle setzt hinreichende Vertrautheit mit fundamentalen mathematischen Begriffen und Definitionen voraus. Wir werden hier lediglich eine Motivation und anschauliche Skizze der Grundidee liefern.

Die Wirkung einer Quelle besteht in der Produktion von *Symbolsequenzen*. Das sind bei KHINCHIN beidseitig unendliche Folgen von Buchstaben

$$\{x_t\}_{t=-\infty}^{\infty} = \ldots x_{-2} x_{-1} x_0\, x_1\, x_2 \ldots, \qquad (3.1)$$

wobei der Folgenindex t einer *diskreten Zeit* entspricht. Die einzelnen Symbole x_t sind Platzhalter für jeweils einen Buchstaben aus einem fest vorgegebenen Alphabet, das ist die endliche Menge $A := \{a_1, \ldots, a_\lambda\}$. Natürlich gibt es unendlich viele dieser Symbolsequenzen; jede einzelne kann dabei als eine mögliche Realisierung oder als eine mögliche *Lebensgeschichte* (KHIN-CHIN) der Quelle aufgefaßt werden.

Ordnet man einer beliebigen Auswahl von n *Zeitpunkten* $t_1, \ldots, t_n$ eine Auswahl von n Buchstaben $c_1, \ldots, c_n$ des Alphabets A so zu, daß gilt

$$x_{t_i} := c_i \qquad i = 1, \ldots, n \qquad (3.2)$$

und faßt man dann alle *Lebensgeschichten*, welche mit dieser Fixierung von *Sollwerten* verträglich sind, in einer Menge zusammen, so heißt diese Untermenge *Zylinder*. Einem jeden denkbaren Zylinder ist nun eine Wahrscheinlichkeit zugeordnet. Durch die Gesamtheit dieser Zuordnungen von Wahrscheinlichkeiten zu Zylindern, d.h. durch ein *Wahrscheinlichkeitsmaß* μ, ist die Quelle eindeutig charakterisiert. Sie wird symbolisch repräsentiert durch $[A, \mu]$.

Es ist wichtig zu bemerken, daß dieses Konzept der Quelle keinerlei Aussagen über eine physikalische Realisierung erfordert, sondern zunächst nur das theoretische Fundament für die statistische Analyse von Symbolsequenzen darstellt. Die Anwendung des Begriffes der Quelle auf dynamisch generierte Strukturen, die wir im folgenden Kapitel betrachten werden, oder auf Texte, Musik und Biosequenzen, die Gegenstand des Kapitels 5 sind, ist in diesem Sinne zu verstehen.

Im folgenden werden spezielle Zylinder eine sehr wichtige Rolle spielen: Zum einen solche, welche durch n direkt aufeinander folgende Indizes gebildet werden, also durch

$$t_1 = \tau, \quad t_2 = \tau + 1, \quad \ldots, \quad t_n = \tau + (n-1) \quad (\tau \in N) \,. \qquad (3.3)$$

Sei die Auswahl der zugehörigen n Buchstaben wieder mit $c_1, \ldots, c_n$ bezeichnet, so wird das Maß μ dieses Zylinders auch interpretiert als *die Wahrscheinlichkeit, das n-Wort (oder n-gram) $c_1, \ldots, c_n$ zum Zeitpunkt τ zu beobachten* ; dafür schreiben wir im folgenden auch $p(c_1, \ldots, c_n; \tau)$.

Zum anderen erhält man nach der Wahl $t_1 := \tau$, $t_2 := \tau + m$ und zugeordneten c_1, c_2 die im folgenden mit $p^{(m)}(c_1, c_2; \tau)$ bezeichnete *Wahrscheinlichkeit für die Beobachtung des Buchstabens c_1 zum Zeitpunkt $\tau \in N$ und des Buchstabens c_2 m Zeiteinheiten später*.

84   3 Informationstheoretische Maße

Konzeptuell ergibt sich eine Vereinfachung, wenn es sich um eine *stationäre Quelle* handelt. Dann gilt nämlich für alle $n, m, \tau \in N$ und für alle $c_1, c_2, \ldots, c_n \in A$

$$p(c_1, \ldots, c_n; \tau) = p(c_1, \ldots, c_n; 0) \;=:\; p(c_1, \ldots, c_n) \;, \tag{3.4}$$

$$p^{(m)}(c_1, c_2; \tau) = p^{(m)}(c_1, c_2; 0) \;=:\; p^{(m)}(c_1, c_2) \;. \tag{3.5}$$

Das bedeutet also, daß Wahrscheinlichkeiten nicht mehr von dem Beobachtungszeitpunkt τ, das ist die Position innerhalb der *Lebensgeschichte* der Quelle, abhängen.

Die Stationarität der Quelle bildet zusammen mit einer weiteren wichtigen Eigenschaft, der *Ergodizität*, die wesentliche Voraussetzung für die praktische statistische Analyse von vorliegenden Buchstabensequenzen. Die Ergodizität der Quelle rechtfertigt dabei die Betrachtung einer Symbolsequenz als *typische Realisierung* der zugrunde liegenden Quelle. Daher können durch Auslesen einer *Mustersequenz* mit Fug die relativen Häufigkeiten der interessierenden Zylinder bestimmt werden.

Aus der Stationarität der Quelle folgt die Konvergenz der *Zeitmittel* (meßbarer Funktionen) im Limes *Mittelungsdauer* gegen Unendlich. Der Grenzwert ist dabei eine Funktion der jeweiligen Mustersequenz. Ist die Quelle überdies ergodisch, so folgt zusätzlich, daß *für fast alle* Mustersequenzen diese Funktion eine Konstante, der Grenzwert also unabhängig von der Mustersequenz ist.

Relative Häufigkeiten können aber auch als *Zeitmittel* aufgefaßt werden. Dann sind deren Grenzwerte für die unendlich lange Mustersequenz im Fall der stationären und ergodischen Quelle *fast immer* unabhängig von der Mustersequenz und daher charakteristisch für die Quelle.

Die Tatsache, daß die relativen Häufigkeiten aller Zylinder in der Praxis stets aus einer Sequenz endlicher Länge ermittelt werden, hat allerdings eine nachhaltige Bedeutung für die Schätzung der zu Grunde liegenden Wahrscheinlichkeiten.

Zur Verdeutlichung dieser Bemerkung denke man etwa an die *ideale Münze*, das ist eine Münze mit gleicher Wahrscheinlichkeit für *Kopf* (K) oder *Zahl* (Z). Bei nur drei Würfen mit einer solchen Münze gibt es für die relativen Häufigkeiten (f_K, f_Z) nur zwei wesentlich verschiedene Fälle: $(0, 1)$

bzw. $(1,0)$ oder $(\frac{1}{3}, \frac{2}{3})$ bzw. $(\frac{2}{3}, \frac{1}{3})$. In jedem Fall sind diese relativen Häufigkeiten nur sehr schlechte *Schätzer* für die zugrunde liegenden Wahrscheinlichkeiten $(\frac{1}{2}, \frac{1}{2})$. Die Ursache für diese Diskrepanz besteht darin, daß drei Würfe eben einfach zu wenig sind, um *verläßliche* Werte erwarten zu dürfen.

Wir bezeichnen im folgenden die Anzahl der Buchstaben der Mustersequenz, das ist ihre *Länge*, mit dem Symbol L. Aus diesem *Stichprobenvorrat* können durch schrittweises Verschieben eines Leserahmens der Länge n genau $L - n + 1$ Wörter der Länge n extrahiert werden. Besteht andererseits das Alphabet A aus λ verschiedenen Symbolen, so gibt es generell λ^n verschiedene n–Wörter. Ist die Quelle derart beschaffen, daß alle diese Wörter gleichwahrscheinlich sind, so fordern wir *in etwa gleichhäufiges* Auftreten in der Mustersequenz. Jedes mögliche n–Wort sollte also wenigstens einmal in der Mustersequenz anzutreffen sein. Daraus läßt sich eine untere Schranke an die Länge L der Mustersequenz ableiten, wenn die Wortlänge n vorgegeben wird, deren Wahrscheinlichkeitsverteilung *verläßlich* aus den relativen Häufigkeiten geschätzt werden soll, nämlich

$$\lambda^n \leq L - n + 1 \approx L \qquad \text{bzw.} \qquad n \leq \log_\lambda L = \frac{\ln L}{\ln \lambda} \,. \tag{3.6}$$

Andererseits liefert diese Ungleichung bei vorgegebener Länge L der Mustersequenz eine obere Schranke für solche Wortlängen n, deren relative Häufigkeiten noch *verläßliche* Schätzer für die Wahrscheinlichkeiten sind.

In der Praxis ist die primäre Limitierung gewöhnlich die Sequenzlänge L; entweder weil die Sequenz auf natürliche Weise entstanden und damit nicht einfach verlängerbar ist – wie etwa eine einzelne DNA –, oder weil bei kontrollierbarer Länge die Kapazitäten der Speicher- und Auswerteeinheit – *des Computers* – generell begrenzend wirken.

Man sieht, daß das exponentielle Anwachsen der Zahl aller möglichen Wörter mit der Wortlänge zu einer drastischen Beschränkung des praktisch analysierbaren Bereiches führt. Diese gerade vorgestellte Abschätzung gilt für den Fall, daß alle generell möglichen Wörter gleichwahrscheinlich sind; dies ist allerdings zugleich für die praktische Statistik der schlimmste Fall. Was im jeweils betrachteten Fall *verläßlich* heißt, welche Auswirkungen die Schätzfehler auf weiterführende Berechnungen und Größen besitzen und welche Möglichkeiten zur theoretischen Korrektur der Fehler bestehen, ist ein in der Praxis äußerst wichtiger Fragenkomplex. Wir werden in dem vorliegenden Buch nicht auf die zum Teil schwierigen Details einer Beantwortung

86 3 Informationstheoretische Maße

eingehen, sondern verweisen für weitergehendes Interesse auf (SCHMITT *et al.* , 1993; HERZEL *et al.* , 1994A; EBELING *et al.* , 1995; PÖSCHEL *et al.* , 1995; GROSSE, 1996; SCHMITT & HERZEL, 1997; HOLSTE, 1997; HERZEL & HOLSTE, 1997).

Die Frage, ob eine gegebene Mustersequenz einer stationären Quelle zugeschrieben werden kann, ist nicht im strengen Sinne eindeutig zu beantworten. Die *Hypothese der Stationarität* läßt sich immerhin mittels statistischer Überlegungen untersuchen.

Als Beispiel betrachten wir diesmal zwei Münzen. Die eine sei ideal, die Wahrscheinlichkeit sei also auf beide Seiten gleich verteilt. Die andere Münze sei nicht–ideal, die Wahrscheinlichkeit also ungleich auf beide Seiten verteilt. Nun stellen wir uns ein Experiment vor, bei dem sehr häufig abwechselnd die beiden Münzen geworfen und das Ergebnis der Versuchsfolge mit den Buchstaben K für *Kopf* und Z für *Zahl* notiert werde. Als Resultat erhält man eine *binäre Buchstabensequenz*, etwa *KKZKZZZZKKZKZKZKKZKZKZZ*. Die Quelle für diese Sequenz ist, wie wir durch die Konstruktionsgeschichte wissen, definitiv nicht–stationär. Dennoch kann ein Unkundiger des Entstehungsvorganges die Hypothese der Stationarität aufstellen. Er nimmt im einfachsten Falle an, daß diese Sequenz durch L–maliges Werfen **einer einzigen** nicht–idealen Münze mit der Wahrscheinlichkeitsverteilung $(p, 1-p)$ zustande gekommen sei. Tauchen die Symbole K bzw. Z k–mal bzw. $(N-k)$–mal in der Buchstabensequenz auf, so berechnet sich die Wahrscheinlichkeit für diese Hypothese zu $p^k(1-p)^{(N-k)}$, welche natürlich genau dann maximal wird, wenn $p = k/N$.

In diesem Beispiel wurde neben der Hypothese der Stationarität noch die Annahme der *Unabhängigkeit* der Buchstaben innerhalb der Sequenz gemacht. In den folgenden Kapiteln wird gezeigt, wie die Frage nach *Korrelationen* zwischen den Buchstaben in einer Sequenz eine systematische Beantwortung erfährt, wenn man lediglich Stationarität und Ergodizität der Quelle postuliert. Die spezifische Struktur solcher Korrelationen wird dabei als ein wesentliches Merkmal der zugehörigen Quelle betrachtet.

Als Zusammenfassung der bisher vorgestellten Ideen vermerken wir die folgenden Aussagen:

- Im Mittelpunkt der Untersuchungen stehen Symbolsequenzen. Diese können jeweils als *Lebensgeschichte* einer zugrunde liegenden Informationsquelle betrachtet werden.

- Die Quelle ist ein theoretisches Konzept und nicht notwendig an eine tatsächliche physikalische Realisierung geknüpft. Eine Quelle $[A, \mu]$ ist vollständig charakterisiert durch das Alphabet A und ein Wahrscheinlichkeitsmaß μ, welches definiert ist auf allen Zylindern.

- Die vorgegebenen Symbolsequenzen werden als typische Mustersequenzen einer stationären und ergodischen Quelle interpretiert. Die aus der Sequenz gewonnenen relativen Häufigkeiten dienen zur Schätzung zugrunde liegender Wahrscheinlichkeiten; letztere charakterisieren die Quelle in eindeutiger Weise.

- Die endliche Länge L der Mustersequenz bedeutet bezüglich der Wortlängen n eine sehr drastische Einschränkung des Zuverlässigkeitsbereiches der Schätzungen.

Die Charakterisierung einer stationären und ergodischene Informationsquelle bzw. der Mustersequenz einer solchen durch den Satz von Wahrscheinlichkeitsverteilungen $p(c_1, \ldots, c_n)$ – für alle Wortlängen n – ist relativ unhandlich. Es gibt aber aus diesen Verteilungen abgeleitete Größen, die eine kompaktere Charakterisierung der Quelle ermöglichen und – zum Teil – anschauliche Bedeutung besitzen. Wichtige Kenngrößen sind verschiedene informationstheoretische Maße, denen wir uns in den nun folgenden Abschnitten zuwenden.

3.3 Das Shannonsche Informationsmaß

Wie eingangs dieses Kapitels schon erwähnt wurde, besteht eine wesentliche Aufgabe der Informationstheorie in der Definition von Maßen für den syntaktischen Informationsgehalt einer Nachricht. Als *Nachricht* betrachten wir hierbei im Zusammenhang mit dem Konzept der Informationsquelle jede Folge von $n \in N$ Buchstaben $c_1, \ldots, c_n$ eines Alphabets A.

Die *Wirkung* der Information besteht in einer *Verringerung von Unsicherheit*. War man vor Erhalt der Nachricht *auf Mutmaßungen angewiesen*, so beseitigt das Registrieren der Nachricht $c_1, \ldots, c_n$ diese Unsicherheit: *man hat Information gewonnen*. Die *Mutmaßungen* oder *Erwartungen* sind dabei verknüpft mit Wahrscheinlichkeiten, welche die *Erfahrung*, das ist die statistische Vorkenntnis der Informationsquelle, reflektieren. Je eher man die tatsächlich beobachtete Nachricht erwartet hat, je größer also ihre Wahrscheinlichkeit war, desto geringer ist die beseitigte Unsicherheit, desto geringer auch der Informationsgewinn. War mit der tatsächlich eingetroffenen Nachricht dagegen überhaupt kaum zu rechnen, so ist mit ihrer Registrierung ein beträchtlicher Informationsgewinn erzielt worden.

Die Verwendung des Terms *Gewinn* ist mit unserer Intuition in bester Übereinstimmung. Das Prinzip jeder Wette, etwa beim Pferderennen, ist es, den *Außenseitersieg* hoch, den *Favoritensieg* dagegen gering zu belohnen. Dieses Beispiel weist übrigens nochmals auf die historisch weit zurückreichende Motivation der Statistik durch Problemstellungen im Zusammenhang mit Glücksspielen hin. Die ersten wahrscheinlichkeitstheoretischen und speziell kombinatorischen Betrachtungen wurden tatsächlich im Zusammenhang mit Fragen von *Spielern* an *Grübler* angestellt.

Üblicherweise soll das Informationsmaß nicht eine einzelne Nachricht, sondern vielmehr die Quelle insgesamt charakterisieren, welche natürlich zur Aussendung unterschiedlicher Nachrichten in der Lage ist. Daher wird das gesuchte Informationsmaß ein Funktional der Wahrscheinlichkeitsverteilung bezüglich aller Nachrichten sein müssen.

Die Herausarbeitung einer Reihe essentieller formaler Forderungen an ein Informationsmaß, ein sogenannter *axiomatischer Zugang*, wurde von verschiedenen Theoretikern vorgenommen; darunter waren SHANNON selbst (SHANNON, 1948), KHINCHIN (1957B), FADDEJEW (1957) und RÉNYI (1957). Wir folgen hier der Formulierung von KHINCHIN. Das Information vermittelnde System sei charakterisiert durch die diskrete und endliche Wahrscheinlichkeitsverteilung $p_1, \ldots, p_r$. Die r Elemente, auf welche sich die Wahrscheinlichkeiten dabei verteilen, sollen nicht näher spezifiziert werden. Damit eine reellwertige positive Funktion $H(p_1, \ldots, p_r)$ als Informationsmaß interpretiert werden kann, muß sie folgenden Axiomen genügen:

1. Die Funktion H sei für beliebige $r \in N$ bezüglich der Gesamtheit ihrer Argumente $p_1, \ldots, p_r$ stetig, was bedeutet, daß eine infinitesimale Variation der Argumente stets eine infinitesimale Änderung der Funktion H nach sich zieht.

2. Die Funktion $H(p_1, \ldots, p_r)$ nehme bei festem r unter der Bedingung $\sum_{i=1}^{r} p_i = 1$ ihren größten Wert an für $p_i = \frac{1}{r}$ (für alle $i = 1, \ldots, r$)

$$H\left(\frac{1}{r}, \ldots, \frac{1}{r}\right) \geq H(p_1, \ldots, p_r) \,. \tag{3.7}$$

3.3 Das Shannonsche Informationsmaß

Das bedeutet, die Quelle überträgt am meisten Information, wenn sie alle Nachrichten ihres *Repertoires* mit gleicher Wahrscheinlichkeit aussendet.

3. Durch formales Hinzufügen eines unmöglichen Ereignisses, d.h. $p_{r+1} = 0$, ändere sich der Funktionswert nicht, also

$$H(p_1, \ldots, p_r, 0) = H(p_1, \ldots, p_r) \ . \tag{3.8}$$

4. Läßt sich der Ergebnisraum C als das direkte Produkte zweier Ergebnisräume A (mit r Elementarereignissen) und B (mit s Elementarereignissen) auffassen, d.h. $C = A \otimes B$, so gelte

$$H(p_1^C, \ldots, p_{r \cdot s}^C) = H(p_{11}^{AB}, \ldots, p_{rs}^{AB}) \tag{3.9}$$

$$= H(p_1^A, \ldots, p_r^A) + \sum_{i=1}^{r} p_i^A H\left(\frac{p_{i1}^{AB}}{p_i^A}, \ldots, \frac{p_{is}^{AB}}{p_i^A}\right) \tag{3.10}$$

$$= H(p_1^B, \ldots, p_s^B) + \sum_{j=1}^{s} p_j^B H\left(\frac{p_{1j}^{AB}}{p_j^B}, \ldots, \frac{p_{rj}^{AB}}{p_j^B}\right) \ . \tag{3.11}$$

Hierbei bedeutet p_{ij}^{AB} die Wahrscheinlichkeit im Ergebnisraum A das Elementarereignis a_i und im Ergebnisraum B das Elementarereignis b_j zu finden. Die Quotienten p_{ij}^{AB}/p_i^A sind die Wahrscheinlichkeiten im Ergebnisraum B das Elementarereignis b_j zu finden unter der Bedingung, im Ergebnisraum A bereits das Elementarereignis a_i registriert zu haben. Solche Ausdrücke werden auch bedingte Wahrscheinlichkeiten genannt und notiert als $p_{j|i}^{B|A}$. Eine analoge Bemerkung gilt für $p_{i|j}^{A|B} := p_{ij}^{AB}/p_j^B$.

Verzichtet man auf die explizite Angabe der Argumente der Funktion H, so kann dieses vierte Axiom auch symbolisch notiert werden als

$$H[C] = H[AB] = H[A] + H[B|A] = H[B] + H[A|B] \ . \tag{3.12}$$

Hierbei bedeutet $H[B|A]$ *die Information bezüglich B unter der Bedingung A.* Eine analoge Formulierung gilt für $H[A|B]$.

Während die ersten drei Axiome intuitiv verständlich sind, sollen zur Veranschaulichung des letzten Axioms folgende Überlegungen angestellt werden.

Beim Würfeln gibt es sechs Elementarereignisse. Der Ergebnisraum C sei den Zahlen $1, 2, 3, 4, 5, 6$ zugeordnet. Gruppiert man die Ergebnisse mit gerader Augenzahl $2, 4, 6$ in eine Menge und die übrigen $1, 3, 5$ in eine zweite

Menge, so bestehe der Ergebnisraum A aus den Elementen *gerade Augenzahl* und *ungerade Augenzahl*. Wirft man nun den Würfel, so kann die Frage nach dem Element aus dem Ergebnisraum C in zwei Schritten beantwortet werden: zunächst die Frage nach dem Ergebnis bezüglich A, also *gerade* oder *ungerade Augenzahl*, und anschließend die detailliertere Frage nach der Augenzahl selbst, also gilt $B = C$. Dann besagt das Axiom 4, daß die Information unabhängig davon ist, ob man erst die Frage nach *gerader* oder *ungerader Augenzahl* stellt und danach mit der zweiten Frage die Augenzahl spezifiziert, oder ob man in einem Schritt nach der Augenzahl fragt. Die Beseitigung der Unsicherheit über das Ergebnis wird bei der erste Variante nur auf zwei Schritte verteilt.

In einer zweiten Überlegung betrachten wir den Wurf zweier Münzen, die in ihrem Verhalten natürlich unabhängig sind. Dann beinhaltet der Ergebnisraum A die Ereignisse K^A, Z^A, der Ergebnisraum B die Ereignisse K^B, Z^B und der Ergebnisraum C die Ereignisse $K^A K^B, K^A Z^B, Z^A K^B, Z^A Z^B$. In diesem Fall unabhängiger Einzelereignisse besagt das Axiom 4, daß sich die Information einfach additiv verhält.

Im Falle, daß das System A das System B eindeutig determiniert, die Elemente von B also Funktionen der Elemente von A sind, gilt $H[B|A] = 0$; denn wenn das Ergebnis bezüglich A beobachtet wurde, besteht auf Grund der funktionalen Abhängigkeit keine Unsicherheit mehr bezüglich B. Folglich wird aus der nächsten Beobachtung auch keine Information gewonnen, und damit gilt $H[AB] = H[A]$. Dies ist der extreme Fall einseitiger, funktionaler Bedingtheit.

Im entgegengesetzten Extremfall sind die beiden Systeme A und B unabhängig voneinander, d.h. aber $H[B|A] = H[B]$ bzw. $H[A|B] = H[A]$ und damit

$$H[AB] = H[A] + H[B] \ . \tag{3.13}$$

In allen anderen Fällen gibt es mehr oder weniger starke Abhängigkeiten zwischen beiden Systemen, was folgende Ungleichungen ausdrücken

$$0 \leq H[B|A] \leq H[B] \quad \text{und} \quad 0 \leq H[A|B] \leq H[A] \ . \tag{3.14}$$

Daher gilt aber auch

$$\max\bigl(H[A], H[B]\bigr) \leq H[AB] \leq H[A] + H[B] \ . \tag{3.15}$$

3.3 Das Shannonsche Informationsmaß

Es kann nun gezeigt werden (KHINCHIN, 1957B), daß diese vier Axiome folgende funktionale Form für ein Informationsmaß determinieren

$$H(p_1,\ldots,p_r) = -k \sum_{i=1}^{r} p_i \ln p_i , \qquad (3.16)$$

wobei k eine positive Konstante bezeichnet. Die Fixierung dieser Konstante entspricht einer Festlegung der Informationseinheit.

Da für alle $a, x \in R^+$ gilt $\log_a x = \ln x / \ln a$, kann durch die Wahl $k = 1/\ln \lambda$ – wo wie bisher λ den Umfang des Alphabetes bedeutet – die Formel (3.16) in die folgende Gestalt überführt werden

$$H(p_1,\ldots,p_r) = -\sum_{i=1}^{r} p_i \log_\lambda p_i . \qquad (3.17)$$

Diese Wahl wird sich für den quantitativen informationstheoretischen Vergleich von Symbolsequenzen, welche auf verschiedenen Alphabeten aufgebaut sind, als besonders günstig erweisen.

Eine andere, häufig angetroffene Wahl ist $k = 1/\ln 2$; dazu korrespondiert die Bezeichnung ld$:= \log_2$ (*logarithmus dualis*). Der Name bit für die entsprechende Einheit der Informationsmenge ist nicht zuletzt durch den *Sturmlauf* der elektronischen Datenverarbeitung und die nachfolgende *Digitalisierung* der Alltagswelt heute ein Allgemeinplatz.

Die Identifizierung der Konstanten k mit einer physikalischen Grundeinheit, der BOLTZMANN-Konstante k_B, steht im Zusammenhang mit der Bedeutung von Formel (3.16) für die statistische Interpretation der Thermodynamik.

In SHANNONS Originalarbeit findet sich schon der Ausdruck *Entropie* für die Funktion (3.16). Dieser Begriff stammt ursprünglich aus der Physik und hatte zum Zeitpunkt von SHANNONS Untersuchungen bereits eine längere Geschichte, mit zum Teil kontroversen Diskussionen hinter sich. Die vielen Facetten des Entropiebegriffes wurden in Kapitel 1 schon deutlich gemacht. Hier wird an die dort vorgestellten Ausführungen angeknüpft und lediglich die Einordnung in den informationstheoretischen Hintergrund betont.

In diesem Zusammenhang erinnern wir auch an die formale Erweiterung des *Shannonschen Informationsmaßes* (3.16) auf abzählbare Wahrscheinlichkeitsfelder bzw. auf Kontinua und deren wahrscheinlichkeitstheoretische

Beschreibung mittels Dichten. Da diese beiden Generalisierungen im Zusammenhang mit Sequenzanalysen jedoch keine weitere Bedeutung besitzen, sollen die Details dieser Ansätze hier nicht weiter diskutiert werden; statt dessen verweisen wir den Leser etwa auf (RÉNYI, 1957; LASOTA & MACKEY, 1985).

Das SHANNONsche Informationsmaß besitzt eine recht anschauliche Interpretation im Rahmen von *Vorhersagen*. Wie zu Eingang dieses Abschnittes schon angedeutet wurde, wird die Vorhersage eines Ereignisses durch die statistische Natur des zugehörigen Zufallsexperimentes mit einer Unsicherheit behaftet bleiben. Interpretiert man $k \ln p_i^{-1}$ als Maß für die mit der Beobachtung des Ereignisses i verbundene Unsicherheit, so gewinnt die SHANNON–Entropie (3.16) die Bedeutung einer *mittleren Unsicherheit* bei der Vorhersage der Ergebnisse für ein durch $p_1, \ldots, p_r$ charakterisiertes Zufallsexperiment.

3.4 Dynamische Entropien

Wie im Abschnitt 3.2 dargestellt worden war, können aus einer gegebenen Symbolfolge im Rahmen des Konzeptes einer stationären, ergodischen Informationsquelle Häufigkeitsverteilungen für Subsequenzen verschiedener Längen n ermittelt werden. Diese n–Wort Häufigkeitsverteilungen können dann zur Schätzung der n–Wort Wahrscheinlichkeitsverteilungen (3.4) herangezogen werden. Das zugehörige *Zufallsexperiment* besteht also aus der Ziehung von n–Wörtern gemäß der Verteilung $p(c_1, \ldots, c_n)$. Die damit verbundene mittlere Unsicherheit für eine Vorhersage ist nach (3.16) mit $k = 1/\ln \lambda$ also gegeben durch

$$H_n := - \sum_{c_1, \ldots, c_n \in A^n} p(c_1, \ldots, c_n) \, \log_\lambda \, p(c_1, \ldots, c_n) \,. \qquad (3.18)$$

Diese Größen werden im folgenden immer mit *n-Block Entropien* oder *Entropien höherer Ordnung* bezeichnet. Die Folge der H_n für $n = 1, 2, \ldots$ ist eine sehr viel kompaktere Charakterisierung einer Symbolsequenz respektive der Informationsquelle als die Gesamtheit der n–Wort Verteilungen. Es kann gezeigt werden (KHINCHIN, 1957A), daß für eine stationäre und ergodische Quelle die H_n eine monotone Folge darstellen

$$H_n \leq H_m \qquad (n < m) \,. \qquad (3.19)$$

3.4 Dynamische Entropien

Von besonderer Bedeutung ist die Tatsache, daß Korrelationen, welche zwischen den Symbolen innerhalb von Subsequenzen existieren, eine deutliche Spur in der Folge der H_n hinterlassen. Um diese Aussage zu beleuchten, betrachten wir einzelne Symbolsequenzen, welche jeweils als typische Vertreter einer ganzen Klasse dienen:

- Eine Symbolsequenz, welche dadurch zustande kommt, daß unabhängig voneinander einzelne Buchstaben aus dem Alphabet A gemäß einer Buchstaben–Verteilung $p(a_1),\ldots,p(a_\lambda)$ gezogen und aneinander gehängt werden, heißt im folgenden *unabhängige Symbolsequenz* und entspricht damit der *unabhängigen Informationsquelle*; im speziellen Fall des binären Alphabetes spricht man auch von einer *Bernoullisequenz* oder nennt die entsprechende Informationsquelle *Bernoulliquelle*. Im Falle einer unabhängigen Sequenz gilt für jedes beliebige n–Wort $(c_1,\ldots,c_n) \in A^n$

$$p(c_1,\ldots,c_n) = p(c_1) \cdot \ldots \cdot p(c_n) \;, \tag{3.20}$$

und nach Einsetzen in (3.18) und kurzer Rechnung folgt

$$H_n = nH_1 \;. \tag{3.21}$$

Hier spiegelt sich das Axiom 4 unseres in Abschnitt 3.3 betrachteten Axiomensystems wider, nämlich die Additivität der Information im Falle der Zerlegbarkeit des Systems in unabhängige Teilsysteme.

In der Thermodynamik entspricht dies dem extensiven Charakter der Entropie. Vereinigt man zwei makroskopische physikalische Systeme, so sollte deren Unabhängigkeit nur durch kurzreichweitige Wechselwirkungen an den Kontaktflächen in Frage gestellt werden. Im Sinne des Verhältnisses von Kontaktfläche zu Volumen ist dieser Beitrag dann praktisch bzw. im thermodynamischen Limes vernachlässigbar. Eine Ausnahme bilden natürlich Systeme, in welchen unter den gegebenen äußeren Umständen langreichweitige Korrelationen existieren. Beispiele dafür sind Systeme, die sich in der Nähe eines Phasenüberganges (zweiter Ordnung) befinden.

Im speziellen Fall, daß die λ Buchstaben des Alphabetes alle gleichwahrscheinlich sind, wird nach Axiom 2 (Abschnitt 3.3) die zugehörige Entropie H_1 maximal sein. Auf Grund der speziellen Wahl der Konstante $k = 1/\ln\lambda$ folgt dann $H_1 = 1$.

- Als nächsten Prototyp betrachten wir eine *periodische Symbolsequenz*, das ist eine Symbolsequenz, welche dadurch entsteht, daß eine Subsequenz[2] der

---
[2]Welche ihrerseits nicht als periodische Struktur gesehen werden kann.

Länge l periodisch fortgesetzt wird. Für alle Wortlängen n, welche die Länge der Periode überschreiten, findet man eine sehr einfache Beschreibung der zugehörigen n-Wortverteilungen. Es existieren dann nämlich immer genau l unterschiedliche n-Wörter mit der gleichen Wahrscheinlichkeit $1/l$.

Als Beispiel betrachten wir die Sequenz ...$ABCAABCAABCAABCA$..., also eine periodische Sequenz der Länge vier. Die Ermittlung der relativen Häufigkeiten erfolgt durch schrittweises Verschieben eines Leserahmens der Länge n. Da die Sequenz die Periode $l = 4$ aufweist, sind nach viermaligem Verschieben des Leserahmens alle in der Sequenz enthaltenen n-Wörter bekannt.

Für $n = 1$ gibt es drei verschiedene 1-Wörter: A, B und C. Die zugehörigen Wahrscheinlichkeiten sind $p(A) = \frac{1}{2}$, $p(B) = \frac{1}{4}$, $p(C) = \frac{1}{4}$, da bei viermaligem Verschieben des Leserahmens zweimal der Buchstabe A und je einmal die Buchstaben B und C registriert werden. Für $n = 4$ findet man jeweils einmal $ABCA, BCAA, CAAB, AABC$, für $n = 5$ sind es die vier Wörter $ABCAA, BCAAB, CAABC, AABCA$ und für $n = 6$ die Wörter $ABCAAB, BCAABC, CAABCA, AABCAA$.

$$AABC\text{A\,A} \quad AABC\text{A\,A}$$
$$CAABC\text{A} \quad CAABC\text{A}$$
$$BCAAB\text{\,C} \quad BCAA\text{B\,C}$$
$$ABCA\text{A\,B} \quad ABCAA\text{\,B}$$
$$...ABCAABCAABCAABCAA...$$
$$ABCA\text{A\,B}$$
$$BCAA\text{B\,C}$$
$$CAABC\text{A}$$
$$AABC\text{A\,A}$$

Daher haben auch stets alle vier n-Wörter für $n \geq 4$ die gleiche Wahrscheinlichkeit $\frac{1}{4}$.

Aus dieser einfachen Tatsache lassen sich die Entropien für Wortlängen $n \geq l$ leicht berechnen und man findet

$$H_n = \log_\lambda l \qquad (n \geq l) \,. \tag{3.22}$$

3.4 Dynamische Entropien

Die Tatsache, daß die Entropie schließlich stagniert, hat damit zu tun, daß die mittlere Unsicherheit für die Vorhersage eines n-Wortes ($n \geq l$) genauso groß ist wie für die Vorhersage eines l-Wortes. Die ganze Unsicherheit besteht nur bei der Auswahl der ersten l Buchstaben; danach weiß man ja schließlich genau, wie es sich fortsetzt.

- Zwischen diesen beiden einfach zu überblickenden Grenzfällen – einmal ohne jede Korrelation zwischen den Symbolen (unabhängige Sequenz), das andere Mal mit einer ins Unendliche reichenden, aber trivialen Korrelation (periodische Sequenz) – rangieren alle Sequenzen, welche mit nichttrivialen Korrelationen zwischen den Symbolen verknüpft sind.

Die Beschreibung solcher Korrelationen erfolgt auf unterster Ebene durch die Betrachtung der schon in Abschnitt 3.3 – im Zusammenhang mit Axiom 4 – erwähnten bedingten Wahrscheinlichkeiten. Wir schreiben im folgenden $p(c_n|c_1,\ldots,c_{n-1})$ und meinen damit die Wahrscheinlichkeit für die Beobachtung des Symbols c_n, wenn die $(n-1)$ vorangegangenen Symbole $c_1,\ldots,c_{n-1}$ schon bekannt sind. Zwischen den bedingten Wahrscheinlichkeiten und den n-Wort Verbundwahrscheinlichkeiten besteht folgender Zusammenhang[3]

$$p(c_n|c_1,\ldots,c_{n-1}) = \frac{p(c_1,\ldots,c_{n-1},c_n)}{p(c_1,\ldots,c_{n-1})}. \tag{3.23}$$

Die Abwesenheit von jeglichen Korrelationen zwischen den Symbolen hat zur Konsequenz, daß die *Vorgeschichte* $c_1,\ldots,c_{n-1}$ für die Wahrscheinlichkeit einer Beobachtung des Symbols c_n keine Rolle spielt. Für die unabhängige Sequenz gilt daher

$$p(c_n|c_1,\ldots,c_{n-1}) = p(c_n) \quad (c_1,\ldots,c_n \in A, \quad n = 1,2,\ldots). \tag{3.24}$$

Erstreckt sich eine Abhängigkeit nur auf das unmittelbar vorangegangene Symbol c_{n-1}, so lautet die analoge Formulierung für die bedingten Wahrscheinlichkeiten

$$p(c_n|c_1,\ldots,c_{n-1}) = p(c_n|c_{n-1}) \quad (c_1,\ldots,c_n \in A, \quad n = 2,3,\ldots). \tag{3.25}$$

---

[3] Diese Definition gilt natürlich nur für $p(c_1,\ldots,c_{n-1}) \neq 0$. Im Falle, daß die Vorgeschichte unmöglich ist, sei $p(c_n|c_1,\ldots,c_{n-1}) := 0$.

3 Informationstheoretische Maße

Bei Gültigkeit dieser Eigenschaft erhält eine zugehörige Sequenz den Beinamen einer *Markovschen Kette*, und die Quelle wird als *Markovsche Quelle* bezeichnet.

Die Betrachtung einer Folge unabhängiger Zufallsvariablen bildet die Grundlage für viele der fundamentalen Aussagen der mathematischen Statistik; an erster Stelle ist zum Beispiel das für die Praxis enorm wichtige Gebiet der *Grenzwertsätze* zu nennen. Die Überlegungen der Wahrscheinlichkeitsrechnung werden aber sehr viel schwieriger bei einer Abhängigkeit der Zufallsvariablen. Das große Verdienst MARKOVS besteht in der Formulierung einer einfachen, aber schon relativ weitreichenden Verallgemeinerung der unabhängigen Versuchsfolge. Seine Annahme ist exakt durch (3.25) wiedergegeben. Der Begriff der MARKOVschen Kette wird in die Theorie stochastischer Prozesse eingebettet und zum Begriff des MARKOVschen Prozesses erweitert.

Eine direkte Verallgemeinerung zum Begriff der *Markovschen Kette der Ordnung* m[4] (PARZEN, 1962) bzw. zur *Markovschen Quelle der Ordnung* m (GATLIN, 1972) ergibt sich, wenn man die Abhängigkeit der bedingten Wahrscheinlichkeiten auf m vorangegangene Symbole ausdehnt

$$p(c_n|c_1,\ldots,c_{n-1}) = p(c_n|c_{n-m},\ldots,c_{n-1})$$
$$(c_1,\ldots,c_n \in A, \quad n = (m+1), (m+2), \ldots) \,. \tag{3.26}$$

Es liegt nun nahe, die Reichweite der Abhängigkeit, also die Ordnung der MARKOVschen Quelle, als eine Art *Gedächtnis* von Symbolsequenzen bzw. von Quellen zu betrachten.

Da es durch eine Änderung der Beschreibungsebene, durch ein *Aufblähen* des Grundraumes, grundsätzlich möglich ist, die MARKOVsche Quelle der Ordnung m auf eine MARKOVsche Quelle der Ordnung Eins abzubilden, findet sich in der mathematischen Literatur kaum eine Erwähnung der durch (3.26) vorgestellten Erweiterung.

Der Begriff *Gedächtnis* ist vielfach vorbesetzt mit anderen Definitionen, welche sich zum großen Teil aus unterschiedlichen Bestimmungsgrößen herleiten, so zum Beispiel für reellwertige stochastische Prozesse aus dem Abklingverhalten der Autokorrelationsfunktion. Allerdings erfordern die meisten dieser Definitionen eine spezielle Struktur des Symbolraumes.

---

[4] DOOB (1953) spricht in diesem Zusammenhang von einem mehrfachen Markov Prozeß (*multiple Markov process*).

In der Praxis trifft man häufig Korrelationen an, welche mit dem Abstand der Symbole deutlich an Bedeutung abnehmen. Die Beschreibung als MARKOVsche Kette der Ordnung m stellt in solchen Fällen eine mehr oder minder gute Approximation dar. Wie gut eine solche Näherung im Einzelfall ist, wird quantitativ entscheidbar durch die Entropien höherer Ordnung.
Für eine MARKOVsche Quelle der Ordnung m können die Entropien höherer Ordnung H_n für alle Wortlängen n größer als die Ordnung m exakt berechnet werden (GATLIN, 1972)

$$H_n = H_m + (n-m)\left[H_{m+1} - H_m\right] \qquad (n \geq m) . \tag{3.27}$$

Einen graphischen Überblick über die Folge der H_n für die eben vorgestellten Prototypen gibt Abbildung 3.1. Man sieht aus dieser Abbildung, daß

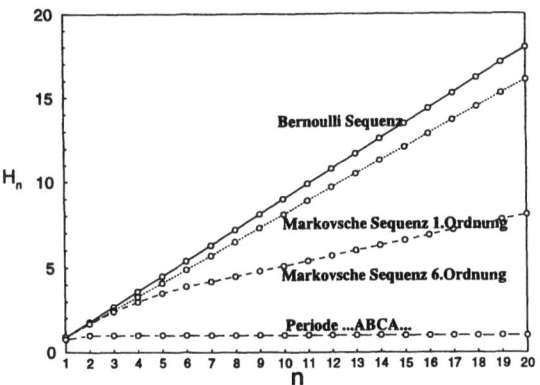

Abb. 3.1 H_n für die vorgestellten Prototypen von Sequenzen

grundsätzlich H_n niemals abnimmt. Das ist auch ohne weiteres einsichtig, denn die mittlere Information, welche zur Bestimmung eines Wortes der Wortlänge n nötig war, kann nicht geringer werden, wenn man zusätzliche Buchstaben raten soll. Wohl aber unterscheiden sich die Kurven hinsichtlich ihres Wachstumsverhaltens. Die zur Vorhersage eines um einen weiteren Buchstaben verlängerten Wortes im Mittel benötigte zusätzliche Informationsmenge entspricht der Steigung der jeweiligen Kurven.

Bei einer periodischen Sequenz ist nach einer *Vorgeschichte* von der Länge der Periode die Fortsetzung ohne weitere Unsicherheit festgelegt; das entspricht dem Plateau. Die schrittweise Berücksichtigung der *Vorgeschichte* bei einer MARKOVschen Sequenz erfordert eine bis zur Ordnung m immer

98   3 Informationstheoretische Maße

langsamer anwachsende Menge an Information. Sind die Korrelationen nach Überschreiten der Ordnung m völlig ausgeschöpft, so wächst die mittlere Unsicherheit bei der Vorhersage verlängerter Wörter stets um den gleichen Betrag. Bei der unabhängigen Sequenz schließlich gibt es überhaupt keine Korrelationen, welche zu einer Verlangsamung des Wachstums der mittleren Unsicherheit führen könnten.

Die letzten Formulierungen legen bereits nahe, von dem quasi extensiven Charakter der H_n – *ein längeres Wort bedeutet mehr Unsicherheit* – zu einer mittleren Unsicherheit pro Buchstabe überzugehen. Dies wird erreicht durch Bildung der Größen

$$H(n) := \frac{H_n}{n} \qquad (n = 1, 2, \ldots) . \tag{3.28}$$

Diesen Größen entspricht Abbildung 3.2 in Entsprechung zu Abbildung 3.1. Das Vorhandensein von Korrelationen bedeutet eine Abnahme der Werte.

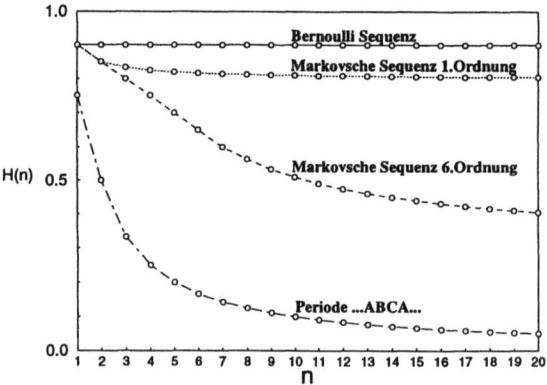

Abb. 3.2 *$H(n)$ für die vorgestellten Prototypen von Sequenzen*

Allerdings fällt es nicht eben leicht, einen Unterschied zwischen einer periodischen Symbolsequenz und einer Markovschen Sequenz zu erkennen, da beide mit identischem Verhalten – einem $1/n$ Gesetz folgend – ihren jeweiligen Grenzwert für $n \to \infty$ anstreben. Letztgenannter ist definiert durch

$$h := \lim_{n \to \infty} \frac{H_n}{n} \tag{3.29}$$

und wird die *Entropie der Quelle* (KHINCHIN, 1957B) genannt. Dieser Grenzwert stellt die geringste mittlere Unsicherheit pro Buchstabe dar, welche auch durch das *aufwendigste Studium* nicht weiter zu beseitigen sein wird. Insofern mißt dieser Grenzwert den Grad an unvermeidbarer Stochastizität oder den *Gehalt an Chaos* der Quelle.

Diese lässig klingende letzte Aussage erhält tatsächlich eine tiefe Bedeutung im Zusammenhang mit der modernen Theorie des deterministischen Chaos. Dort nämlich wird ein System als chaotisch betrachtet, wenn die zugehörige KOLMOGOROV–SINAI-Entropie, welche eng mit der Entropie der Quelle h verwandt ist, einen Wert größer als Null besitzt. Auf die KOLMOGOROV–SINAI-Entropie kommen wir in Abschnitt 3.4 zurück.

Weiterhin beschreibt dieser Grenzwert auch eine untere Schranke für ein geeignet definiertes mittleres Verkürzungsverhältnis von Sequenzen im Zusammenhang mit einer optimalen Kodierung (KHINCHIN, 1957B; JAGLOM & JAGLOM, 1984). Technisch gesprochen beschränkt diese Größe die maximale Effizienz von Verfahren zur Datenkompression.

Kann eine Nachricht komprimiert werden, so bedeutet dies, daß vor der Kompression Korrelationen zwischen ihren Bestandteilen existierten, welche im Zusammenhang mit Ersetzungsregeln eine verkürzte Darstellung derselben Nachricht ermöglichen. Im Sinne dieser Verkürzung beinhaltet die Nachricht vor der Kompression überflüssige Zeichen. Dieser Sachverhalt wird mit dem Begriff der *Redundanz* bezeichnet. Ein Maß für Redundanz R wird im Zusammenhang mit oben gesagtem die Entropie der Quelle einbeziehen (KLIX, 1974)

$$R := \frac{h_{max} - h}{h_{max}} = 1 - h \,. \tag{3.30}$$

Hierbei haben wir benutzt, daß die Entropie der Quelle (für $\log_\lambda$) nach oben durch den Wert $\log_\lambda \lambda = 1$ beschränkt ist. Die unabhängige Sequenz enthält also keine Redundanz, eine periodische Sequenz ($h = 0$) dagegen ist maximal redundant. Die letzte Aussage ist in dem Sinne zu verstehen, daß alle periodischen Mustersequenzen, deren Länge sehr viel größer als die Periode ist, fast nur aus Wiederholungen bestehen. Ausgehend von dem skizzierten Zusammenhang zwischen Komprimierbarkeit und Entropien läßt sich die interessante Frage untersuchen, ob durch Anwendung von Kompressionsalgorithmen – etwa *gzip*– die Entropie von Symbolsequenzen einfach ermittelbar ist (PÖSCHEL, 1996).

3 Informationstheoretische Maße

Die wahrscheinlich instruktivste Alternativformulierung der H_n greift die Vorstellung des Informationszuwachses bei Verlängerung des n-Wortes um einen weiteren Buchstaben auf. Sie ist insbesondere auch im Zusammenhang mit Axiom 4 aus Abschnitt 3.3 zu sehen. Dabei betrachten wir die Bestimmung eines $(n+1)$-Wortes als einen zweistufigen Prozess: zunächst sollen die n Buchstaben $c_1, \ldots, c_n$ festgelegt werden, danach als zweiter Schritt auch noch der Buchstabe c_{n+1}. Axiom 4 fordert dann, daß

$$H_{n+1} = H_n + H_{n+1|n} \,, \qquad (3.31)$$

wobei mit der bedingten Entropie $H_{n+1|n}$ explizit folgender Ausdruck gemeint ist

$$H_{n+1|n} := \sum_{c_1,\ldots,c_n \in A^n} p(c_1, \ldots, c_n) \times$$
$$\times (-) \sum_{c_n \in A} p(c_{n+1}|c_1, \ldots, c_n) \log_\lambda p(c_{n+1}|c_1, \ldots, c_n) \,.$$
$$(3.32)$$

Ist das Wort $(c_1, \ldots, c_n)$ bekannt und soll man den nächsten Buchstaben c_{n+1} vorhersagen, so ist die im Mittel dafür benötigte Information gegeben durch

$$h_n := H_{n+1} - H_n = H_{n+1|n} \qquad (n = 1, 2, \ldots) \,. \qquad (3.33)$$

Das entspricht wie schon erwähnt dem *lokalen Wachstumsverhalten* bzw. der Steigung der Kurven in (3.1). Ferner ergänzen wir die Definition der bedingten Entropien in (3.33) um $h_0 := H_1$.

Eine graphische Darstellung der bedingten Entropien für alle der auch in den Abbildungen 3.1 bzw. 3.2 gezeigten Sequenzen ist in Abbildung 3.3 zu ersehen. Hier erkennt man deutlich den Unterschied zwischen den drei verschiedenen Typen von Sequenzen. Die unabhängige Sequenz führt zu einer konstanten Folge der h_n, denn auf Grund der Abwesenheit von Korrelationen kann die mittlere Unsicherheit über den nächsten Buchstaben nicht durch Betrachtung der *Vorgeschichte* reduziert werden. Dies ist anders bei den MARKOVschen Ketten. Dort wird die Vorhersage durch die Berücksichtigung vorangegangener Symbole verbessert, solange diese einen Einfluß ausüben können. Damit ist auch klar, warum ab der Ordnung m die mittlere

3.4 Dynamische Entropien   101

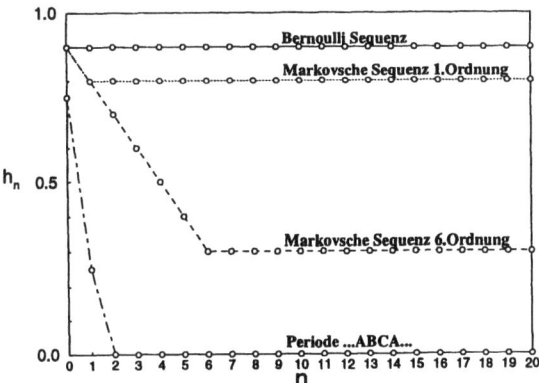

Abb. 3.3 h_n für die vorgestellten Prototypen von Sequenzen

Unsicherheit bei der Vorhersage des nächsten Buchstaben konstant bleibt. Die periodische Sequenz beinhaltet nach Kenntnisnahme einer *Vorgeschichte* von der Länge der Periode l keinerlei Überraschung, da die Fortsetzung eindeutig festgelegt ist.

Die *Restunsicherheit*, das ist die mittlere Unsicherheit bei der Vorhersage eines Buchstaben unter der Bedingung, daß eine beliebig lange *Vorgeschichte* bekannt ist, stellt wiederum ein wichtiges Charakteristikum der Quelle dar. Es läßt sich zeigen, daß dieser Grenzwert zusammenfällt mit dem Grenzwert aus (3.29)

$$\lim_{n \to \infty} h_n = \lim_{n \to \infty} H(n) = h \,, \qquad (3.34)$$

daß er also die Entropie der Quelle bedeutet. Für die drei Prototypen kann dieser Grenzwert explizit angegeben werden:

$$h = H_1 \qquad \text{unabhängige Sequenz}, \qquad (3.35)$$

$$h = H_{m+1} - H_m \qquad \text{MARKOVsche Sequenz der Ordnung } m, \qquad (3.36)$$

$$h = 0 \qquad \text{periodische Sequenz}. \qquad (3.37)$$

Die Entropie der Quelle h ist ein wichtiges, aber kein hinreichend differenzierendes Kriterium. Dazu bemerken wir bloß, daß man sowohl eine unabhängige Sequenz als auch eine MARKOVsche Sequenz mit gleichem Grenzwert h

konstruieren kann. Nimmt man aber das *Abklingverhalten* hinzu, also die Form der Annäherung an diesen Grenzwert, so lassen sich diese beiden Fälle trennen.

Abbildung 3.4 zeigt eine neue Folge der h_n. Diese gehört zu einer Sequenz, welche im strengen Sinne keine MARKOVsche Kette ist, da die Abhängigkeit von der *Vorgeschichte* bis ins Unendliche reicht. Allerdings nimmt die Bedeutung der Korrelationen derart rapide ab, daß die Verbesserung der Vorhersage des nächsten Buchstabens durch Kenntnis einer entsprechend längeren *Vorgeschichte* kaum noch merklich ist. Hier haben wir also einen Fall, in welchem Modellierungen der Sequenz durch eine MARKOVsche Quelle etwa der Ordnung 5,6 oder 7 schon recht akzeptable Beschreibungen sind. Diese Näherungen sind in der Abbildung 3.4 gestrichelt eingetragen. An

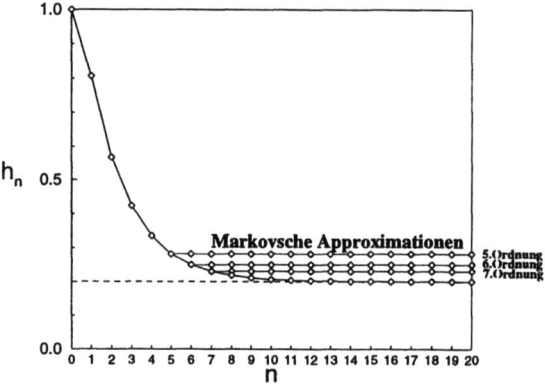

Abb. 3.4 Eine exponentiell abklingende Folge von h_n (dicke Linie und Kreise) zusammen mit Markovschen Approximationen der Ordnungen 5,6,7 (gestrichelte Linien und Rhomben)

dieser Stelle zeigt sich aber auch deutlich, daß die Definition des Begriffes *Gedächtnis* über die Ordnung der MARKOVschen Quelle m immer im Zusammenhang mit dem Näherungscharakter verstanden werden muß. Sequenzen, welche zu einem exponentiellen Abklingen der Folge h_n führen, sind übrigens der Regelfall. Dies wurde durch unabhängige Untersuchungen von GRASSBERGER (1986) und SZÉPFALUSY (SZÉPFALUSY & GYŐRGYI, 1986; SZÉPFALUSY, 1989) festgestellt.

Bevor wir uns weiteren Informationsmaßen zuwenden, wollen wir in den nächsten beiden Abschnitten zeigen, wie sich Symbolsequenzen mit außergewöhnlichem Entropieprofil in die bisherige Darstellung einordnen und wodurch sie in besonderer Beziehung zum Begriff der Komplexität stehen.

3.5 Sequenzen mit langem Gedächtnis

Von besonderer Bedeutung für unsere Untersuchungen sind Sequenzen mit *langem Gedächtnis*. Darunter verstehen wir Sequenzen, in welchen die Symbole noch über sehr große Entfernungen relativ stark, aber nicht trivial miteinander korreliert sind. Mit *relativ stark* wollen wir andeuten, daß die zugehörigen h_n langsamer als exponentiell ihren Grenzwert h anstreben, und mit *nicht trivial* wollen wir periodische Sequenzen ausschließen.

Bei der Analyse von Symbolsequenzen, welche aus Musik oder Texten durch angemessene Kodierung erzeugt wurden, haben EBELING & G. NICOLIS (1991, 1992) Folgen der h_n gefunden, welche langsamer als exponentiell abklingen. Ohne den in Kapitel 4 folgenden detaillierten Ausführungen zu weit vorgreifen zu wollen, erwähnen wir hier schon, daß Gesetze des Typs

$$h_n \approx h + \frac{1}{n^\alpha} \qquad (3.38)$$

entdeckt wurden. Der Exponent α für Text war dabei verträglich mit 0.5, für Musik hingegen mit 0.5...1. In Abbildung 3.5 sind neben einer exponentiell abfallenden Folge als Gegenstück subexponentiell abklingende Werte gemäß (3.38) für $\alpha = 1, 1/2$ und $3/4$ zum Vergleich dargestellt. Bei den Untersuchungen von Texten bzw. von Musik wurde durch Extrapolation gefunden, daß die zugehörigen Werte für h relativ gering waren. Die *effektive Anzahl beobachtbarer n-Wörter* $N^*(n) = \lambda^{H_n}$ (KHINCHIN, 1957A) bleibt immer weiter hinter der explosiv anwachsenden Zahl aller möglichen n-Wörter $N(n) = \lambda^n$ zurück. Im Grenzfall $n \to \infty$ ist das Verhältnis dieser beiden Anzahlen gegeben durch

$$\frac{N^*(n)}{N(n)} = \frac{1}{\lambda^{(1-h)n}} \ . \qquad (3.39)$$

Ein umfangreiches Regelwerk strukturiert die Auswahl der möglichen Subsequenzen, welche in der Mustersequenz auftreten können. In gewisser Weise markieren Sequenzen mit langem Gedächtnis *die Grenze zwischen Ordnung und Chaos* (EBELING, 1992).

104 3 Informationstheoretische Maße

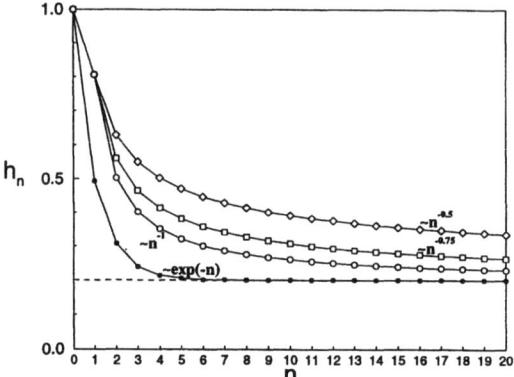

Abb. 3.5 Schematische Darstellung subexponentiell abklingender h_n im Vergleich mit einer exponentiell relaxierenden Folge

Diese Beobachtungen gaben Anlaß zu der *Ebeling-Nicolisschen Hypothese* (1991, 1992), daß natürliche, evolutionär entstandene Sequenzen, welchen eine besondere Funktion im Prozeß der Informationsverarbeitung und -speicherung zukommt, stets mit langreichweitigen Korrelationen verknüpft sind; deren Konsequenz ist das in (3.38) formulierte Skalierungsgesetz für die bedingten Entropien h_n. In diesem Zusammenhang wurde von Ebeling (1992) der Begriff der *Historizität*, d.h. der Bedingtheit eines Zustandes durch seine Vorgeschichte, geprägt.

Die Grenze zwischen Ordnung und Chaos ist auch in der Physik Gegenstand des Interesses. Beispiele dafür sind etwa der Übergang von laminaren zu turbulenten Strömungsprofilen, oder Bifurkationskaskaden, die bei nichtlinearen Oszillatoren auftreten können. Verschiedene Szenarien für den Übergang zum Chaos sind inzwischen in der Physik bekannt und mit speziellen Begriffen belegt. Jede dieser Routen ins Chaos läßt sich an sehr einfachen, meistens mathematischen Beispielen exemplifizieren. Die Darstellung dieses Themenkomplexes, insbesondere aber die Einordnung physikalischer Systeme in das Konzept der informationstheoretischen Analyse von Symbolsequenzen erfolgt in Kapitel 3.

3.6 Bedingte Entropien und Komplexität

An dieser Stelle werden wir nun nochmals auf die in Kapitel 1 ausgeführten Bemerkungen zum Begriff der Komplexität zurückkommen. Dort hatten wir schon darauf hingewiesen, daß wir weder ein periodisches System, noch das *weiße Rauschen* als komplex betrachten wollen, sondern vielmehr solche Strukturen, die *irgendwie dazwischen liegen*. Verbinden wir diese Überlegungen jetzt mit dem, was wir über die Signaturen der verschiedenen Prototypen von Sequenzen bezüglich der Folge der h_n festgestellt haben.

Das *weiße Rauschen* entspricht der unabhängigen Quelle und zeichnet sich dabei durch die Konstanz der h_n aus. Es gibt keine Regeln, die man im Laufe der Zeit, d.h. durch das Studium immer längerer *Vorgeschichten*, entdecken könnte und welche dann so etwas wie ein schrittweise wachsendes *Verständnis* der Quelle darstellten. Die bloße Zurkenntnisnahme der Buchstabenverteilung $p(a_1),\ldots,p(a_\lambda)$ rechnen wir einem *Verständnis* nicht zu.

Das *Verständnis* der periodischen Quelle ist relativ einfach – im praktischen Sinne zumindest für nicht zu große Periodenlängen –, und es ist vollständig bei Erreichen der Periodenlänge.

Für Sequenzen, die zu exponentiell abklingenden h_n führen und welche in guter Näherung durch MARKOVsche Quellen einer geeignet gewählten Ordnung m modelliert werden können, erschöpft sich das *Verständnis* im praktischen Sinne bei Erreichen der Ordnung m.

Erst Sequenzen, welche Anlaß zu einem langsamen, aber beständigen Abklingen der h_n und damit zu einem beständig verbesserten *Verständnis* der Quelle geben, entsprechen der intuitiven Vorstellung von Komplexität.

Eine Betrachtung der syntaktischen Strukturen unter dem Blickwinkel eines *Entdeckers* veranschaulicht diese Argumente.

Ein großer Wert von $h_0 = H_1$ besagt, daß zu Anfang noch keine wesentlichen Einschränkungen erkannt werden können. Das Gegenteil, nämlich ein relativ geringer Wert für H_1, bedeutet dagegen eine starke Einschränkung der Möglichkeiten für das Erscheinungsbild; die Struktur wird von wenigen, vielleicht nur einem Zeichen dominiert, was auf den Betrachter langweilig wirkt. Ist der asymptotische Wert h sehr gering, so heißt dies, daß die Sequenz *zuletzt zu begreifen ist*.

Ist h dagegen nahe bei Eins, so gibt es nicht viel zu verstehen; die Zufälligkeit dominiert das Erscheinungsbild und das ist nicht sehr reizvoll für *Entdecker*.

Ist h_0 sehr groß und h sehr gering, so bedeutet dies, daß es viel zu entdecken gibt. Wird der Grenzwert jedoch sehr schnell erreicht – etwa wie bei einer periodischen oder einer MARKOVschen Quelle –, so verrät sich die Struktur zu rasch, und die Neugier ist am Ende.

Spannend sind also Strukturen bzw. Sequenzen, welche *am Anfang nicht verstanden werden* ($h_0 \approx 1$), schließlich *enträtselt werden können* ($h \approx 0$), welche aber *dem Entdecker ihre vielfältigen Geheimnisse nicht zu rasch preisgeben* (subexponentielle Relaxation).

Ein Maß für Komplexität, welches im Sinne der obigen Ausführungen auf die bedingten Entropien zurückgreift, wurde von GRASSBERGER vorgeschlagen (GRASSBERGER, 1986)

$$EMC := \sum_{n=0}^{\infty}(h_n - h) \ . \tag{3.40}$$

EMC ist dabei die Abkürzung für *effective measure complexity*. Sie ist dem Inhalt der Fläche proportional, welche von der Kurve der h_n und der horizontalen Geraden in der Höhe h eingeschlossen wird. Eine Illustration dieser Größe für die verschiedenen in dieser Arbeit betrachteten Sequenzen – Biosequenzen, Texte, Musik (Kapitel 4) und Sequenzen erzeugt durch symbolische Dynamik (Kapitel 3) – zeigt Abbildung 3.6.

Je nach dem Annäherungsverhalten der h_n an den Grenzwert h, kann die unendliche Summe (3.40) einen endlichen Wert besitzen oder auch divergieren. Aus der Analysis weiß man, daß Reihen mit lauter positiven Summanden divergieren, wenn die Summanden, hier $h_n - h$, nicht schneller als $1/n$ abfallen. Das Relaxationsverhalten der h_n bildet die Grundlage für eine Klassifikation der Sequenzen bzw. der Quellen (SZÉPFALUSY, 1989):

1. Die erste Klasse umfaßt alle Quellen, deren h_n nicht schneller als $1/n$ abfallen, für welche die EMC also divergiert oder salopp gesprochen für welche $EMC = \infty$.

2. Die zweite Klasse beinhaltet alle Quellen, deren h_n schneller als $1/n$ abfallen, nicht jedoch exponentiell. Das bedeutet also, für welche asymptotisch gilt $h_n - h \sim 1/n^\alpha$ mit $\alpha > 1$. Dann ist deren EMC noch ein endlicher Wert.

3.6 Bedingte Entropien und Komplexität

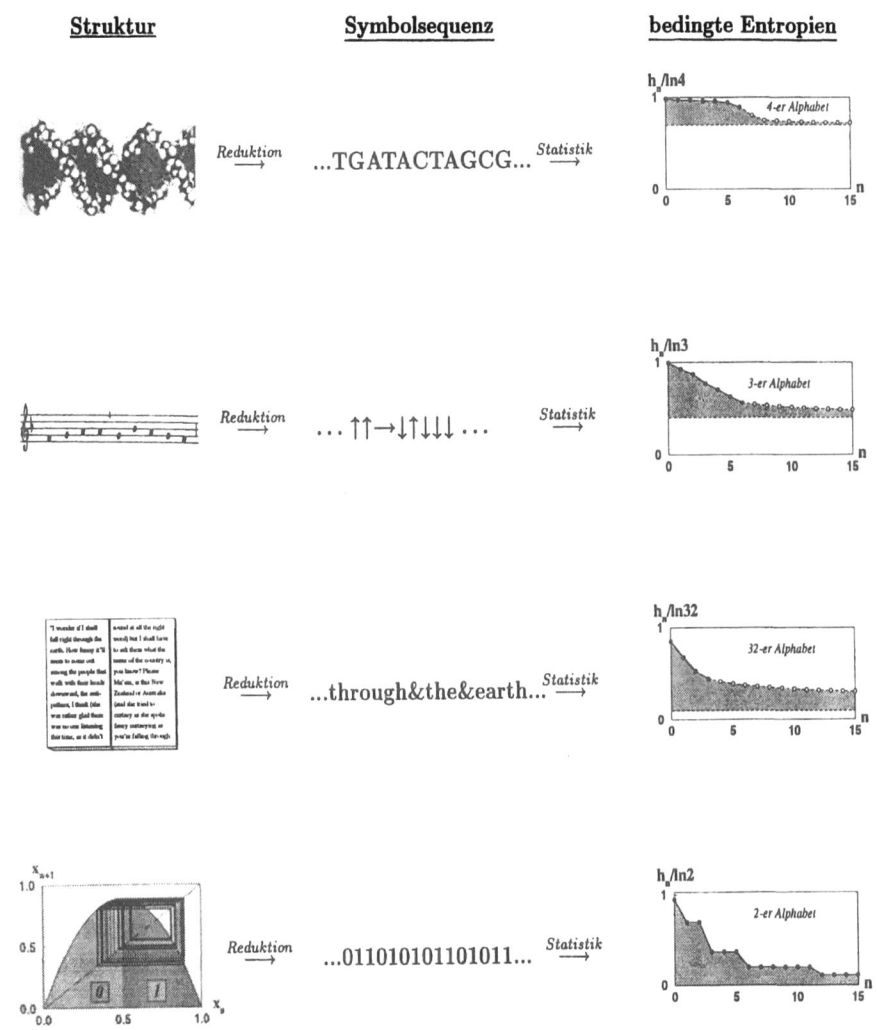

Abb. 3.6 Durch Abbildung der betrachteten Strukturen auf Symbolsequenzen (*Reduktion*) und anschließende statistische Auswertung derselben werden die bedingten Entropien als Funktion der Sequenzlänge berechnet. Ein Maß (EMC) für die Komplexität der entsprechenden Struktur (Sequenz) ist die Fläche zwischen der abklingenden Kurve und der horizontalen Geraden, welche den Grenzwert angibt (grau schraffierte Flächen).

3. Die dritte Klasse ist in gewisser Hinsicht der generische Fall, da sie alle Quellen einschließt, deren h_n exponentiell relaxieren; d.h. $h_n \sim \exp(-\gamma n)$; die Relaxationsrate γ ist übrigens mit einer weiteren informationstheoretischen Größe verknüpft, nämlich einer RÉNYI –Entropie (SZÉPFALUSY, 1989). Auf diese Größen werden wir in Abschnitt 3.8 noch zu sprechen kommen.

4. Die letzte Klasse schließlich bilden alle MARKOVschen Quellen, für welche sich die EMC effektiv auf eine endliche Summe reduziert. Wir hatten aber oben schon darauf hingewiesen, daß die MARKOVsche Eigenschaft meistens mit einer approximativen Beschreibung einer Quelle der dritten Klasse zusammenhängt und selten eine exakte Eigenschaft der Quelle selbst ist.

Zusammenfassend stellen wir hier nochmals fest, daß die Folge der h_n für eine informationstheoretische Charakterisierung der Quelle die instruktivste Größe darstellt und daß sie vermöge der EMC überdies in enger Berührung mit der Komplexität einer Sequenz (Struktur) ist. Quellen bzw. Sequenzen, welche einer der beiden ersten Klassen zuzurechnen sind, werden im Zentrum der Ausführungen des vierten Kapitels stehen.

3.7 Kullback–Information und Transinformation

Wir hatten in Abschnitt 3.3 schon einmal vom Informationsgewinn nach Erhalt einer Nachricht gesprochen. Jetzt betrachten wir den allgemeineren Fall, daß eine anfängliche Vorkenntnis, beschrieben durch eine Wahrscheinlichkeitsverteilung p_i^0, auf Grund neuer Erkenntnisse, etwa durch eine neue Messung, zu einer geänderten Verteilung p_i, führt. Bezüglich des Ereignisses i wird dabei die Information $[k \ln(p_i^0)^{-1}] - [k \ln(p_i)^{-1}]$ übertragen. Mittelt man diesen ereignisbezogenen Informationsgewinn noch über alle Ereignisse i bezüglich der neu gewonnenen Verteilung p_i, so erhält man die *Kullback–Information* $K(p, p^0)$[5] (KULLBACK, 1951A; 1951B)

$$K(p, p^0) = k \sum_{i=1}^{r} p_i \ln\left(\frac{p_i}{p_i^0}\right) . \qquad (3.41)$$

Hierbei wird bemerkt, daß bezüglich der Verteilung p_i^0 unmögliche Ereignisse auch bezüglich der Verteilung p_i unmögliche Ereignisse seien müssen; d.h.: $p_i^0 = 0 \Rightarrow p_i = 0$.

---
[5]Im folgenden meinen wir immer $p := p_1, \ldots, p_r$ und $p^0 := p_1^0, \ldots, p_r^0$.

3.7 Kullback-Information und Transinformation

Die KULLBACK-Information besitzt die folgenden Eigenschaften:

- $K(p, p^0) \geq 0$ für alle möglichen Wahrscheinlichkeitsverteilungen p und p^0.
- Das Minimum, also der Wert Null, wird angenommen genau dann, wenn die beiden Verteilungen p und p^0 identisch sind

$$K(p, p^0) = 0 \quad \Longleftrightarrow \quad p \equiv p^0 \:. \tag{3.42}$$

- Der Zusammenhang zur SHANNON-Entropie wird deutlich, wenn man als p^0 die Gleichverteilung betrachtet. In diesem Fall ergibt sich nämlich

$$K(p, p^0 \equiv \frac{1}{r}) = -H(p) + k \ln r \:. \tag{3.43}$$

- $K(p, p^0)$ ist eine konvexe Funktion der p_i, d.h.

$$\frac{\partial^2 K}{\partial p_i \partial p_j} \geq 0 \:. \tag{3.44}$$

Besondere Bedeutung im Rahmen der Sequenzuntersuchungen erhält die KULLBACK-Information im Zusammenhang mit dem Begriff der *Transinformation* T^m. Darunter versteht man die KULLBACK-Information, welche durch die beiden Verteilungen $p^{(m)}(c_1, c_2)$ und $p(c_1) \cdot p(c_2)$ im Sinne von (3.5) bzw. (3.4) bestimmt ist; d.h.

$$T^m := K\Big(p^{(m)}(c_1, c_2) \:,\: p(c_1) \cdot p(c_2) \Big) \tag{3.45}$$

$$= k \sum_{(c_1, c_2) \in A^2} p^{(m)}(c_1, c_2) \ln \frac{p^{(m)}(c_1, c_2)}{p(c_1) \cdot p(c_2)} \:. \tag{3.46}$$

Aus den oben aufgeführten Eigenschaften der KULLBACK-Information notieren wir als wichtigstes Merkmal der Transinformation, daß dieselbe dann und nur dann identisch Null wird, wenn die Symbole c_1 und c_2 im Abstand m unabhängig sind. Jede bestehende Korrelation zweier solcher Symbole äußert sich dagegen in einem positiven Wert der Transinformation, der natürlich umso größer sein wird, je weiter die Verteilung $p^{(m)}(c_1, c_2)$ im Mittel von der unabhängigen Verteilung $p(c_1) \cdot p(c_2)$ abweicht. Damit ist auch die Transinformation ein Instrument zum Aufspüren von Korrelationen, welche über den Abstand m bestehen.

Es besteht tatsächlich eine gewisse Analogie zu den in der Physik weithin verwendeten *Korrelationsfunktionen*, die auch in der Statistik eine Rolle spielen (FISZ, 1989). Dort betrachtet man eine Folge von reellwertigen Zufallsvektoren $X_1(n), \ldots, X_\lambda(n)$. Der tiefgestellte Index numeriere die Komponenten des Vektors, das Argument n symbolisiere den Folgenindex, das ist die *Zeit* ; die Folge wird also als ein stochastischer Prozeß aufgefaßt. Die Korrelation der Komponenten $X_i(n)$ und $X_j(n+m)$, also zu Zeiten, welche m Schritte auseinander liegen, wird erfaßt durch die Korrelationsmatrix

$$C_{ij}(m,n) := \langle X_i(n) \cdot X_j(n+m)\rangle - \langle X_i(n)\rangle \cdot \langle X_j(n+m)\rangle \; , \quad (3.47)$$

wobei $\langle \cdot \rangle$ die statistische Mittelung bedeutet.

Man beachte, daß hier die Reellwertigkeit der Zufallsvektoren von Bedeutung für die Verknüpfungen der Multiplikation und Addition ist. Eine Korrelationsfunktion kann also nicht ohne weiteres für reine Symbolsequenzen definiert werden. Erst eine Abbildung der Symbole auf Zahlen ermöglicht den Anschluß an dieses Analyseverfahren (LI, 1990; STANLEY et al. , 1994; HERZEL et al. , 1994B; ANISHCHENKO et al. , 1994). Dagegen benötigen die Transinformation wie auch alle anderen informationstheoretischen Maße keinerlei Struktur des Zustandsraumes (*algebraische, topologische oder Ordnungsstruktur*) zu ihrer Definition.

Auch für $C_{ij}(m,n)$ gilt, daß im Falle der Unabhängigkeit die Korrelationsfunktion verschwindet. Die Umkehrung dagegen gilt nicht, d.h. selbst aus dem Verschwinden aller Korrelationsfunktionen kann im allgemeinen noch nicht die Unabhängigkeit der Komponenten $X_i(n)$ und $X_j(n+m)$ gefolgert werden (HERZEL & GROSSE, 1995).

Diese Bemerkungen erhellen die Tatsache, daß die Transinformation ein sehr viel mächtigeres Instrument der Analyse als die Korrelationsfunktion ist.

Von besonderer Bedeutung ist dabei, daß die Transinformation nur von zwei Symbolen abhängt. Da diese im Abstand m liegen, kann man aus einer Mustersequenz der Länge L bei überlappender Zählung wie bei m-Wörtern auch nur $(L - m + 1)$ Symbolpaare c_1, c_2 im Abstand m extrahieren. Gibt es aber im allgemeinen λ^m unterschiedliche m-Wörter, so sind es dagegen nur λ^2 Paare c_1, c_2. Damit wird bei fester Länge L der Mustersequenz *die Statistik der Paare im Abstand m* sehr viel verläßlicher sein als die entsprechende Statistik der m-Wörter; und das gilt umso mehr, umso größer m sein wird. In der Praxis bedeutet dies, daß man die Transinformation T^m noch für Werte von m mit zuverlässigen Schätzungen der Statistik untersuchen kann, in welchen die m-Wort-Häufigkeiten schon lange unzuverlässig sind.

Transinformation wie Entropien höherer Ordnung weisen beide das Vorhandensein von Korrelationen nach, welche über einen Abstand m existieren. Der Vorteil der Entropien höherer Ordnung besteht allerdings in der Reichhaltigkeit ihrer Interpretationsmöglichkeit, für die wir oben Beispiele gegeben haben. Auch läßt sich mit ihnen das Gedächtnis einer Quelle bzw. einer Sequenz prägnanter darstellen und analysieren. Bei statistischen Analysen interessanter Sequenzen ergänzen sich häufig beide Methoden (SCHMITT, 1995).

Wir weisen hier auch noch auf eine aus der Transinformation weiterentwickelte Analysemethode hin. Diese besteht in der Aufsummation, oder auch *Integration*, der Transinformation. Die resultierende Größe wurde daher als *integrierte Transinformation* $IT(n)$ bezeichnet (HERZEL et al., 1995) und ist explizit definiert durch

$$IT(n) := \sum_{m=1}^{n} T^m \ . \tag{3.48}$$

3.8 RÉNYI –Entropien

In den vorangehenden Abschnitten hatten wir dargestellt, wie eine Quelle bzw. Sequenz durch die Folge der n-Wortverteilungen und danach durch die Entropien höherer Ordnung beschrieben werden kann. Die Umwandlung einer Verteilung $p(c_1, \ldots, c_n)$ in eine Zahl H_n bedeutet einerseits eine sehr viel kompaktere Charakterisierung, andererseits aber natürlich auch, daß nicht mehr der gesamte Gehalt der Verteilung in dieser Zahl enthalten sein kann. So können verschiedene Verteilungen $p_1, \ldots, p_r$ den gleichen Wert für die Entropie $H(p_1, \ldots, p_r)$ liefern.

Eine einfache Transformation, welche die Entropie invariant läßt, ist die Permutation der Wahrscheinlichkeiten. So besitzen zum Beispiel die Verteilungen $p_1 = \frac{1}{2}$, $p_2 = \frac{1}{8}$, $p_3 = \frac{3}{8}$ und $\hat{p}_1 = \frac{3}{8}$, $\hat{p}_2 = \frac{1}{2}$, $\hat{p}_3 = \frac{1}{8}$ die gleiche Entropie. Diese Freiheit kann man ausnutzen und die Objekte der Größe der Wahrscheinlichkeit nach umsortieren. Eine solche *ranggeordnete Darstellung* ist für eine Diskussion des Zusammenhanges zwischen Verteilung und Entropie sehr nützlich.

Die Reduktion detaillierter Strukturen in der Verteilung findet aber hauptsächlich dadurch statt, daß eine Summe gebildet wird, in welcher die einzelnen Wahrscheinlichkeiten mit unterschiedlichem Gewicht vertreten werden. Um diese Aussage zu verdeutlichen, ist in Abbildung 3.7 die Funktion $f(p) = -p \ln p$ dargestellt. Man erkennt deutlich, daß sowohl sehr gerin-

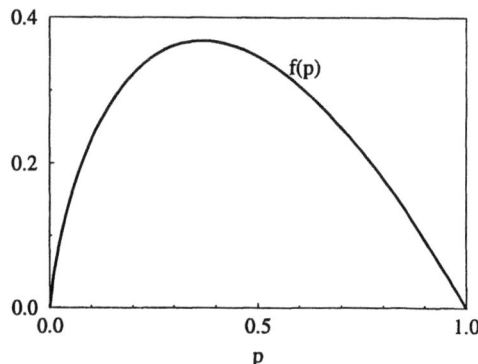

Abb. 3.7 Die Funktion $f(p) = -p \ln p$

ge Wahrscheinlichkeiten $p \ll 1$ als auch sehr große Wahrscheinlichkeiten $1 - p \ll 1$ zu sehr kleinen Werten führen. Das bedeutet aber auch, daß die Entropie als Summe über solche Beiträge (3.16) bei kleinen wie bei sehr großen Dichten *blind* für die Feinstruktur ist.

Es ist interessant, daß mit der Funktion $f(p)$ eine Reihe empirischer Beobachtungen aus ganz anderen Bereichen, zum Beispiel dem der Wahrnehmungspsychologie (VÖLZ, 1989), in Einklang gebracht werden können.

Eine Methode zur selektiven Betonung ausgewählter Größenbereiche für die Wahrscheinlichkeiten besteht in der Bildung sogenannter *Begleitverteilungen (escort distributions)* (BECK & SCHLÖGL, 1993). Dazu wird nach Vorgabe einer reellen Zahl β aus der ursprünglichen Verteilung $p := (p_1, \ldots, p_r)$ eine neue Verteilung

$$p^\beta := (N p_1^\beta, \ldots, N p_r^\beta) \tag{3.49}$$

gebildet. Dabei ist N einfach die Normierungskonstante

$$N := \frac{1}{\sum_{i=1}^{r} p_i^\beta} . \tag{3.50}$$

Für $\beta = 1$ ist die ursprüngliche Verteilung natürlich mit in dieser Beschreibung enthalten. Wählt man $\beta > 1$, so werden alle Wahrscheinlichkeiten

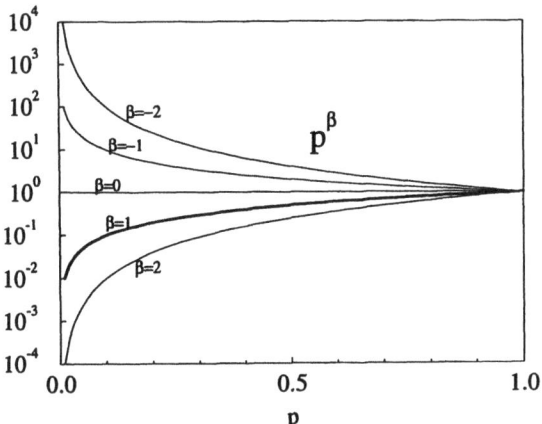

Abb. 3.8 Die Kurvenschar p^β für die Werte $\beta = -2, -1, 0, 1, 2$. Die ursprüngliche Verteilung entspricht $\beta = 1$ (fettgedruckte Linie)

($p_i \leq 1$) durch die Potenz β verkleinert, allerdings umso stärker, je kleiner p_i tatsächlich ist. Für $\beta \gg 1$ überleben schließlich nur noch die größten p_i diese Prozedur. Wählt man $0 < \beta < 1$, so werden alle Wahrscheinlichkeiten angehoben, die kleineren p_i allerdings verhältnismäßig mehr als die großen. Für $\beta = 0$ resultiert schließlich für alle ursprünglichen Wahrscheinlichkeiten der Wert Eins. Wählt man zuletzt $\beta < 0$, so bedeutet dies, daß die ursprünglich kleineren Wahrscheinlichkeiten über die ursprünglich größeren hinauswachsen. Jetzt haben sich gewissermaßen die Rollen vertauscht.

Zur Illustration dieser Erkärungen betrachte man Abbildung 3.8, welche p^β als Funktion von p für verschieden Werte von β darstellt. Man beachte dabei die logarithmische Auftragung der Funktionswerte. Um jetzt wiederum die Reduktion einer Verteilung auf eine reelle Zahl zu erreichen, betrachten wir die folgende Summe

$$Z(\beta) := \sum_{i=1}^{r}(p_i)^\beta \ . \tag{3.51}$$

Im Gegensatz zur SHANNON–Entropie haben wir aber jetzt die Möglichkeit, durch die Wahl des Exponenten β gezielt die unterschiedlichen Größenbereiche für die Wahrscheinlichkeiten anzusprechen. Wählen wir $\beta \ll 1$, so wird die Summe von den kleinen p_i dominiert; wählen wir dagegen $\beta \gg 1$, so dominieren die großen p_i.

3 Informationstheoretische Maße

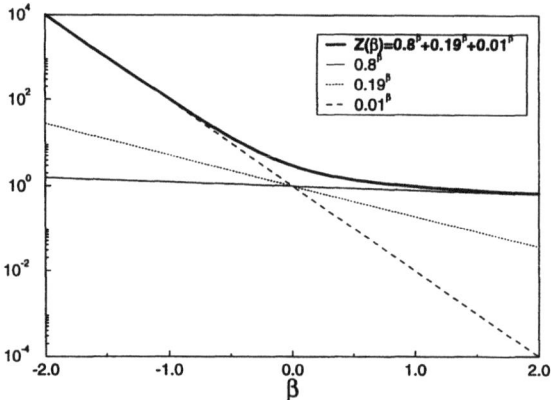

Abb. 3.9 Graphische Darstellung der *Zustandssumme* $Z(\beta)$ (3.51) für die Verteilung $(0.8, 0.19, 0.01)$

Zur Illustration betrachten wir die Verteilung $p_1 = 0.8$, $p_2 = 0.19$, $p_3 = 0.01$. In Abbildung 3.9 haben wir die zugehörige Summe $Z(\beta)$ zusammen mit den Funktionen 0.8^β, 0.19^β, 0.01^β aufgetragen. Man sieht deutlich, wie die extremen Wahrscheinlichkeiten an den entgegengesetzten Enden die Summe dominieren. Der Zusammenhang zum SHANNONschen Informationsmaß wird hergestellt durch die RÉNYI -*Information*

$$I_\beta(p_1,\ldots,p_r) := \frac{k}{1-\beta} \ln\Big(\sum_{i=1}^r (p_i)^\beta\Big) = \frac{k}{1-\beta} \ln\Big(Z(\beta)\Big). \quad (3.52)$$

Die Frage nach der Berechtigung des Begriffes der RÉNYI -*Information* stellt sich, denn wir hatten oben bei dem axiomatischen Zugang zu Informationsmaßen darauf hingewiesen, daß die Axiome 1–4 das SHANNONsche Maß erzwingen. Der Widerspruch ist dadurch zu lösen, daß nun ein modifiziertes Axiomensystem zu Grunde gelegt wird. Dabei sollen die alten Axiome 1–3 ungeändert erhalten bleiben. Das zentrale vierte Axiom soll dagegen nur in abgeschwächter Form übernommen werden.

4'. Wird durch das direkte Produkt zweier **unabhängiger** Wahrscheinlichkeitsfelder p^A und p^B ein neues Feld p^C gebildet, so sollen sich die zugehörigen Einzelinformationen $H[A]$ und $H[B]$ additiv zur Gesamtinformation $H[C]$ zusammensetzen: d.h. symbolisch

$$H[C] = H[AB] = H[A] + H[B]. \quad (3.53)$$

Das Axiom 4' ist eine Konsequenz des Axioms 4, was in (3.13) schon gezeigt worden war, aber es gilt nicht die Umkehrung. Das bedeutet letztlich, daß das neue Axiomensystem weniger restriktiv ist als das alte, und so ist verständlich, warum sich nun auch andere Informationsmaße qualifizieren. Man kann sich leicht davon überzeugen daß die RÉNYI -Information tatsächlich das Axiom 4', nicht aber das Axiom 4 erfüllt.

Die I_β besitzen zwei wichtige Eigenschaften:

- Der Fall $\beta = 1$ ist zunächst nicht definiert, denn sowohl $\ln Z(\beta)$ als auch der Nenner $1-\beta$ verschwinden dann. Es kann aber durch eine entsprechende Grenzwertbetrachtung gezeigt werden, daß in diesem Fall genau das SHANNONsche Informationsmaß resultiert. Also gilt für alle Verteilungen $p_1,\ldots,p_r$

$$I_1(p_1,\ldots,p_r) = H(p_1,\ldots,p_r) = -k \sum_{i=1}^{r} p_i \ln p_i \; . \tag{3.54}$$

- Die I_β sind monoton fallende[6] Funktionen von β, d.h.

$$\beta > \hat{\beta} \implies I_\beta \leq I_{\hat{\beta}} \; . \tag{3.55}$$

Im Zusammenhang mit der Sequenzanalyse (Strukturanalyse) sind die zu betrachtenden Verteilungen wie bisher stets die n-Wortverteilungen. Dieser zusätzliche Folgenindex wird dann auch der RÉNYI -Information angefügt: $I_\beta(n)$; Υdurch eine Grenzwertbetrachtung gelangt man schließlich zum Begriff der RÉNYI -*Entropien* $K(\beta)$

$$K(\beta) := \lim_{n \to \infty} \frac{I_\beta(n)}{n} \; . \tag{3.56}$$

Für $\beta = 1$ findet man

$$K(1) = \lim_{n \to \infty} \frac{I_1(n)}{n} = \lim_{n \to \infty} \frac{H_n}{n} = h \; , \tag{3.57}$$

also die Entropie der Quelle.

Die Bedeutung der RÉNYI -Entropien besteht darin, daß man neben der Entropie der Quelle ein ganzes Spektrum von Werten hat, welches Details der n-Wortverteilungen reflektiert, die man durch das SHANNONsche Maß

---

[6]*Nicht streng monoton fallend*, d.h. sie können auch noch konstante Funktionen sein oder konstante Abschnitte besitzen.

116   3 Informationstheoretische Maße

alleine nicht auflösen könnte. Für die weitaus meisten Sequenzen (der generische Fall) sind die RÉNYI -Entropien als Funktion des *scanning* Parameters β betrachtet nach oben beschränkt und stetig. Dagegen findet man bei Sequenzen, welche an der oben erwähnten Grenze *zwischen Chaos und Ordnung* residieren, Divergenzen oder Sprünge. Diese haben zu tun mit exzeptionellen Wörtern; das sind solche, deren Wahrscheinlichkeit mit wachsender Wortlänge n zu schnell (Divergenz) oder zu langsam (Sprungstelle) abnimmt. Diese Aussage wird im folgenden Kapitel über symbolische Dynamik noch etwas gründlicher beleuchtet werden. Man spricht in diesem Zusammenhang auch von *dynamischen Phasenübergängen*.

Für festes β können die Größen $I_\beta(n)/n$ als Funktion der Wortlänge in Analogie zu den H_n/n als *mittlere Information pro Buchstabe* betrachtet werden. Da aber die RÉNYI -Information das Axiom 4 im allgemeinen nicht mehr erfüllt, läßt sich die zu h_n analoge Definition $i_n := I_\beta(n+1) - I_\beta(n)$ nicht mehr als *bedingte* RÉNYI *-Information* interpretieren.

Zum Abschluß dieses Kapitels wollen wir noch eine Analogie der zuletzt eingeführten Größen zu einigen physikalischen Begriffen im Rahmen der klassischen Thermodynamik andeuten.

3.9 Thermodynamischer Formalismus

Die klassische Thermodynamik entstand aus der Untersuchung von Wärmekraftmaschinen. Daher ist es nicht verwunderlich, daß in ihrem Wortschatz von Anfang an die Alltagsbegriffe Wärme(menge), Temperatur, Druck und Volumen den wichtigsten Platz einnahmen. Die historische Entstehung der Begriffe der inneren Energie und der Entropie war eng verknüpft mit der Herausbildung der Hauptsätze der Thermodynamik. Später kamen auch noch Teilchenzahl und chemisches Potential hinzu. Ihrer operativen Definition entspricht ein intuitives Verständnis (mit Ausnahme der Entropie!).

Bezüglich der Methodik sind die folgenden Punkte von Bedeutung:

• Die eben erwähnten Begriffe beziehen sich im eigentlichen Sinne zunächst auf makroskopische Systeme. Nachdem sich in diesem Jahrhundert die atomistische Vorstellung vom Aufbau der Materie durchgesetzt hat, sind damit Systeme mit einer sehr großen Zahl (typisch 10^{23}) von Teilchen gemeint. Gemessen an dieser Zahl ist die Anzahl der zur Charakterisierung der Systeme

3.9 Thermodynamischer Formalismus 117

benötigten Meßgrößen außerordentlich gering. Die Beschreibung durch Temperatur, Druck, Volumen, etc. bedeutet also eine enorme Reduktion der Zahl der Freiheitsgrade.

- Diese Reduktion ist nur möglich unter der Bedingung, daß sich das System im (bzw. nahe am) thermodynamischen Gleichgewicht befindet. Nach dem zweiten Hauptsatz der Thermodynamik ist das der Zustand, den das System bei totaler Isolation und nach hinreichend langer Wartezeit spontan anstrebt und welcher mit maximaler Entropie des Systems verbunden ist. Schließlich erscheint der makroskopische Zustand zeitlich unveränderlich zu sein. In diesem Sinne handelt es sich eigentlich um eine *Thermostatik*.

- Die Berechnung von Zustandsänderungen – zum Beispiel in Kreisprozessen – durch Gleichgewichtsrelationen zwischen den Zustandsgrößen ist immer im Sinne von quasistatischen Bewegungen, d.h. im Sinne einer Abfolge von Gleichgewichtszuständen, zu verstehen. In der Realität bleiben deshalb theoretische Wirkungsgrade immer unerreicht. Weiterhin setzt auch die Betrachtung von räumlichen Inhomogenitäten, etwa von Temperaturfeldern, immerhin noch die Annahme eines lokalen Gleichgewichts voraus.

- Mit dieser Thermodynamik des Gleichgewichts hängt die Interpretation einiger Meßgrößen als statistische Mittelwerte mikroskopischer Zufallsfunktionen zusammen. Ist die Betrachtung der Konstituenten des Systems als unabhängige Bestandteile hinreichend gesichert, sagen zentrale Grenzwertsätze aus, daß relative Schwankungen δ um diese Mittelwerte (im Mittel) um so kleiner werden, je größer die Anzahl der Konstituenten N wird: ($\delta \sim 1/\sqrt{N}$). Die Unabhängigkeitsannahme bezüglich der Konstituenten wird unzulässig in der Nähe von Phasenübergängen, wo langreichweitige Korrelationen existieren.

- Der Grundzustand wird mit dem globalen Minimum eines thermodynamischen Gleichgewichtspotentials in Verbindung gebracht. Die Mehrdeutigkeit des globalen Minimums wird durch die gleichzeitige Existenz unterschiedlicher Phasen interpretiert. Die Dynamik von Fluktuationen um den Gleichgewichtszustand läßt sich in einen Zusammenhang mit der Form des vorliegenden Gleichgewichtspotentials bringen.
Verschwindet etwa die Krümmung des Potentials am Minimum, so bedeutet dies, daß kritische Fluktuationen um den Gleichgewichtswert nicht in üblicher Weise ausgedämpft werden, sondern sehr viel größere Lebenszeiten besitzen (*critical slowing down*). Das System am kritischen Punkt ist instabil gegen Störungen. Es existieren Korrelationen, welche ungewöhnlich

weitreichend sind. Im Extremfall divergieren geeignet definierte Korrelationslängen. Dabei beobachtet man auch das Phänomen der Selbstähnlichkeit: das Erscheinungsbild des Systems ist im Wesen unabhängig davon, ob man es aus großer Entfernung, aus der Nähe oder sogar durch ein Mikroskop betrachtet. Es existiert an diesem Punkt eine Symmetrie bezüglich der Wahl einer Skala; man spricht von Skaleninvarianz. Dagegen ist das Überschreiten des kritischen Punktes in einer Richtung mit der spontanen Brechung einer Symmetrie des Systems verbunden; so gibt es bei spontaner Magnetisierung im einfachsten Fall die Wahl zwischen *oben* und *unten*. Dieser Vorgang wird als Gleichgewichts–Phasenübergang (2. Ordnung) bezeichnet.

- Die vollständige statistische Beschreibung des mikroskopischen Systems erfolgt durch Angabe der entsprechenden Gleichgewichtsverteilung. Diese gibt die Wahrscheinlichkeit für eine beliebige mikroskopische Konfiguration an und kann im Sinne der Ergodentheorie auch als Besetzungsdauer einer solchen Konfiguration bei einer sehr langen Beobachtung betrachtet werden. Diese Gleichgewichtsverteilung kann nach Definition der statistischen Entropie und deren Identifikation mit der thermodynamischen Entropie gemäß dem zweiten Hauptsatz aus einem Entropie–Maximum–Prinzip hergeleitet werden. Dieser Weg wurde zuerst von JAYNES vorgeschlagen und wird manchmal auch als Methode der „unvoreingenommenen Schätzung" *(unbiassed guess)* bezeichnet (JAYNES, 1957; 1962). Als Resultat notieren wir hier nur die folgenden Beziehungen

$$p_i = \exp(\Psi - \beta \mathcal{H}_i) \,, \tag{3.58}$$

$$\Psi := -\ln Z := -\ln \sum_{i=1}^{r} \exp(-\beta \mathcal{H}_i) \,, \tag{3.59}$$

$$S = -\Psi + \beta \langle \mathcal{H} \rangle \,. \tag{3.60}$$

Dabei ist p_i die Wahrscheinlichkeit der mikroskopischen Konfiguration i, $\mathcal{H}_i$ bezeichnet deren zugeordnete innere Energie,[7] und $\langle \mathcal{H} \rangle$ ist der Mittelwert dieser Größe. Ψ ist verknüpft mit der Normierung der Verteilung, und die Größe Z wird aus naheliegendem Grunde Zustandssumme *(partition function)* genannt. Die Größe β schließlich stiftet den Zusammenhang zwischen dem vorgegebenen Mittelwert $\langle \mathcal{H} \rangle$ und der Entropie.

---

[7]Das Symbol $\mathcal{H}$ lehnt sich an den Begriff der HAMILTONschen Funktion an und sollte nicht mit dem Symbol H für die Entropie verwechselt werden!

3.9 Thermodynamischer Formalismus

Bei Vorgabe der inneren Energie als Mittelwert der Energie eines mikroskopischen Zustandes bedeutet β das Inverse des Produktes aus Temperatur und BOLTZMANN Konstante, also $\beta = 1/k_B T$. Gleichzeitig spielt in diesem Fall Ψ die Rolle der HELMHOLTZschen freien Energie F multipliziert mit $[k_B T]^{-1}$, also

$$F = k_B T \Psi = -k_B T \ln Z \ . \tag{3.61}$$

Gibt man statt des einen Mittelwertes $\langle \mathcal{H} \rangle$ weitere Mittel vor, so ist das Ergebnis (3.60) durch zusätzliche Summanden zu erweitern.

Das im Rahmen der Thermodynamik zu beschreibende makroskopische System kann auch auf einer tieferliegenden, mikroskopischen Ebene verstanden werden. Im Zustand des Gleichgewichts liefert vermöge des zweiten Hauptsatzes das Entropie–Maximum–Prinzip die Richtlinie für eine Reduktion der vielen Freiheitsgrade des mikroskopischen Systems. Als Ergebnis wird das thermodynamische System im Gleichgewicht mit der Verteilung (3.58) identifiziert. Die effektive Beschreibung erfolgt damit durch die ersten Momente dieser Verteilung und durch den Gebrauch thermodynamischer Potentiale (3.60). Dieses Konzept wird durch Erfolge bei quantitativen Fragestellungen bestätigt. Wir heben hier noch einmal hervor, daß dieser Zusammenschluß tatsächlich wesentlich auf der Identifikation von thermodynamischer und statistischer Entropie beruht.

Die Idee des thermodynamischen Formalismus besteht nun in einer Umkehrung dieses Zusammenhanges. Ausgehend von einer gegebenen Wahrscheinlichkeitsverteilung p_i versucht man diese in analoger Weise durch Zustandsgrößen eines thermodynamischen Gleichgewichtssystems zu charakterisieren. Vergleichen wir die Ausführungen zur RÉNYI -Information mit den Ergebnissen des Entropie–Maximum–Prinzips, so erkennen wir die formale Analogie zwischen den Begleitverteilungen (3.49) und der Gleichgewichtsverteilung (3.58). Diese Analogie wird vollkommen, wenn wir durch die folgende Umschreibung definieren

$$b_i := -\ln p_i \ . \tag{3.62}$$

Diese Größe haben wir schon im Zusammenhang mit dem syntaktischen Informationsgewinn bei Eintritt des Ereignisses i (Abschnitt 3.3) kennengelernt.

Wir können die b_i in Analogie zur Energie $\mathcal{H}_i$ des Mikrozustandes i betrachten. Bei entsprechender Rangordnung der p_i kann die Leiter der b_i mit dem entsprechenden Energiespektrum identifiziert werden. Tritt die Wahrscheinlichkeit p_i insgesamt g-mal auf, so entspricht diese Zahl einem *energetischen Entartungsfaktor g*. Gleichverteilungen entsprechen in diesem Sinne also einem vollständig entarteten System.

Die Größe (3.51) wird demgemäß als *Zustandssumme* interpretiert, und die RÉNYI -Information (3.52) hängt mit einer *verallgemeinerten freien Energie* wie folgt zusammen

$$F_{gen} := \frac{\beta - 1}{k\beta} I_\beta \ . \tag{3.63}$$

Die Analogiebildung geht aber noch weiter; so wie im allgemeinen die freie Energie als extensive Zustandsgröße mit der Vergrößerung des Systems anwächst, so wächst natürlich auch die RÉNYI -Information mit Vergrößerung der Zahl der Zustände r an. Auf diesen Vorstellungen beruhen weitergehende Identifikationen, welche die Begriffe des „Volumens" ($-\ln \epsilon$) bzw. der „Teilchenzahl" (Wortlänge n) und der „Energiedichte" (RÉNYI -Dimension bzw. RÉNYI -Entropie) betreffen; die Grenzübergänge $\epsilon \to 0+$ und $n \to \infty$ entsprechen also dem *thermodynamischen Limes*.

Für Sequenzanalysen (symbolische Dynamik) spielen die n–Wortverteilungen die Hauptrolle. Spezialisiert man die oben vorgestellten Analogien auf diesen Fall, so gelangt man zu einem Standardmodell der statistischen Physik, nämlich dem der *Spinkette* (BECK & SCHLÖGL, 1993). Dabei entspricht die Position innerhalb der Subsequenz der Zeit, und die λ Buchstaben des Alphabets $\mathcal{A}$ entsprechen den verschiedenen Einstellmöglichkeiten eines einzelnen Spins. Man spräche in diesem Fall von einem eindimensionalen POTTS-Modell der Ordnung λ und im speziellen Fall des binären Alphabets, $\lambda = 2$, von einer ISING-Kette.

Vermöge der Definition (3.62) identifiziert man die Energie einer Konfiguration der *Spinkette* $(c_1, \ldots, c_n)$ mit dem folgenden Ausdruck

$$\mathcal{H}(c_1, \ldots, c_n) = -\ln p(c_1, \ldots, c_n) \ , \tag{3.64}$$

und die verallgemeinerte *mittlere innere Energie* $\langle \mathcal{H} \rangle$ entspricht damit exakt den Entropien höherer Ordnung H_n. Die Frage nach einer Energiefunktion $\mathcal{H}(c_1, \ldots, c_n)$, welche die jeweils betrachtete n–Wortverteilung beschreibt, berührt ganz direkt den Anschluß an physikalische Modelle. Aus der Analyse des ISING Modells weiß man, daß Phasenübergänge für eine Kette mit

Nächster-Nachbar-Wechselwirkung nicht auftreten. Beobachtet man also Analoga zu Phasenübergängen in den verallgemeinerten freien Energien, so kann man sicher sagen, daß diese das Resultat von Korrelationen längerer Reichweite zwischen den Symbolen sind.

4 Dynamisch generierte Strukturen

4.1 Strukturen und Symbolsequenzen

Im vorigen Kapitel waren die Grundlagen für eine informationstheoretische Analyse von Symbolsequenzen dargestellt worden. Allgemeiner als eine Symbolsequenz ist der Begriff einer *Struktur*. Zwischen beiden kann jedoch auf sehr anschauliche Weise eine Verbindung hergestellt werden. Die Idee besteht darin, räumliche, zeitliche oder raumzeitliche quantitative[1] Strukturen durch den Vorgang des Abtastens (*scanning*) auf eine Symbolfolge abzubilden.

Handelt es sich um eine rein räumliche Struktur, so spielt die Art und Weise, in welcher das Objekt abgetastet wird, natürlich eine wichtige Rolle für die entstehende Sequenz. Im einfachsten Fall wird die Struktur mit einem Raster versehen. Die endliche Rasterauflösung sorgt für einen diskreten Charakter des Datensatzes selbst dann, wenn die Struktur in ein Kontinuum eingebettet ist. Sind auch die Werte des Rasters Elemente eines Kontinuums, man denke etwa an die reellen Zahlen, so muß zusätzlich noch eine Vergröberung des Wertebereiches durchgeführt werden mit dem Ziel, auch dort eine diskrete Struktur herzustellen. In der Praxis geschieht dies etwa durch eine Graustufendarstellung des Bildes. Den unterschiedlichen Graustufen entsprechen dann die Buchstaben des Alphabetes; eine Schwarz–Weiß–Darstellung bedeutet also ein binäres Alphabet.

Steht dagegen eine zeitliche Struktur zur Untersuchung an, so wird die Dynamik den Zustandsraum, in natürlicher Weise abtasten. Man denke etwa an physiologische Meßdaten, wie EKG– oder EEG–Kurven. Die Struktur setzt sich zusammen aus dem *Zustandsraum* und einer Art *Protokoll*, welches die dynamische Abfolge der Zustände registriert. Sowohl der Zustandsraum als auch das Protokoll können kontinuierlichen oder diskreten Charakters sein. Der Anschluß an Symbolsequenzen erfordert jedoch auch hier in doppelter

---

[1] Funktionale Strukturen fallen aus den folgenden Betrachtungen heraus.

4.1 Strukturen und Symbolsequenzen

Hinsicht einen diskreten Charakter. Die Diskretisierung des Zustandsraumes durch eine Graustufendarstellung hatten wir oben schon erläutert.

Die Diskretisierung des Protokolls wird motiviert durch die folgenden Überlegungen: Die Messung eines zeitlichen Vorganges durch Geräte ist immer begleitet von einer Begrenzung des Frequenzbereiches: für kleine Frequenzen prinzipiell durch die endliche Beobachtungsdauer, für große Frequenzen dagegen durch die Begrenzung der zeitlichen Auflösung des Meßgerätes.

Jedes Meßgerät besitzt eine physikalisch bedingte Zeitdauer, innerhalb derer ein elementarer Meßakt ausgeführt werden kann. Diese Zeitspanne setzt sich zusammen aus Ansprechzeit, Signalzeit und Refraktärzeit, also der Zeit, bis das Gerät erneut angesprochen werden kann. Das Feuern eines Neurons bei der Nervenleitung oder die Messung von radioaktiven Zerfallsakten mittels eines Geiger–Müller–Zählrohrs sind Paradebeispiele für diesen Sachverhalt.

In diesem Sinne bedeutet also die Messung eines zeitlichen Vorganges eigentlich immer eine Abfolge diskreter Meßakte. Diese Erkenntnis bezieht sich im übrigen nicht nur auf von Menschenhand gemachte Meßgeräte, sondern auch auf die Sinnesorgane.

Das zeitliche Kontinuum wird rekonstruiert durch Interpolation. Die *Überlistung des Auges* durch den Film oder das Fernsehen sind ein hinreichender Beweis dafür. Diese Interpolation selbst geht auch wieder mit einer Bandbegrenzung einher; nämlich dadurch, daß das kontinuierliche Verhalten des Systems als hinreichend glatt angenommen wird. Dies ist allerdings lediglich ein empirischer Schluß, der seine Rechtfertigung aus dem praktischen Erfolg bezieht.

Analoge Überlegungen können übrigens auch für die Diskretisierung von Meßbereichen angestellt werden, und so gestatten wir uns zum Abschluß dieser Erläuterungen die spekulative Frage, ob das Kontinuum möglicherweise nur das Resultat eines Abstraktionsprozesses durch das menschliche Bewußtsein ist.

Zusammenfassend stellen wir fest, daß sich räumliche, zeitliche und damit auch raum–zeitliche quantitative Strukturen in einen Zusammenhang mit Symbolsequenzen bringen lassen. Die Diskretisierung des Objektes in zweifacher Hinsicht ist notwendige Voraussetzung dafür und muß nötigenfalls nachträglich eingeführt werden. Natürlich ist eine Abhängigkeit der resultierenden Symbolsequenz von diesen Diskretisierungsverfahren zu erwarten. Die Diskretisierung der Zeit und möglicherweise auch des Zustandsraumes zumindest sind untrennbar mit physikalischen Bedingungen des Beobachtens verknüpft.

4.2 Symbolische Dynamik

Nach diesen anschaulichen Vorbemerkungen wenden wir uns nun einer stärker methodologischen Beschreibung der dynamischen Erzeugung von Symbolsequenzen zu. Die Beschreibung dynamischer Strukturen fällt in den Bereich der Physik bzw. der Mathematik. Die Beschreibung erfolgt modellbildend durch die Betrachtung *dynamischer Systeme*.

Ein dynamisches System besteht zum einen aus einem *Zustandsraum* X, zum anderen aus einem dynamischen Gesetz oder einer *Dynamik* S_t, welche die zeitliche Entwicklung von Zuständen beschreibt. Wir beschränken uns hier auf rein deterministische Systeme, für welche das Gesetz S_t den Charakter einer gewöhnlichen Abbildung besitzt, d.h. $S_t : X \to X$. Gleichzeitig ist die Menge der Abbildungen $\{S_t | t \in T\}$ mit einer Gruppen- bzw. Halbgruppenstruktur versehen, das bedeutet $S_t \circ S_{\hat{t}} = S_{t+\hat{t}}$ für alle $t, \hat{t} \in T$. Das Symbol $\circ$ meint die Hintereinanderausführung der Abbildungen.

Die *Indexmenge* T bezeichne die Menge der *Zeitpunkte*, welche wie oben angesprochen kontinuierlichen oder diskreten Charakters sein kann. Die Beschränkung auf positive Elemente bedeutet, daß die zeitliche Rückwärtsentwicklung eines Zustandes nicht mehr eindeutig durchgeführt werden kann, weil ein Zustand mehrere Vorläufer besitzen kann. Dieses ist in deterministischen Systmen allerdings nur möglich, wenn die Zeitmenge T diskret ist.

Die zeitliche Entwicklung eines *Anfangszustandes* $x_0 \in X$, seine *Geschichte*, ist verbunden mit dem Begriff der *Trajektorie* $\{x_t := S_t(x_0) | t \in T\}$. Die Gesamtheit aller Trajektorien beschreibt das sogenannte *Phasenportrait*. Von Interesse ist insbesondere dessen topologische Struktur. Änderungen derselben deutet man als einen qualitativen Übergang des dynamischen Systems und bezeichnet diesen mit dem Terminus der *Bifurkation*. Ein großer Teil der Theorie dynamischer Systeme (ANDRONOV et al. , 1967; BAUTIN, 1976; NEIMARK et al. , 1987) ist der Ableitung von Sätzen bezüglich der topologischen Struktur des Phasenportraits gewidmet; als Beispiel sei hier nur das POINCARÉ-BENDIXSON-Theorem (HIRSCH & SMALE, 1965) erwähnt. Die Klassifikation von Bifurkationen und Fragen der *strukturellen Stabilität* (ANDRONOV & PONTRYAGIN, 1937), das ist die Stabilität der topologischen

Struktur des Phasenportraits gegenüber kleinen Störungen von Systemparametern, sind weiterhin Gegenstand von Untersuchungen (THOM, 1969, 1975; ARNOLD, 1987).

Im Zusammenhang mit dem Begriff des *deterministischen Chaos* erfährt die Vorstellung einer Trajektorie als *Bahnkurve des Systems im Zustandsraum* eine grundlegende Kritik. Das (im Mittel) exponentielle Wachstum von anfänglichen Unsicherheiten Δx_0 bei der Bestimmung des Anfangszustandes x_0:

$$\langle \Delta x_t \rangle \sim \exp(t\lambda) \cdot \langle \Delta x_0 \rangle \tag{4.1}$$

verhindert eine langfristige Vorhersage künftiger Systemzustände im Rahmen der Meßgenauigkeit. Die Größe λ wird *Lyapunov-Exponent*, manchmal auch *charakteristischer Exponent*, genannt, da sie den Charakter der Dynamik beschreibt: expandierend für $\lambda > 0$ oder kontrahierend für $\lambda < 0$; der Fall $\lambda = 0$ ist ein interessanter Spezialfall. Die Positivität des Lyapunov-Exponenten wird schlechthin als definitives Charakteristikum einer chaotischen Dynamik angesehen.

In (4.1) haben wir durch die Schreibweise einen eindimensionalen Zustandsraum X angedeutet. Die Verallgemeinerung von (4.1) auf den n-dimensionalen Fall erfolgt durch den Übergang zu den Vektoren $\underline{\Delta x_0}$ bzw. $\underline{\Delta x_t}$ und der Matrix $\underline{\lambda}$. Die Exponentialfunktion wird durch die entsprechende Reihendarstellung ersetzt. In diesem Fall gibt es also n Lyapunov-Eponenten, die nicht notwendigerweise sämtlich verschieden sein müssen.

Die Unsicherheit, bezeichnet durch $\underline{\Delta x_t} := \|\underline{x_t} - \underline{\hat{x}_t}\|$, setzt eine Norm $\|\cdot\|$ erklärt auf dem Zustandsraum X voraus. Wir werden uns im folgenden bei der Wahl von Zustandsräumen stets auf kompakte Teilmengen des R^n beschränken und dort die vertraute euklidische Norm anwenden.

Es soll an dieser Stelle nochmals betont werden, daß der Lyapunov-Exponent auf Grund der Mittelung[2] $\langle \cdot \rangle$ über alle Anfangszustände eine globale Größe ist und das System als Ganzes beschreibt. Eine wesentlich verfeinerte Analyse erfolgt durch Betrachtung des lokalen Expansionsverhaltens (BECK & SCHLÖGL, 1992 *und Referenzen darin*).

Die Zerstreuung quasilokalisierter[3] Zustände im Zustandsraum ist bekannte Erscheinung einer *stochastischen Dynamik*; das ist eine Dynamik, die

---
[2]Zeitmittel und/oder Scharmittel.
[3]Das bedeute, Δx_0 sei „sehr klein".

eine nicht-deterministische Komponente beinhaltet, also einen Rauschanteil (*noise*). Die Beschreibung stochastischer Systeme ist statistischer Natur. Das System wird gemäß einer Wahrscheinlichkeitsverteilung präpariert, und es wird die zeitliche Entwicklung von Verteilungsfunktionen untersucht. Es hat sich gezeigt, daß auch eine chaotische Dynamik angemessen in der gleichen Art und Weise beschrieben werden kann und sollte. Statt einer einzelnen Trajektorie oder eines Phasenportraits wird nun die zeitliche Entwicklung von Wahrscheinlichkeitsverteilungen untersucht.

Anschaulich wird diese Beschreibung durch das Bild eines *Ensembles* motiviert. Die Idee des Ensembles hielt Einzug in die Physik mit J. W. GIBBS und seiner statistischen Begründung der Thermodynamik. Sie liegt ebenfalls der generellen Auffassung eines stochastischen Prozesses zu Grunde. Darüber hinaus sind wir diesem Gedanken auch schon bei KHINCHINS Vorstellung von den *Lebensgeschichten* einer Informationsquelle in Abschnitt 4.2 begegnet.

Da wir uns bei der Wahl der Zustandsräume stets auf Gebiete beschränken werden, wird die statistische Beschreibung solcher Kontinua durch eine *Wahrscheinlichkeitsdichte* $\rho(x,\tau)$ vermittelt. Dabei wird $\rho(x,\tau)dx$ als die Wahrscheinlichkeit interpretiert, das System zum Zeitpunkt τ in einem Zustand x aus dem infinitesimalen Gebiet $(x, x+dx)$ anzutreffen. Offensichtlich muß $\rho(x,\tau)$ daher eine nicht-negative Funktion sein, d.h. $\rho(x,\tau) \geq 0$ für alle $x \in X$ (und alle $\tau \in T$). Die Wahrscheinlichkeit $p(x \in A)$ für die Beobachtung eines Zustandes x aus einem endlichen Gebiet $A \subset X$ wird gebildet durch Integration über A

$$p(x \in A, \tau) = \int_A \rho(x,\tau)dx \qquad (\tau \in T) \:. \tag{4.2}$$

Anschaulich entspricht dies dem Flächeninhalt (Volumen) der Fläche (des Prismas), welche(s) durch das Intervall (Gebiet) A und der darüber errichteten Kurve (Fläche) $\rho(x,\tau)$ gebildet ist.

Da $\rho(x,\tau)$ eine *Wahrscheinlichkeits*dichte ist, gilt natürlich

$$p(x \in X, \tau) = \int_X \rho(x,\tau)dx = 1 \qquad (\tau \in T) \:. \tag{4.3}$$

Durch die Dynamik kann sich eine statistische Struktur herausbilden, welche nicht mehr auf Gebieten, sondern auf zerklüfteten Teilmengen des Zustandsraumes residiert. In einem solchen Fall wird die Formulierung vermöge einer

Dichte und die Integration in (4.2) bedeutungslos. Es gibt aber einen mathematischen Begriffsapparat, welcher auch diesen Fällen Rechnung trägt. Allgemeiner als eine Wahrscheinlichkeitsdichte ist ein Wahrscheinlichkeitsmaß $\mu(A)$. Die zu (4.2) entsprechende Verallgemeinerung lautet dann

$$p(x \in A, \tau) = \mu(A, \tau) = \int_A d\mu(x, \tau) \qquad (\tau \in T), \qquad (4.4)$$

wobei das Integral im Sinne von STIELTJES gemeint ist.

Wenn wir auch später Fällen begegnen werden, wo keine Dichte, sondern nur noch ein Maß existiert, so verzichten wir dennoch aus Gründen der anschaulichen Darstellung auf eine weitere Ausarbeitung dieser Verallgemeinerung.

Wir hatten oben mit S_t das Gesetz bezeichnet, welches die Dynamik einzelner Zustände beschreibt. Im Zusammenhang mit diesem steht nun eine Dynamik, welche die Entwicklung von Dichten vermittelt. Mit dieser Dynamik im Raum der Wahrscheinlichkeitsdichten wird sich Abschnitt 4.3 noch ausführlich beschäftigen.

Wir hatten im vorangegangenen Abschnitt schon einige allgemeine Bemerkungen zum diskreten Charakter zeitlicher Beobachtungen geäußert. In Beziehung dazu steht die Vorstellung einer *stroboskopischen Beobachtung* der kontinuierlichen Zustandsänderung. Das bedeutet $T := \{t = n\Delta\tau \mid n \in N(Z)\}$, wobei $\Delta\tau$ mit der Zeitdauer eines Meßaktes identifiziert werden kann.

Neben dieser Idee gibt es aber noch eine weitere Methode, welche speziell als Instrumentarium der Analyse nichtlinearer Systeme gedacht ist, im Effekt aber ebenfalls auf eine diskrete Abfolge von Zuständen führt. Diese Methode ist unter dem Namen *Poincaré-Schnitt* oder auch *Poincaré-Abbildung* bekannt (PARKER & CHUA, 1989; BROER 1991). An Stelle einer langen Erklärung verweisen wir zur Illustration auf Abbildung 4.1. Neben der Diskretisierung der Zeit erfolgt eine effektive Reduktion der Beschreibung auf die Dimension der gewählten Fläche.[4] Für die weiteren Ausführungen halten wir als Ergebnis fest, daß zeitkontinuierliche deterministische Systeme in natürlicher und enger Weise mit zeitdiskreten Systemen verknüpft werden können. Im folgenden wird also die Indexmenge T die Menge der ganzen Zahlen Z oder – häufiger noch – die Menge der natürlichen Zahlen N sein.

---

[4] Die Wahl der Fläche ist häufig von entscheidender praktischer Bedeutung und erfordert den erfahrenen Blick (*mal'occhio*).

128   4 Dynamisch generierte Strukturen

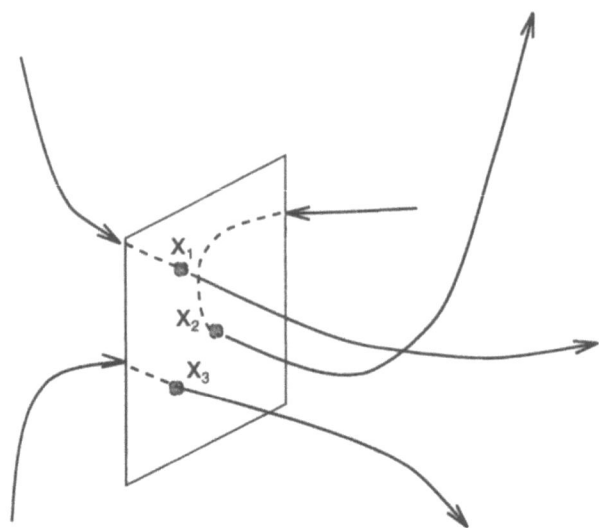

Abb. 4.1 Die Methode des POINCARÉ-Schnittes vermittelt eine Abbildung zwischen den aufeinanderfolgenden Durchstoßpunkten einer geeignet gewählten Schnittfläche

Wir beschreiben deterministische, zeitdiskrete dynamische Systeme durch Abbildungen $f : X \to X$ der Art

$$x_{t+1} = f(x_t, x_{t-1}, \ldots, t, t-1, \ldots, r_1, \ldots, r_m) \quad (t \in T) \ . \quad (4.5)$$

Das Prinzip der Kausalität verbietet eine Einwirkung zukünftiger Zustände (x_s mit $s > t$). Mit $r_1, \ldots, r_m$ bezeichnen wir einen Satz von externen Kontollparametern.

Als Einschränkung wollen wir nicht-autonome Systeme aus unseren Betrachtungen ausklammern; das bedeutet, die Dynamik soll nicht explizit von der Zeit abhängen. Damit erhalten wir

$$x_{t+1} = f(x_t, x_{t-1}, \ldots, r_1, \ldots, r_m) \quad (t \in T) \ . \quad (4.6)$$

Schließlich soll nur der unmittelbar vorangegangene Zustand x_t einen Einfluß auf den zukünftigen Zustand x_{t+1} ausüben können, d.h.

$$x_{t+1} = f(x_t, r_1, \ldots, r_m) \quad (t \in T) \ . \quad (4.7)$$

Diese Annahme kann in Analogie zum MARKOVschen Charakter betrachtet werden. Daß man bei dieser Einschränkung der Dynamik dennoch Sequenzen findet, welche ein ausgedehntes Gedächtnis besitzen, ist eine Konsequenz der Vergröberung des Zustandsraumes, die nun besprochen wird.

Wie oben schon mehrfach angedeutet, wird die kontinuierliche Struktur des Zustandsraumes X in eine diskrete Struktur umgewandelt. Dieser Übergang bedeutet naturgemäß eine Vergröberung (*coarse-graining*) der Beschreibung. In Anlehnung an die physikalische Terminologie unterscheiden wir damit zwischen der *mikroskopischen Beschreibungsebene* – wir meinen die kontinuierliche Struktur vor der Vergröberung – und der *makroskopischen Beschreibungsebene* – wir meinen damit die diskrete (endliche) Struktur nach der Vergröberung.

Technisch betrachtet geschieht diese Vergröberung durch eine *Partitionierung* des Zustandsraumes, das bedeutet bildlich gesprochen durch Zerlegung der Menge X in Teilmengen oder *Zellen* $A_1, \ldots, A_\lambda$. Die Zellen sollen sich nicht *überschneiden*, und ihre Zusammenfassung soll den gesamten Zustandsraum *überdecken*.

Mathematisch gesprochen definieren wir als Partitionierung $\mathcal{P}$ die (endliche) Familie $\{A_1, \ldots, A_\lambda\}$ von Teilmengen, $A_i \subset X$, ($i = 1, \ldots, \lambda$), der Grundmenge X, wobei folgende Bedingungen gelten:

- $A_i \cap A_j = \emptyset$ für alle $i, j = 1, \ldots, \lambda$ und $i \neq j$ (Disjunktheit),

- $\bigcup_{i=1}^{\lambda} A_i = X$ (Vollständigkeit).

Da die Menge X häufig noch eine toplogische oder sogar metrische Struktur trägt, ist es – in Übereinstimmung mit der Anschauung – üblich, als weitere Forderung den einfachen (oder höchstens m–fachen) Zusammenhang der Teilmengen zu formulieren.

Wir bezeichnen die Zellen A_i mit den Buchstaben a_i eines Alphabets $\mathcal{A}$, d.h. $A_i \to a_i$, ($i = 1, \ldots, \lambda$). Als Ergebnis wird nun jeder mikroskopischen Trajektorie $\{f^n(x_0)\}_{n=0}^{\infty}$ eine Folge von Zellen $\{C_n\}_{n=0}^{\infty}$ bzw. eine Buchstabenfolge oder Symbolsequenz $\{c_n\}_{n=0}^{\infty}$ in eindeutiger Weise zugeordnet. Diese Zuordnung ist das Wesen der *symbolischen Dynamik*. Zur Illustration verweisen wir an dieser Stelle auf Abbildung 4.2. In gleicher Weise entspricht nun jedes n–Wort $(c_1, \ldots, c_n)$ einer gleichbezeichneten Teilmenge des Zustandsraumes, welche alle Anfangswerte beinhaltet, die zum Zeitpunkt t in der Zelle C_1 starten und deren jeweilige Trajektorien in den folgenden $(n-1)$ Schritten durch die Zellen $C_2, \ldots, C_n$ verlaufen. Diese Teilmenge

130   4 Dynamisch generierte Strukturen

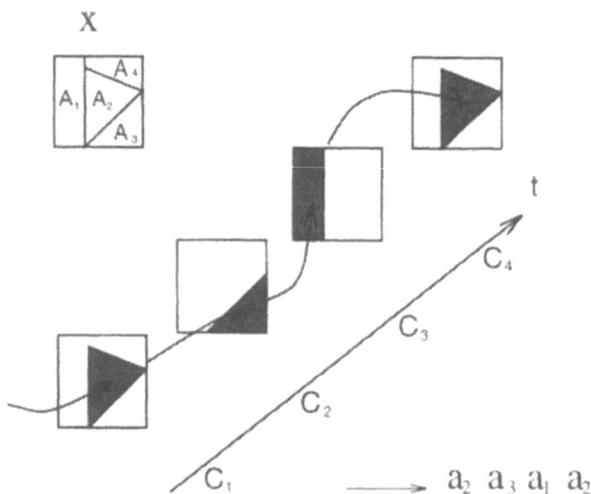

Abb. 4.2 Durch die Zuweisung von Buchstaben zu den Zellen der Partitionierung wird im Zusammenspiel mit einer Trajektoie eine Symbolsequenz erzeugt

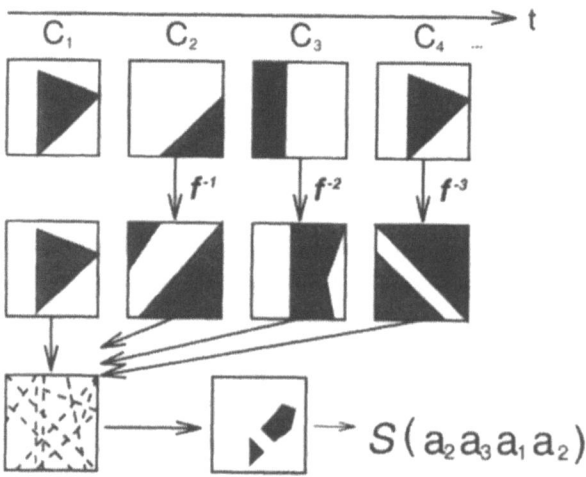

Abb. 4.3 Durch Rückwärtsprojektion der Zellen findet man die Menge der zu einer Symbolsequenz kompatiblen Anfangswerte; dieses Verfahren beschreibt eine dynamische Verfeinerung der Ausgangspartition

kann durch Rückwärtsprojektion leicht beschrieben werden; zur Verdeutlichung betrachte man Abbildung 4.3. Mathematisch ausgedrückt schreibt sich diese Menge als

$$\mathcal{S}(c_1,\ldots,c_n) := \{x \in X \mid x \in C_1, f(x) \in C_2, \ldots, f^{n-1}(x) \in C_n\} \quad (4.8)$$

$$= C_1 \cap f^{-1}(C_2) \cap \ldots \cap f^{-(n-1)}(C_n) \,. \quad (4.9)$$

Wie man aus Abbildung 4.3 entnehmen kann, wird diese Menge im allgemeinen durch die fortgesetzte Schnittmengenbildung schrumpfen. Im Endeffekt wirkt dieser Prozeß also wie die Verfeinerung der ursprünglichen Partitionierung. Da die Ursache für diese Verfeinerung in der Dynamik des Systems selbst liegt, spricht man auch von einer *dynamischen Verfeinerung* (*dynamical refinement* oder *self refinement*).

Die Anzahl und die topologische Struktur der durch die dynamische Verfeinerung entstehenden Zellen hängt wesentlich von einfachen geometrischen Eigenschaften der Abbildung ab. Alle Charakteristika, welche in dieser Weise unabhängig von den Wahrscheinlichkeiten sind, werden mit dem Attribut *topologisch* versehen und damit abgesetzt gegen Begriffe, welche explizit auf $\rho(x,\tau)$ zurückgreifen und daher mit dem Attribut *metrisch* ausgestattet werden.

Als das vielleicht wichtigste Beispiel nennen wir hier an dieser Stelle das Begriffspaar *topologische Entropie* und *metrische Entropie*; beide sind im Spektrum der RÉNYI -Entropien (3.56) enthalten. Während die metrische Entropie – definiert für $\beta = 1$ – selbstverständlich über $Z(\beta)$ (3.51) von den Wahrscheinlichkeiten abhängt, verschwindet diese Abhängigkeit genau im speziellen Fall $\beta = 0$ für die topologische Entropie, denn $p(c_1,\ldots,c_n)^0 \equiv 1$ für alle $(c_1,\ldots,c_n) \in \mathcal{A}^n$. Die topologische Entropie berücksichtigt also nur die Anzahl der Zellen bei der dynamischen Verfeinerung und verzichtet dagegen auf eine Wichtung sehr häufig oder sehr selten aufgesuchter Zellen.

Sind sämtliche Zellen der Partitionierung $\mathcal{P}$ von gleicher Form und Ausdehnung, so bezeichnet man die zugeordnete Partitionierung als gleichmäßig. Solche gleichmäßigen Partitionierungen spielen die Hauptrolle im Zusammenhang mit Meßprozessen. Die endliche Auflösung der Meßapparatur bedeutet eine (gleichmäßige) Zerlegung der reellen Zahlenachse, also des Meßbereiches, in Zellen, deren Durchmesser gerade durch die Toleranz bestimmt ist. Sehr häufig werden wir aber auch Patitionierungen betrachten, welche nicht gleichmäßig sind, welche sich aber in anderer Hinsicht als vorteilhaft erweisen werden.

Das Konzept der *generierenden Partitionierung* (*generating partition* oder auch *generator*) läßt sich leicht verständlich machen, wenn man sich den kontraktiven Charakter der dynamischen Verfeinerung vor Augen führt. Je mehr Symbole man vorgibt, desto kleiner wird im allgemeinen die Menge der Anfangswerte sein, deren Trajektorien genau durch diese vorgeschriebenen Zellen verlaufen. Bei chaotischen Systemen sorgt die Divergenz benachbarter Bahnen dafür, daß früher oder später immer mehr Kandidaten ausscheren.

Das Zusammenspiel von Dynamik und gewählter Partitionierung kann im Einzelfall derart beschaffen sein, daß bei Fixierung jeder unendlich langen Sequenz jeweils nur ein einziger mikroskopischer Anfangswert dazu kompatibel bleibt. In einem solchen Fall wird die Zuordnung jeder unendlich ausgedehnten Symbolsequenz zu einem Anfangswert also eineindeutig.

Die praktische Bedeutung generierender Partitionierungen wird verständlich durch die folgenden Überlegungen:

Bei Vorgabe einer beliebigen Partitionierung werden im oben angedeuteten Sinn makroskopische Größen definiert. Diese sind von der gewählten Partitionierung, also insbesondere auch von deren Feinheit abhängig. Unter Feinheit der Partitionierung versteht man dabei den Durchmesser der jeweils größten Zelle (das Supremum). Um das Kontinuum zu erfassen, also das mikroskopische System, definiert man viele darauf bezogene Größen durch einen Grenzübergang, welcher die Feinheit der Partitionierung gegen den Wert Null streben läßt. Daneben sind aber auch eine Reihe interessanter Größen im Zusammenhang mit einem zweiten Grenzübergang definiert, welcher die Länge der Subsequenzen n gegen Unendlich streben läßt: ein prominentes Beispiel sind die RÉNYI -Entropien (3.56). Es ist evident, daß für eine generierende Partitionierung die beiden Grenzübergänge durch den alleinigen Grenzübergang $n \to \infty$ ersetzt werden können (BILLINGSLEY, 1965), was für praktische Berechnungen eine enorme Erleichterung darstellt.

Allerdings solte nicht unerwähnt bleiben, daß es keine systematische Methode zum Auffinden generierender Partitionierungen gibt und daß darüber hinaus auch der Nachweis häufig nicht ganz einfach ist (CORNFELD et al., 1982; HSU & KIM, 1985).

Eine weitere wichtige Klasse von Partitionierungen wird gebildet durch die *Markov-Partitionierungen* (*Markov partitions*). Diese sind[5] dadurch gekennzeichnet, daß die Menge der Intervallgrenzen B unter der Abbildung in sich

---

[5]Für eindimensionale Systeme; für den höherdimensionalen Fall siehe (CORNFELD et al., 1982).

selber übergeht, d.h. $f(\mathcal{B}) \subset \mathcal{B}$. Für eindimensionale unimodale Abbildungen ist dies gleichbedeutend mit der Forderung, daß sich das Bild jeder Zelle als eine Vereinigung von Zellen der gleichen Partitionierung verstehen läßt (BOWEN, 1970). Eine Zelle A_i ($i = 1, \ldots, \lambda$) gehört also entweder ganz oder gar nicht zum Bild $f(A_j)$ einer beliebigen Zelle A_j ($j = 1, \ldots, \lambda$), d.h.

$$f(A_j) \cap A_i \neq \emptyset \quad \Longleftrightarrow \quad f(A_j) \supset A_i \,. \tag{4.10}$$

MARKOV-Partitionierungen stehen in engem Zusammenhang mit Symbolfolgen, die den Charakter einer MARKOVschen Kette besitzen (ADLER & WEISS, 1967; BOWEN, 1970; CORNFELD et al., 1982; NICOLIS et al., 1992).

Zusammenfassend notieren wir an dieser Stelle die folgenden Punkte:

- Strukturen können in enge Beziehung gebracht werden zu Symbolsequenzen. Dynamisch erzeugte Strukturen sind durch den Ordnungsparameter Zeit sui generis lineare Strukturen.

- Die Übertragung eines dynamischen Vorganges auf eine Symbolsequenz erfordert in zweifacher Weise eine diskrete Struktur. Die Diskretisierung der Zeit kann in natürlicher Weise durch stroboskopische Beobachtung oder durch die Methode des POINCARÉ-Schnittes geleistet werden. Die Diskretisierung des Zustandsraumes erfolgt durch den Vorgang der Vergröberung und kann interpretiert werden als Übergang von einer mikroskopischen Ebene zu makroskopischen Observablen.

- Technisch gesprochen wird die Vergöberung erreicht durch Auswahl einer Partitionierung. Eine besondere Rolle spielen generierende bzw. MARKOV-Partitionierungen. Die Zuordnung von Buchstaben zu den Zellen der gewählten Partitionierung, und die eindeutige Abbildung der mikroskopischen Trajektorie auf eine entsprechende Symbolsequenz ist das Wesen der symbolischen Dynamik.

- Die Beschreibung des mikroskopischen Systems erfolgt auf statistischer Ebene (chaotische oder stochastische Dynamik) durch Ableitung der Wahrscheinlichkeitsdichte $\rho(x, \tau)$. Den anschaulichen Hintergrund für eine solche Beschreibung bildet der *Ensemble*-Gedanke von GIBBS.

- Die Wahrscheinlichkeit $p(c_1,\ldots,c_n;\tau)$ für die Beobachtung des n-Wortes $(c_1,\ldots,c_n)$ zum Zeitpunkt τ läßt sich angeben und lautet

$$p(c_1,\ldots,c_n;\tau) = \int_{S(c_1,\ldots,c_n)} \rho(x,\tau)dx , \qquad (4.11)$$

wobei

$$S(c_1,\ldots,c_n) := C_1 \cap f^{-1}(C_2) \cap \ldots \cap f^{-(n-1)}(C_n) . \qquad (4.12)$$

Sie hängt ab von der Wahrscheinlichkeitsdichte $\rho(x,\tau)$ (*metrischer Aspekt*) und von der dynamischen Verfeinerung $S(c_1,\ldots,c_n)$ (*topologischer Aspekt*).
- Der durch die Abbildung $f(x,r_1,\ldots,r_m)$ vermittelten Dynamik der Zustände entspricht eine Dynamik der Dichte $\rho(x,\tau)$, welche im folgenden Abschnitt ausführlich besprochen wird.

4.3 Stationarität und Ergodizität

In Kapitel 3 war die zentrale Bedeutung der stationären und ergodischen Quelle für die praktische Sequenzanalyse erläutert worden. Die Eigenschaften der Stationarität und Ergodizität waren die Grundlage für die Ermittlung der Statistik von Subsequenzen aus einer Mustersequenz.

Oben haben wir gezeigt, in welcher Weise dynamische Systeme zur Erzeugung von Symbolsequenzen genutzt werden können und wie die Wahrscheinlichkeit $p(c_1,\ldots,c_n;\tau)$ für die Beobachtung einer Subsequenz $(c_1,\ldots,c_n)$ zum Zeitpunkt τ berechnet werden kann, wenn die Wahrscheinlichkeitsdichte $\rho(x,\tau)$ bekannt ist. Für die stationäre Quelle hängt diese Wahrscheinlichkeit tatsächlich aber nicht mehr von dem Beobachtungszeitpunkt τ ab. D.h. aber andererseits, daß die Wahrscheinlichkeitsdichte zeitinvariant sein muß. Dieser Aspekt begründet also die Notwendigkeit, sich mit der zeitlichen Entwicklung der Wahrscheinlichkeitsdichte zu beschäftigen.

Die Evolutionsgleichung für $\rho(x,\tau)$ läßt sich in einfacher Weise aus der lokalen Wahrscheinlichkeitserhaltung ableiten. $\mathcal{U}$ bezeichne den Evolutionsoperator, der für unseren Fall der durch Abbildungen vermittelten diskreten Dynamik auch *Frobenius-Perron-Operator* heißt:

$$[\mathcal{U}\rho](x,\tau)dx := \rho(x,\tau+1)dx = \sum_\alpha \rho(y_\alpha,\tau)dy_\alpha . \qquad (4.13)$$

4.3 Stationarität und Ergodizität

Dabei stehen x und die y_α in einer Bild–Urbild Relation, d.h. $f(y_\alpha) = x$ (für alle α) oder $y_\alpha = f_\alpha^{-1}(x)$, wobei f_α^{-1} je ein Ast der Umkehrrelation ist. Die Summe wird also stets über alle Urbilder ausgeführt.[6]

Die Interpretation dieser Gleichung ist naheliegend: die Wahrscheinlichkeit, nach einer Iteration ($\tau \to \tau + 1$) einen Zustand im Intervall $(x, x + dx)$ zu finden, ist identisch mit der Summe der Wahrscheinlichkeiten, davor die Urzustände in den Intervallen $(y_\alpha, y_\alpha + dy_\alpha)$ beobachtet zu haben. Bildhaft gesprochen *fließt die Wahrscheinlichkeit aus den Urbildern zum zugeordneten Bild, ohne daß etwas verloren geht*. Es ist daher nicht verwunderlich, daß der FROBENIUS–PERRON-Operator normerhaltend ist. Zur Illustration verweisen wir auf Abbildung 4.4, welche diesen Sachverhalt an Hand einer einfachen eindimensionalen Abbildung des Einheitsintervalls auf sich demonstriert. Die *Frobenius–Perron–Gleichung* (4.13) kann weiter umgeformt

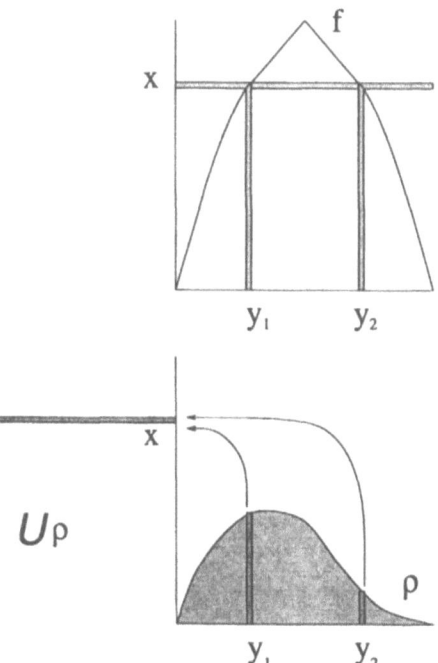

Abb. 4.4 Die lokale Wahrscheinlichkeitserhaltung bildet den Hintergrund für die FROBENIUS–PERRON-Gleichung

---

[6]Die Anzahl der Äste der Umkehrrelation hängt natürlich selbst auch wieder von x ab.

4 Dynamisch generierte Strukturen

werden zu

$$[\mathcal{U}\rho](x,\tau) = \sum_\alpha \rho\left(f_\alpha^{-1}(x),\tau\right) \left|\frac{d}{dx}f_\alpha^{-1}(x)\right| . \qquad (4.14)$$

Die Schreibweise deutet den eindimensionalen Charakter der Abbildung an. Für den mehrdimensionalen Fall ist allerdings eine Verallgemeinerung möglich.

In der Physik spielen bei der Beschreibung zeitkontinuierlicher Systeme seit langem bekannte Evolutionsgleichungen für Wahrscheinlichkeitsdichten eine große Rolle (ZUBAREV, 1976; RÖPKE, 1987); spezialisiert auf die unterschiedlichen Teildisziplinen sind dies: die *Liouville-Gleichung* in der klassischen Mechanik, die *von-Neumann-Gleichung* in der Quantenmechanik, die *Zubarev-Gleichung* als deren Verallgemeinerung auf Nichtgleichgewichtsprozesse oder die *Fokker-Planck-Gleichung* in der Theorie stochastischer Prozesse.

Das System wird präpariert durch die Wahl einer Anfangsverteilung $\rho(x,0)$; das bedeutet anschaulich, das Ensemble von Anfangswerten wird gemäß dieser Verteilung besetzt. Die Dynamik wird diese Verteilung im allgemeinen ändern. Diese Änderung der Verteilung im Laufe der Zeit kann durch fortgesetzte Anwendung des Operators $\mathcal{U}$ verfolgt werden.

Von Interesse sind nun die folgenden Fragen:

1. Gibt es eine invariante Wahrscheinlichkeitsdichte?

2. Ist diese eindeutig?

3. Wird das System vermöge der Dynamik diese invariante Dichte in jedem Fall anstreben?

Dieser Fragenkomplex fällt in das wichtige Gebiet der Theorie ergodischer Systeme (ARNOLD & AVEZ, 1968). Eine gründliche Darstellung der Zusammenhänge ist jenseits der Darstellungsmöglichkeiten dieses Buches; wir verweisen aber in diesem Zusammenhang auf (LASOTA & MACKEY, 1985; MACKEY, 1989). Hier beschränken wir uns auf eine knappe Darstellung derjenigen Aussagen, die im Zusammenhang mit den drei oben geäußerten Fragen stehen.

Die Existenz und Eindeutigkeit einer stationären Dichte $\rho_*(x)$ ist gesichert, falls das System ergodisch ist.

4.3 Stationarität und Ergodizität

Daneben gibt es natürlich immer noch singuläre invariante Maße, welche dadurch entstehen, daß der Träger nur auf Fixpunkte oder Punkte eines periodischen Orbits beschränkt ist. Bei einem chaotischen System sind diese Maße aber alle instabil in dem Sinne, daß jede noch so geringfügige Verschmierung des Maßes dessen Invarianz zunichte macht. Besitzt das System dagegen stabile periodische Orbits (mehr als einen!), so handelt es sich um ein nicht-ergodisches System, denn jeder dieser Orbits stellt eine nichttriviale invariante Menge dar; je nach der Wahl des Startpunktes erreicht man einmal diesen, ein andermal einen anderen Zyklus.

Praktisch gesprochen bedeutet die Ergodizität, daß das Zeitmittel von Testfunktionen (bei hinreichend langer Mittelungsdauer) mit dem Ensemble- oder Scharmittel derselben, gebildet bezüglich der invarianten Dichte, identisch ist *für fast alle*[7] Anfangswerte x_0.

Der Nachweis der Ergodizität einer vorgegebenen Abbildung ist schwierig und konnte bisher nur für einige Standardabbildungen erbracht werden. In der Praxis dienen Computersimulationen als Hilfsmittel zur empirischen Feststellung der Ergodizität; dazu betrachtet man die Entwicklung eines Ensembles oder prüft die Zeitmittel für eine ganze Reihe verschiedener Anfangswerte. Natürlich ersetzen diese Methoden den strengen Nachweis nicht.

Die letzte der drei Fragen erfährt nur eine knappe Beantwortung durch die Bemerkung, daß die Ergodizität notwendig, aber nicht hinreichend für das Anstreben der invarianten Dichte ist. Dies ist erst gewährleistet für sogenannte *exakte* Systeme (MACKEY, 1989). Zwischen den ergodischen und den exakten Systemen bewegen sich noch die *(stark) mischenden* Systeme, für welche die Korrelationsfunktion beliebiger Testfunktionen exponentiell abfällt (MACKEY, 1992).

Die *Relaxation* eines dynamischen Systems, das ist die Bewegung des Systems in typische Zustände, in welchen die Anfangsbedingungen, die *Präparation* des Systems, nicht mehr nachzuweisen sind, ist ein weiteres Charakteristikum von Interesse. Eine häufig benutzte Methode ist die spektrale Zerlegung des FROBENIUS–PERRON-Operators zur Analyse des Relaxationsprozesses (MACKERNAN & NICOLIS, 1994 *und Referenzen darin*). Mitunter konzentrieren sich sogar schon Untersuchungen auf den Transienten selbst (TÉL, 1990).

Im praktischen Sinne ist die entsprechende Zeitspanne bis zum *Einschwingen* des Systems abzuwarten; schließlich will man den invarianten Zustand

---
[7]Die Menge der Ausnahmen ist vom μ_*-Maß Null.

registrieren und nicht die Statistik durch den Transienten überlagert wissen. Dazu ist das Wissen um das zeitlich asymptotische Verhalten und die langlebigste Mode von Bedeutung. Als Hinweis dazu kann man etwa die Autokorrelationsfunktion des Systems studieren.

4.4 Kolmogorov–Sinai–Entropie

Die für Quellen bzw. Sequenzen definierte Entropie h gewinnt im Kontext der symbolischen Dynamik eine wichtige Bedeutung für das zu Grunde liegende mikroskopische System. Zunächst hängt h natürlich von der gewählten Partition $\mathcal{A}$ ab, d.h. ein gegebenes dynamisches System ist im allgemeinen mit unterschiedlichen Quellen verknüpft:

$$h = h(\mathcal{A}) \, . \tag{4.15}$$

So kann ein einziges dynamisches System je nach Wahl der Partitionierung zu einer periodischen Quelle mit der Entropie $h = 0$ oder einer chaotischen Quelle mit einer Entropie $h > 0$ führen. Dies hängt damit zusammen, daß die komplizierte Struktur einer mikroskopischen Dynamik bei dem Prozeß der Vergröberung verborgen bleiben kann. Umgekehrt kann aber die makroskopische Dynamik, die Quelle, keine kompliziertere Struktur besitzen, als die mikroskopische Dynamik. So kann ein auf der mikroskopischen Ebene periodisches System niemals durch Vergröberung zu einer nichtperiodischen Quelle führen. Dies zeigt deutlich, daß die Eigenschaften des mikroskopischen Systems dann zu Tage treten, wenn die unvermeidbare Unsicherheit bei der Vorhersage von Symbolfolgen, d.h. die Entropie der Quelle, maximal wird.

Die Entropie der Quelle ist generell nach unten wie nach oben beschränkt durch[8]

$$0 \leq h(\mathcal{A}) \leq 1 \, . \tag{4.16}$$

Die untere Schranke ist gleichzeitig das Minimum und wird trivialerweise für alle Partitionierungen angenommen, welche dem Attraktor eine einzige Zelle zuordnen. Bei Variation über alle möglichen Partitionierungen andererseits existiert eine kleinste obere Schranke, welche im allgemeinen kleiner

---

[8]Bei Wahl von $k = 1/\ln \lambda$.

4.4 Kolmogorov-Sinai-Entropie

als Eins ist. Diese kann folglich nur durch das dynamische System, d.h. durch die mikroskopische Dynamik, bestimmt sein. Dieses Supremum ist die *Kolmogorov-Sinai-Entropie* (**KS**)

$$KS := \sup_{\mathcal{A}} h(\mathcal{A}) \ . \tag{4.17}$$

Methodisch ist dieses Supremum erhältlich dadurch, daß man die Feinheit ϵ der Partitionierung, definiert als das Supremum über die Durchmesser sämtlicher Zellen, im Grenzübergang gegen Null betrachtet

$$KS = \lim_{\epsilon \to 0+} h(\mathcal{A}) \ . \tag{4.18}$$

Da $h(\mathcal{A})$ selbst als der Grenzübergang $\lim_{n\to\infty} H(n,\mathcal{A})/n$ definiert war, ist für eine generierende Partitionierung $\mathcal{A}_{gen}$ (siehe Abschnitt 4.2) der Grenzübergang $\epsilon \to 0+$ bereits durch $n \to \infty$ garantiert. Das bedeutet

$$KS = h(\mathcal{A}_{gen}) \ . \tag{4.19}$$

In physikalischen Anwendungen sind häufig zeitkontinuierliche Systeme von Interesse. Für solche wird der Anschluß an die obigen Definitionen durch die stroboskopische Beobachtung, mit τ als Zeitfenster, hergestellt

$$KS = \sup_{\tau} \sup_{\mathcal{A}} \frac{h(\mathcal{A})}{\tau} = \lim_{\tau \to 0+} \lim_{\epsilon \to 0+} \lim_{n\to\infty} \frac{H(n,\mathcal{A})}{n\tau} \ , \tag{4.20}$$

d.h. zusätzlich zu den Grenzübergängen $n \to \infty$ und $\epsilon \to 0+$ ist noch der Grenzübergang $\tau \to 0+$ durchzuführen.

Die *KS* kann als mittlere Informationsverlustrate interpretiert werden (SCHUSTER, 1989). Da dieser Verlust über die Kenntnis des Systemzustandes bedingt wird durch die (im Mittel) exponentielle Divergenz der Trajektorien, ist es naheliegend, daß es einen Zusammenhang zwischen der *KS* und dem (den) LYAPUNOV-Exponenten gibt. Dieser wird durch das *Pesin-Theorem* hergestellt

$$KS = \sum_{i} \lambda_i^+ \ , \tag{4.21}$$

wobei der hochgestellte Index "+" andeutet, daß die Summe nur über die positiven LYAPUNOV-Exponenten ausgeführt wird. Dies ist verständlich, da die Information bezüglich der kontraktiven Richtungen zwar nicht verloren geht, zugleich aber die anfängliche Unsicherheit dadurch auch nicht verringert werden kann. Für eine Illustration dieses Zusammenhanges verweisen wir auf (SCHUSTER, 1989). Das PESIN-Theorem gilt für eine sehr generelle Klasse von dynamischen Systemen (LEDRAPPIER & YOUNG, 1985). Im allgemeinen gilt jedoch stets (BECK & SCHLÖGL, 1993)

$$KS \leq \sum_i \lambda_i^+ \ . \tag{4.22}$$

Die Klassifikation eines Systems als chaotisches erfolgt gewöhnlich durch die Feststellung wenigstens eines positiven LYAPUNOV–Exponenten; vermöge des PESIN-Theorems kann sie in äquivalenter Weise durch die Forderung nach positiver KS formuliert werden. In der Praxis ist die Bestimmung der LYAPUNOV-Exponenten jedoch gewöhnlich einfacher als die der KS.

Von besonderer Bedeutung ist die Tatsache, daß die KS eine Invariante dynamischer Systeme ist; damit ist gemeint, daß sie nicht vom gewählten Koordinatensystem abhängt (ORNSTEIN, 1974; CORNFELD et al., 1982).

Neben dieser für deterministische chaotische Prozesse gültigen Definition der KS gibt es eine Verallgemeinerung, die (ϵ, τ)-Entropie (pro Zeiteinheit) $h(\epsilon, \tau)$ (GASPARD & WANG, 1993), welche eine Ausweitung des Begriffes der Informationsverlustrate auf stochastische Prozesse erlaubt. Ihre Bedeutung besteht in der Möglichkeit, eine weitere Klasse von Systemen mit einem einheitlich definierten Maß zu charakterisieren. In typischen Zufallsprozessen wird die Informationsverlustrate über alle Grenzen wachsen, wenn man die räumliche bzw. die zeitliche Auflösung steigert, d.h. für $\epsilon \to 0+$ bzw. $\tau \to 0+$. Die Art und Weise, wie $h(\epsilon, \tau)$ in diesem Falle divergiert, ist spezifisch für die unterschiedlichen Zufallsprozesse (GASPARD & WANG, 1993).

4.5 Der Satz von McMillan

Die Ergodizität des dynamischen Systems bedingt im Zusammenhang mit der symbolischen Dynamik die Ergodizität der Informationsquelle. Die Umkehrung gilt im allgemeinen nicht. Eine Konsequenz der Ergodizität von fundamentaler Bedeutung für die Sequenzanalyse ist ein Theorem, das auf MCMILLAN (KHINCHIN, 1957B) zurückgeht. Es besagt, daß jede stationäre und ergodische Quelle (Abschnitt 3.2) die *Eigenschaft E* besitzt.

4.5 Der Satz von McMillan

Die Eigenschaft E entspricht der Aussage, daß die Zufallsgröße

$$\log_\lambda [p(c_1, \ldots, c_n)]^{-1}/n \qquad (4.23)$$

in Wahrscheinlichkeit für $n \to \infty$ gegen die Entropie der Quelle h konvergiert, d.h.:

Für alle $\epsilon, \delta > 0$ existiert ein $N = N(\epsilon, \delta)$, so daß für alle $n > N$ gilt

$$P\left(\left| \frac{\log_\lambda [p(c_1, \ldots, c_n)]^{-1}}{n} - h \right| < \epsilon \right) > 1 - \delta . \qquad (4.24)$$

Diese Aussage geht natürlich weit über die Konvergenz des Erwartungswertes $H(n)/n$ gegen den gleichen Grenzwert h hinaus.

Die Bedeutung dieser Eigenschaft für die Sequenzanalyse beruht auf der folgenden Formulierung: Für beliebig kleine reelle Zahlen $\epsilon > 0$ und $\delta > 0$ und für hinreichend[9] großes n ist eine Einteilung aller zulässigen n–Wörter in zwei Klassen möglich:

I. eine Gruppe von *Standard-n-Wörtern*, für welche gilt

$$\lambda^{-[h+\epsilon]n} < p(c_1, \ldots, c_n) < \lambda^{-[h-\epsilon]n} \qquad (4.25)$$

– wobei wie bisher h die Entropie der Quelle bezeichnet – und

II. eine Gruppe von *Ausnahme-n-Wörtern*, welche diese Bedingung verletzen, deren integrale Wahrscheinlichkeit jedoch kleiner als δ bleibt.

Das bedeutet, daß die Wahrscheinlichkeit, ein Ausnahme-n-Wort zu beobachten, unter jede Grenze gedrückt werden kann, indem die Länge n hinreichend groß gewählt wird. Gleichzeitig werden die Unterschiede in den individuellen Wahrscheinlichkeiten der Standard-n-Wörter immer geringer; sie werden sich hinsichtlich ihrer indiviuduellen Wahrscheinlichkeiten immer ähnlicher.

Zur Verdeutlichung der *Eigenschaft E* betrachte man Abbildung 4.5. Dort sind die beiden Gruppen (Standard- und Ausnahme-n-Wörter) in ranggeordneter Darstellung durch die unterschiedliche Schraffur kenntlich gemacht. Die anschauliche Bedeutung der *Eigenschaft E* ist die Herausbildung einer

---
[9] Das bedeutet: für alle $n > N(\epsilon, \delta)$.

142   4 Dynamisch generierte Strukturen

effektiven Kastenverteilung. Darauf beruht letztlich auch die von KHINCHIN definierte *effektive Anzahl der n-Wörter* $N^*(n)$ durch

$$N^*(n) := \lambda^{hn} . \tag{4.26}$$

Die in Abschnitt 3.2 vorgestellte Beschränkung (3.6) für den Bereich der verläßlich schätzbaren n-Wortverteilungen wird durch den Übergang von der Anzahl der prinzipiell erlaubten n-Wörter λ^n zur effektiven Anzahl λ^{hn} abgeschwächt.

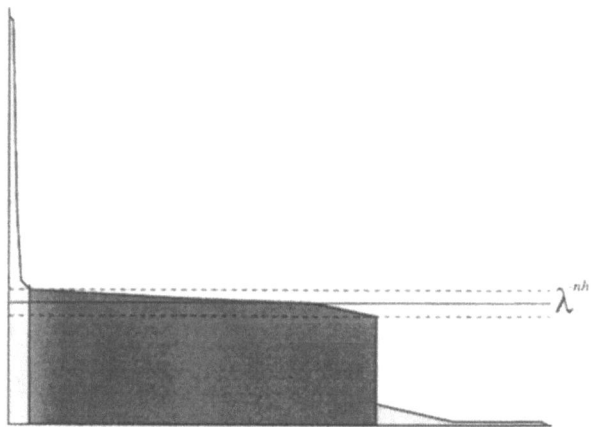

Abb. 4.5 Illustration der *Eigenschaft E*. Die Standard-Wörter (Gruppe I) sind dunkelgrau, die Ausnahme-Wörter (Gruppe II) hellgrau schraffiert

Im Falle verschwindender Entropie der Quelle, $h = 0$, bedeutet die Eigenschaft E, daß die Gruppe der Standard-n-Wörter (deren integrale Wahrscheinlichkeit größer als $1 - \delta$ ist) bei Vorgabe eines beliebig kleinen ϵ für hinreichend großes n stets die folgende untere Schranke respektiert:

$$p(c_1, \ldots, c_n) > \lambda^{-\epsilon n} . \tag{4.27}$$

So ist insbesondere die Wahrscheinlichkeit des jeweils seltensten Standard-n-Wortes stets größer als diese untere Schranke. Diesem Fall werden wir später bei selbstähnlichen Sequenzen (Abschnitt 4.7) begegnen.

4.6 Die Feigenbaum–Route ins Chaos und Intermittenz

Eindimensionale Abbildungen haben einen wichtigen Beitrag für das Verständnis nichtlinearer dynamischer Systeme geliefert (GUCKENHEIMER, 1979; COLLET & ECKMANN, 1980; GUCKENHEIMER & HOLMES, 1983; VAN STRIEN, 1992; ALSEDÀ et al. , 1993, CSORDÁS et al. , 1993). Als erstes Beispiel betrachten wir eine „weiße Maus" in der Theorie nichtlinearer Systeme, die logistische Abbildung

$$x_{n+1} = f(x_n, r) = r x_n (1 - x_n) \qquad (x_n \in X := [0,1]) \, . \qquad (4.28)$$

Der Kontrollparameter kann dabei Werte zwischen 1 und 4 annehmen. Der Graph dieser Abbildung ist in Figur 4.6 dargestellt. Dieses System eignet

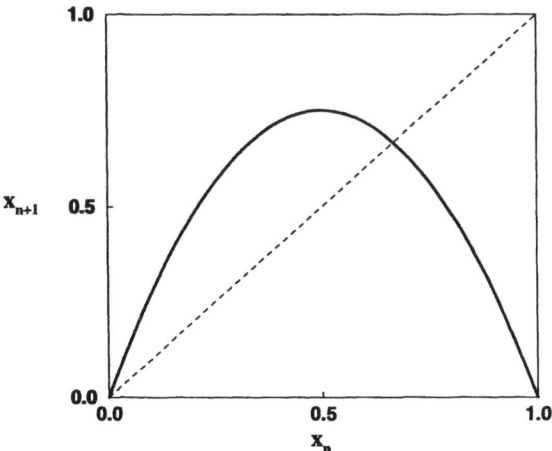

Abb. 4.6 Die logistische Abbildung

sich in hervorragender Weise zur Demonstration einer ganzen Reihe von Phänomenen, welche in einem engen Zusammenhang mit deterministischem Chaos stehen (ECKMANN & RUELLE, 1985).

Historisch gesehen geht der Gebrauch dieser Funktion zurück auf VERHULST (1845), der damit das Wachstum einer Population in einem beschränkten Gebiet beschreiben wollte. Dem diskreten Charakter der Dynamik entspricht der Wechsel der Generationen. Die Anzahl x_{n+1} der Individuen im Jahr $n+1$

ist proportional zur Anzahl x_n der Individuen sowie zur frei verfügbaren Fläche $(1 - x_n)$ im Jahr n zuvor. Der Kontrollparameter r ist ein Maß für die mittlere Vermehrungsfreudigkeit der Population. Eine weitere anschauliche Anwendung (dynamische Beschränkung des Zinssatzes) stammt von PEITGEN et al. (1992A).

Die wesentlichen Aspekte dieser Dynamik sind Wachstum, rx_n und ein Beschränkungsmechanismus $-rx_n^2$, der bei großen Werten ($x > 0.5$) wirksam wird. Die zentrale und überraschende Beobachtung (MAY, 1976; GROSSMANN & THOMAE, 1977; FEIGENBAUM, 1978) bei dieser scheinbar harmlosen Dynamik ist ein sehr unterschiedliches Verhalten, je nach der Wahl des Kontrollparameters.

Im sog. *Bifurkationsdiagramm* trägt man für alle Werte des Kontrollparameters r zwischen 1 und 4 (x-Achse) eine hinreichend lange Folge von Iterierten (y-Achse) des Systems auf. Dabei startet man mit einem willkürlich gewählten Anfangswert x_0 und läßt den Transienten zunächst relaxieren; das bedeutet, daß man etwa erst die Iterierten $x_{1000}, \ldots, x_{2000}$ tatsächlich registriert. Auf diese Weise erreicht man eine Unabhängigkeit von dem gewählten Anfangswert. Abbildung 4.7 zeigt dieses Diagramm. Als Ergebnis läßt

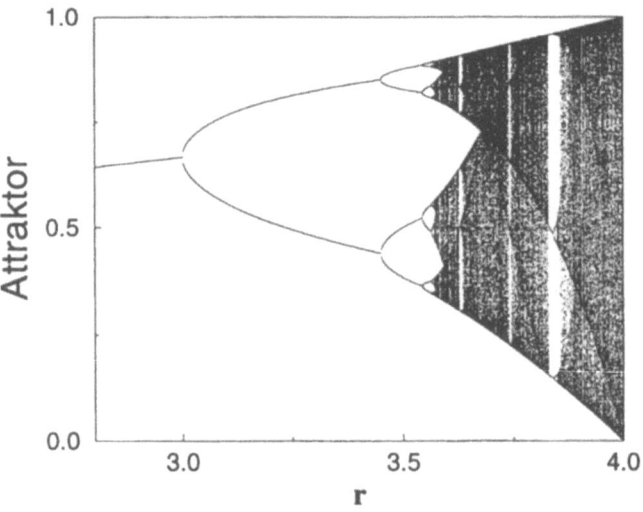

Abb. 4.7 Das Bifurkationsdiagramm der logistischen Abbildung

4.6 Die Feigenbaum-Route ins Chaos und Intermittenz

sich die Struktur des *Attraktors* für die jeweilgen Werte des Kontrollparameters sichtbar machen. Man sieht, daß sich das System für alle $r < 3$ in einen Fixpunkt bewegt hat. Jenseits $r = 3$ ändert sich das Verhalten des Systems, und man findet zunächst die Aufspaltung des Fixpunktes in einen zyklischen Wechsel zwischen zwei Punkten, also eine 2er Periode. In der Sprache der Bifurkationstheorie bezeichnet man dieses Phänomen als *Heugabel-Bifurkation*.[10] Steigert man den Wert des Kontrollparameters weiter, spalten beide Äste nochmals in der gleichen Weise auf, und man findet einen zyklischen Wechsel zwischen vier Punkten, also eine 4er Periode. Diese *Periodenverdopplungskaskade* – $2^0 \to 2^1 \to 2^2 \to 2^3 \to \ldots$ setzt sich fort. Zur Erläuterung dieses Vorganges betrachte man Abbildung 4.8, welche einen entsprechenden Ausschnittt aus dem Bifurkationsdiagramm 4.7 darstellt.

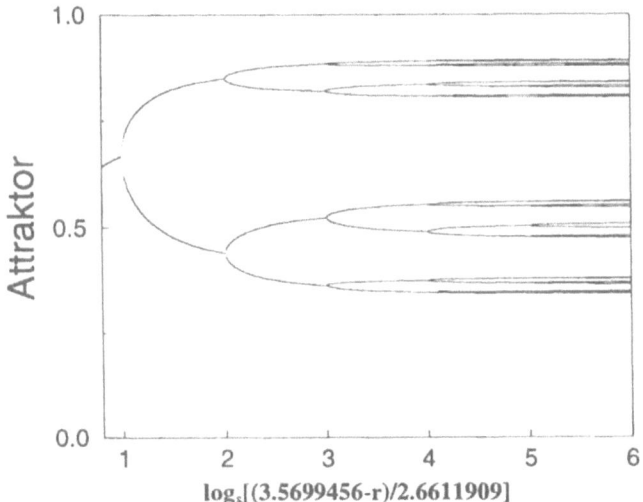

Abb. 4.8 Ein Ausschnitt aus dem Bifurkationsdiagramm verdeutlicht den Vorgang der fortgesetzten Periodenverdopplung

---

[10]Tatsächlich geht das Wort *Bifurkation* selbst auf die „Zweigabel" (Forke) zurück.

Die Folge r_k der Werte des Kontrollparameters, an welchen eine weitere Periodenverdopplung $2^{k-1} \to 2^k$ einsetzt, folgt dabei einem Gesetz

$$r_k = r_\infty - \text{const } \delta^{-k} \qquad (k \gg 1) \,. \tag{4.29}$$

Es ist das große Verdienst FEIGENBAUMS (1978), eine Erklärung für dieses Gesetz gefunden zu haben. Er konnte insbesondere nachweisen, daß das Phänomen der Periodenverdopplungskaskade und das damit verbundene Skalierungsgesetz (4.29) nur von sehr schwachen Voraussetzungen abhängt und deshalb eine verbreitete Eigenschaft vieler Abbildungen bzw. physikalischer Systeme ist. Darüber hinaus hängt der Wert der Konstanten δ nur von der Form der Abbildung in der Umgebung des Maximums, also des Scheitelpunktes, ab. Auf Grund dieser Tatsache spricht man auch von *Universalität* der FEIGENBAUM-Konstante.[11]

Die Folge der Periodenverdopplungen wird beschrieben durch die Folge der r_k. Da $r_\infty \approx 3.5699456\ldots$ den Häufungspunkt bildet, bezeichnet man diesen Grenzwert auch als *(Feigenbaum-) Akkumulationspunkt*. Auf Grund fundierter Analogien (SCHUSTER, 1989) zwischen dem Phänomen der Periodenverdopplung und kritischen Phänomenen bei Phasenübergängen zweiter Ordnung (MA, 1976) spricht man auch vom *kritischen Punkt*.

Eine fundamentale Erscheinung von Systemen am Akkumulationspunkt ist das Phänomen der *Selbstähnlichkeit*. Dieser Begriff bezeichnet die Tatsache, daß geeignet gewählte Ausschnittsvergrößerungen eines Objektes dem Ausgangsgegenstand ähneln.

Selbstähnliche Objekte werden durch die Natur in Fülle geliefert. Ein sehr plastisches Beispiel ist der Blumenkohl (PEITGEN *et al.* , 1992A). Letzterer ist aus kleinen Rosen aufgebaut. Bricht man eine solche Rose heraus und vergrößert sie – etwa photographisch –, so ist das Bild schwer von einem ganzen Blumenkohl zu unterscheiden. Die Rose selbst ist wieder aus noch kleineren Röschen zusammengesetzt, deren vergrößerte Darstellung wiederum das Bild des ganzen Blumenkohls liefert. Die Fortsetzung dieses Verfahrens in beide Richtungen, man kann etwa auch mehrere Blumenkohlköpfe zu einem Riesen-Blumenkohl zusammensetzen, macht deutlich, daß keine Skala ausgezeichnet ist; der Blumenkohl stellt in diesem Sinne eine *skaleninvariante*

---

[11] Neben δ existiert noch eine zweite FEIGENBAUM-Konstante α, welche in einem anderen Skalierungsgesetz auftritt und ebenfalls universellen Charakter besitzt.

4.6 Die Feigenbaum-Route ins Chaos und Intermittenz

Stuktur dar. Bei realen Objekten bilden allerdings deren natürliche Längenausdehnung einerseits sowie die Grenze der Auflösbarkeit andererseits echte Skalengrenzen.

Ähnliche Überlegungen spielen eine fundamentale Rolle für die Beschreibung des (Ferro)Magnetismus am kritischen Punkt, wo das Spingitter eine selbstähnliche Struktur aufweist, oder auch in der Elementarteilchentheorie, wo man eine Skaleninvarianz der fundamentalen Gesetzmäßigkeiten unterstellt. Der zugehörige mathematisch-physikalische Formalismus zur Beschreibung der Selbstähnlichkeit ist die Theorie der *Renormierungsgruppe* (WILSON, 1975; MA, 1976). Einen Überblick über die unterschiedlichen Anwendungsbereiche dieser Methode gibt das Buch von KADANOFF (1993).

Am Akkumulationspunkt der logistischen Abbildung findet man einen Attraktor, der Selbstähnlichkeit aufweist (FEIGENBAUM, 1978; 1979; 1980; COLLET et al. , 1980; MISIUREWICZ, 1981; ECKMANN & RUELLE, 1985; SCHUSTER, 1989; SCHROEDER, 1991). In Übereinstimmung mit den heutigen Gepflogenheiten werden wir diesen als *Feigenbaum-Attraktor* bezeichnen. Die Konstruktion selbstähnlicher Mengen geht auf CANTOR zurück, weswegen solche Mengen häufig als *Cantor-Mengen* oder *Cantor-Strukturen* bezeichnet werden. Solche Mengen sind der Anschauung wenig vertraute Gebilde. Eine Größe, welche die Besonderheit dieser Mengen deutlich macht, ist die *fraktale Dimension* D_f (manchmal auch *Boxdimension* oder *Kapazität* genannt).

Zu deren Definition überdeckt man die Menge mit Zellen gleichen Durchmessers. Zwischen der dazu benötigten Anzahl und dem Durchmesser besteht im allgemeinen ein funktionaler Zusammenhang; dieser beschreibt, wie sich die benötigte Anzahl von Boxen verändert, wenn der Durchmesser variiert wird. Im Grenzübergang Zellendurchmesser gegen Null unterstellt man dabei einen exponentiellen Zusammenhang. Der Exponent in dieser Relation definiert gerade die fraktale Dimension.

Für der Anschauung vertraute geometrische Gebilde wie Punkt, Gerade, Rechteck oder Quader stimmt die fraktale Dimension mit der gewöhnlichen topologischen Dimension überein: Halbiert man den Durchmeser, so benötigt man nämlich für den Punkt genausoviele (2^0-mal), für eine Gerade zweimal (2^1-mal), für ein Rechteck viermal (2^2-mal) und für einen Quader achtmal (2^3-mal) so viele Zellen zur Überdeckung; daher besitzen Punkt bzw. Gerade bzw. Rechteck bzw. Quader die fraktale Dimension 0 bzw. 1 bzw. 2 bzw. 3.

148   4 Dynamisch generierte Strukturen

Nun gibt es aber auch Mengen, die zu ihrer Überdeckung mehr Zellen als eine abzählbare Menge von Punkten, aber weniger als jede Linie benötigen. Das hat zur Folge, daß ihre fraktale Dimension größer als Null, aber kleiner als Eins ist, also ein *gebrochenzahliger* Wert. Der anschauliche Hintergrund für diese Erscheinung besteht in der Zerklüftetheit solcher Mengen; an keiner Stelle bestehen sie aus einem kontinuierlichen Teilstück. Die von CANTOR ursprünglich konstruierte Menge (manchmal auch *Cantorsches Diskontinuum* genannt) ist genau von diesem Typ und besitzt eine fraktale Dimension $D_f = \ln 2/\ln 3 = 0.6309...$. MANDELBROT (1982) prägte den Begriff des *Fraktals* für ein Objekt, dessen topologische Dimension nicht mit der zugehörigen fraktalen Dimension übereinstimmt.

Während der Grenzübergang Zellendurchmesser gegen Null für CANTOR-Mengen auf Grund der Konstruktionsvorschrift analytisch durchgeführt werden kann, ist er in der Praxis, für durch Datensätze beschriebene Mengen, häufig problematisch.

Die fraktale Dimension für den FEIGENBAUM-Attraktor wurde von GRASSBERGER[12] (1981) bestimmt. Er fand dabei den folgenden Wert $D_f(r = r_\infty) = 0.5388...$ Diese Menge ist also mehr als eine Sammlung von Punkten, jedoch in jedem Ausschnitt weniger als eine Linie. Solche fraktalen Attraktoren werden aus historischen Gründen (RUELLE & TAKENS, 1971) auch *seltsam (strange)* genannt. Davon abweichend gebrauchen einige andere Autoren (ECKMANN & RUELLE, 1985) den Begriff *seltsam* allerdings nur unter der zusätzlichen Bedingung eines positiven LYAPUNOV-Exponenten.

Die logistische Abbildung am Akkumulationspunkt ist ein erstes Beispiel für ein fraktales, aber nicht–chaotisches System – der LYAPUNOV-Eponent ist Null. Es wurden inzwischen noch andere Systeme gefunden, die ebenfalls diese Eigenschaft aufweisen (GREBOGI et al. , 1984; ROMEIRAS et al. , 1987). Alle diese Systeme bewegen sich an der Grenze zwischen Ordnung und Chaos. Das Szenario der Periodenverdopplung stellt eine mögliche Route ins Chaos dar, welche mitunter auch *Feigenbaum–Route* genannt wird. Es gibt inzwischen zahlreiche Experimente, in welchen die Periodenverdopplungskaskade beobachtet wurde (LIBCHABER & MAURER, 1980; LINSAY, 1981; ANISHCHENKO, 1989).

---

[12]Tatsächlich taucht im Titel der Arbeit der Begriff HAUSDORFF-Dimension (ECKMANN & RUELLE, 1985) auf. Dieses Konzept ist mit der fraktalen Dimension jedoch eng verwandt.

4.6 Die Feigenbaum-Route ins Chaos und Intermittenz

Eine andere Route ins Chaos ist verknüpft mit dem Phänomen der *Intermittenz*. Darunter versteht man üblicherweise den stochastischen Wechsel eines Systems zwischen unterschiedlichen Verhaltensmustern, etwa zwischen einem regulären und einem irregulären Regime.

Eine weitergehende Auffassung stellt einen Zusammenhang zwischen Intermittenz und der Wechselwirkung zwischen unterschiedlichen attraktiven Mengen (ECKMANN & RUELLE, 1985) eines nicht-ergodischen Systems her. So besteht in quasi-hyperbolischen Systemen die Möglichkeit einer Verschmelzung mehrerer Quasi-Attraktoren (SHILNIKOV, 1984). Die Breite der „Nahtstelle" und damit die Wahrscheinlichkeit eines Wechsels zwischen den vormals getrennten Bereichen wird dabei durch einen externen Kontrollparameter gesteuert. In diesem Sinne kann es auch zu einem Übergang zwischen zwei chaotischen Bereichen kommen. In einem solchen Falle spricht man von *Chaos-Chaos-Intermittenz* (ANISHCHENKO, 1984; ANISHCHENKO & NEIMAN, 1987; ANISHCHENKO et al., 1994A). In diese Betrachtungsweise reiht sich die ursprüngliche Intermittenz als Periode-Chaos-Wechselwirkung ein.

Die ersten Beobachtungen zu intermittenten Phänomenen wurden in hydrodynamischen Experimenten (BERGÉ et al., 1980) angestellt. Daher stammt die inzwischen verallgemeinerte Bezeichnungsweise der Regimes als *laminare* bzw. als *turbulente Phase*. Der Übergang von der Ordnung ins Chaos geschieht durch Einstreuung relativ kurzer turbulenter Unterbrechungen des laminaren Profils, das im übrigen noch das Erscheinungsbild dominiert. Steigert man den Wert des Kontrollparameters jenseits des kritischen Wertes weiter, so geschehen die Unterbrechungen häufiger, bis schließlich der laminare Zustand nicht mehr zu erkennen ist. Die ersten theoretischen Ansätze zu einer Beschreibung erfolgten durch MANNEVILLE and POMEAU(1979, 1980). Sie lösten das LORENZ-Modell (LORENZ, 1963) numerisch. Etwas oberhalb des kritischen Wertes für einen geeignet gewählten Kontrollparameter traten die ersten turbulenten Unterbrechungen des laminaren Profils auf. Durch Anwendung einer POINCARÉ-Abbildung wurde die System-Trajektorie effektiv auf Iterierte einer eindimensionalen Abbildung reduziert.

Das Phänomen der Intermittenz läßt sich auch in der logistischen Abbildung beobachten und zwar für Werte des Kontrollparameters, die gegeben sind durch

$$r = r_* - \epsilon = 1 + \sqrt{8} - \epsilon \approx 3.8284\ldots - \epsilon, \qquad (4.30)$$

wobei $0 < \epsilon \ll 1$. Dieser Bereich ist im Bifurkationsdiagramm (Abbildung 4.7) links des breiten Fensters mit der 3er Periode zu erkennen. Für $r > r_*$

150   4 Dynamisch generierte Strukturen

lassen sich die drei Punkte des periodischen Orbits auch als stabile Fixpunkte bezüglich der dritten Iterierten der logistischen Abbildung $f^3(x)$ auffassen. In der Nähe jedes dieser drei stabilen Fixpunkte existiert jeweils ein weiterer instabiler Fixpunkt. Je zwei dieser Fixpunkte verschmelzen zu einem marginal stabilen für $r = r_*$. Für $r < r_*$ öffnet sich ein Kanal, durch welchen sich die von links eintretenden Zustände nach rechts bewegen. Abbildung 4.9 zeigt eine schematische Darstellung dieses Vorganges, die in der Sprache der Bifurkationstheorie als inverse Tangentenbifurkation klassifiziert wird. Die Breite des Kanals ist dabei durch den Parameter ϵ in (4.30)

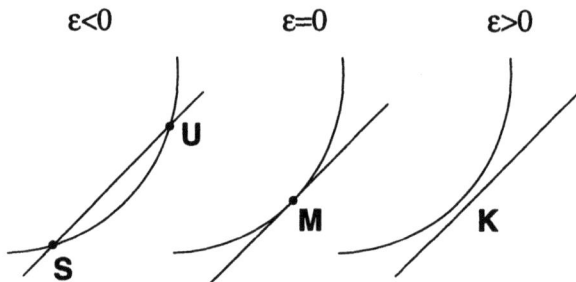

Abb. 4.9 Die Verschmelzung des stabilen S und des instabilen Fixpunktes M (für $\epsilon < 0$) zum marginal stabilen Fixpunkt M (für $\epsilon = 0$) und die anschließende Öffnung eines Kanals K (für $\epsilon > 0$) kennzeichnet Intermittenz (Typ I)

bestimmt. Ist dieser Kanal sehr schmal, d.h. ist $\epsilon \ll 1$, so sind sehr viele Iterationen nötig, um den Kanal zu passieren. Das System hält sich also sehr lange in der Nähe des vormaligen Fixpunktes auf. Betrachtet man die Zustände nun in einer vergröberten Darstellung, so scheint diejenige Zelle, welche die Engstelle einschließt, einen „Beinahe–Fixpunkt" des Systems zu markieren. Hat das System den Kanal passiert, so wird es sich auf Grund des chaotischen Charakters der Abbildung in unvorhersehbarer Weise durch den Zustandsraum bewegen (turbulente Phase), bis es nach einiger Zeit wieder an irgendeiner Stelle in den Kanal zurückgeworfen wird, worauf eine neue laminare Phase beginnt. Abbildung 4.10 illustriert diese Kriechbewegung.

Die Länge der laminaren Phase ist abhängig von der Stelle, an welcher der Zustand in die den Kanal umschließenden Zelle eintritt. Die Länge der turbulenten Phase ist nur durch den chaotischen Charakter der Dynamik außerhalb des Kanals bestimmt, und ihre Verteilung ist nahezu unabhängig von

4.6 Die Feigenbaum–Route ins Chaos und Intermittenz 151

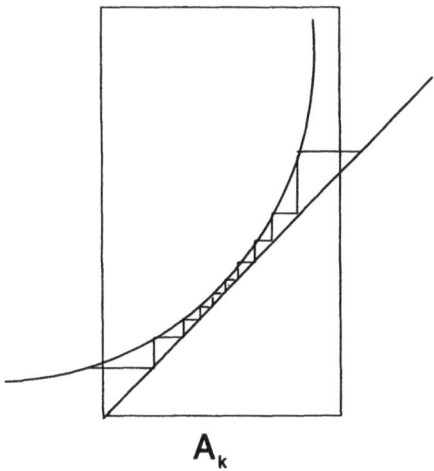

Abb. 4.10 Die Kriechbewegung des Systems durch den Kanal erscheint bezüglich der vergröberten Beschreibung wie ein Fixpunkt, d.h. die symbolische Dynamik erzeugt sehr lange Wiederholungen des Buchstabens a_k

kleinen Änderungen (mit ϵ) der Abbildung. Beide Längen sind stochastische Größen. Die Längenverteilungen beider Phasen sind das entscheidende Merkmal, welches die verschiedenen intermittenten Systeme voneinander absetzt. Es ist wichtig festzustellen, daß Intermittenz häufig kein transientes, sondern ein stationäres Phänomen ist; es existiert also eine invariante Dichte (bzw. ein invariantes Maß). Die Ermittlung der invarianten Dichte durch eine Simulation ist allerdings schwierig, da man auf Grund der Kriechbewegung der Zustände sehr viele Iterationen benötigt, um den Zustandsraum so gründlich zu *scannen*, daß die Statistik verläßlich reflektiert wird.

Für das oben skizzierte System existiert eine maximale Länge der laminaren Phase, welche dann auftritt, wenn das System durch die chaotische Bewegung auf die linke Grenze der Zelle A_k (Abbildung 4.10) geworfen wird. In diesem Zusammenhang spricht man auch von *Intermittenz Typ I*. Daneben gibt es noch andere Möglichkeiten, wie ein vormals stabiler Fixpunkt seine Stabilität verlieren kann. Diese werden als *Intermittenz Typ II* bzw. *Typ III* klassifiziert (SCHUSTER, 1989). In den beiden letztgenannten Fällen existiert für beliebig große Längen eine abnehmende, aber stets endliche Wahrscheinlichkeit. Alle drei Typen der Intermittenz konnten in Experimenten beobachtet werden (SCHUSTER, 1989 und Referenzen darin).

Intermittente Systeme stehen in engem Zusammenhang mit einer charakteristischen Struktur des Leistungsspektrums, dem sogenannten $1/f$–Spektrum (MANNEVILLE, 1980; SCHUSTER, 1989 und Referenzen darin), welches einen weiteren Hinweis auf langreichweitige Korrelationen in einer reellwertigen Signalfolge liefert (ANISHCHENKO, 1989). Da diese Form des Leistungsspektrums unter anderem auch in natürlichen Sequenzen – Biosequenzen (LI, 1992), Musik (VOSS & CLARKE, 1978) und Texten (ANISHCHENKO et al. , 1994B) – nachweisbar ist, ist die Frage nach einem Zusammenhang zwischen solchen Sequenzen und intermittenten Prozessen naheliegend. Das Spektrum für den intermittenten Übergang der 3er Periode ins Chaos, wie er in der logistischen Abbildung auftritt, wurde berechnet von (MORI et al. , 1988).

Neben der FEIGENBAUM–Route und dem Phänomen der Intermittenz gibt es noch einen weiteren fundamentalen Mechanismus für den Übergang ins Chaos, die sogenannte *Ruelle–Takens–Newhouse–Route* (RUELLE & TAKENS, 1971; NEWHOUSE et al. , 1978; GREBOGI et al. , 1983A), die wir hier aber nicht weiter verfolgen werden.

Außer der Periodenverdopplungskaskade und der Intermittenz kann in der logistischen Abbildung noch ein weiteres Phänomen beobachtet werden, das *Krisis (crises)* genannt wird und welches die Kollision eines chaotischen Attraktors mit einem instabilen Fixpunkt oder einem instabilen Zyklus beschreibt (GREBOGI et al. , 1983B). Dadurch findet eine schlagartige Ausweitung des chaotischen Bandes statt.

Schließlich findet man bei der logistischen Abbildung für $r = 4$, also am oberen Ende des für den Kontrollparameter zulässigen Bereiches, vollständig entwickeltes Chaos (*fully developed chaos* (FDC)). Solche FDC–Abbildungen sind ausführlich studiert worden und können eng miteinander verknüpft werden (Konjugation von Abbildungen) (GYÖRGYI & SZÉPFALUSY, 1984A, 1984B). Eine Besonderheit dieser Abbildungen besteht darin, daß man die invariante Dichte analytisch berechnen kann. Für die logistische Abbildung lautet die Lösung

$$\rho_*(x) = \frac{1}{\pi\sqrt{x(1-x)}} \ . \tag{4.31}$$

Diese Funktion ist in Abbildung 4.11 dargestellt.

4.6 Die Feigenbaum–Route ins Chaos und Intermittenz

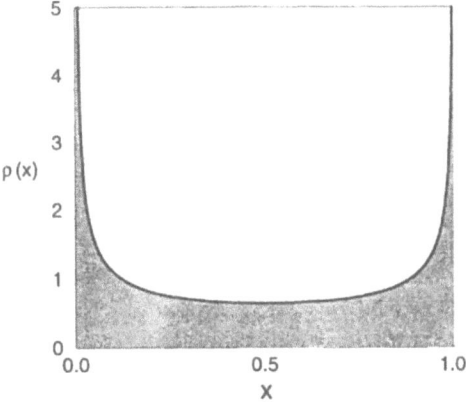

Abb. 4.11 Die invariante Dichte der logistischen Abbildung für $r = 4$ (FDC) Abbildung

Für eine weiterführende und gut verständliche Darstellung der logistischen Abbildung sowie grundlegender Begriffe und Konzepte im Zusammenhang mit deterministischem Chaos verweisen wir auf das oben schon häufig zitierte Buch von SCHUSTER (1989) sowie auf (PEITGEN et al., 1992B).

Zum Abschluß dieses Abschnittes geben wir noch eine Schar von Abbildungen an, welche als Prototypen für intermittente Systeme vom Typ II fungieren. Die Besonderheit dieser Abbildungen besteht wiederum darin, daß die jeweilige invariante Dichte analytisch berechnet werden kann (SZÉPFALUSY & GYÖRGYI, 1986). Diese Schar von Abbildungen wird beschrieben durch

$$f(x,r) := 1 - |x^r - (1-x)^r|^{\frac{1}{r}} \quad (x \in [0,1]) , \tag{4.32}$$

wobei der Kontrollparameter r gleichzeitig der Scharparameter ist, für den die Beschränkung $1 < r$ gilt. Die zugehörigen invarianten Dichten lauten

$$\rho_*(x,r) = r(1-x)^{r-1} . \tag{4.33}$$

Abbildung 4.12 zeigt neben der Schar der Abbildungen (4.32) die Schar der zugehörigen Dichten (4.33).

Die Intermittenz kommt durch die Kriechbewegung der Zustände in der Nähe des Ursprungs zustande. Durch Besetzen eines Zustandes hinreichend nahe dem Ursprung kann die Länge der laminaren Phase prinzipiell jeden Wert übersteigen.

154   4 Dynamisch generierte Strukturen

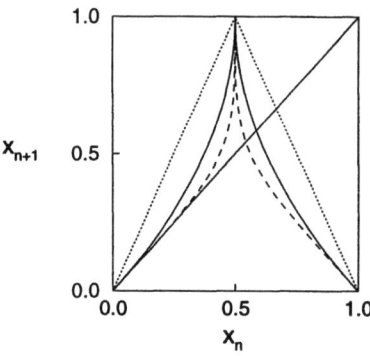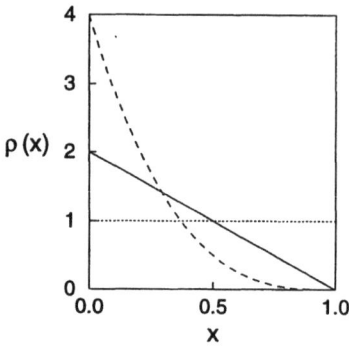

Abb. 4.12 Die Schar der intermittenten Abbildungen Typ II (links) und die zugehörige Schar der invarianten Dichten (rechts)

Die Tatsache, daß die auf diese Weise bewirkte Akkumulation von Zuständen nahe dem Ursprung nicht zu einer singulären Wahrscheinlichkeitsdichte führt, ist auf eine Balance zwischen der Geschwindigkeit der Kriechbewegung und der Einschußwahrscheinlichkeit in das Intervall $(0, \epsilon)$ zurückzuführen. Beide Aspekte werden durch den Kontrollparameter r gesteuert. Ein allgemeinerer Fall (zwei Kontrollparameter) wurde in (GROSSMANN & HORNER, 1985) zugrunde gelegt, um zwischen Systemen zu unterscheiden, für welche eine Singularität auftritt bzw. vermieden wird. Dort prägten diese Autoren die zugehörigen Begriffe der *starken* bzw. der *schwachen Intermittenz*.

4.7 Selbstähnliche und intermittente Symbolsequenzen

Nach dieser Betrachtung diskreter dynamischer Systeme auf der mikroskopischen Ebene, werden wir jetzt mittels der symbolischer Dynamik Sequenzen erzeugen und diese mit den in Kapitel 3 vorgestellten informationstheoretischen Maßen analysieren. Die Phänomene der Periodenverdopplungskaskade und der Intermittenz stellen fundamentale Prinzipien zur Erzeugung von Symbolsequenzen mit langreichweitigen Korrelationen dar.

Zunächst betrachten wir die logistische Abbildung am Akkumulationspunkt. Wir wählen die folgende Bipartition ($\lambda = 2$)

$$C_1 := [0, \frac{1}{2}) \longrightarrow 0, \qquad C_2 := [\frac{1}{2}, 1] \longrightarrow 1, \qquad (4.34)$$

4.7 Selbstähnliche und intermittente Symbolsequenzen

wobei wir in Anlehnung an die Kommunikationstechnik die beiden Intervalle mit den Symbolen 0 bzw. 1 bezeichnet haben. Vermöge dieser Partitionierung wird die Symbolsequenz binär sein, weshalb wir diese von nun an als *binäre Feigenbaum-Sequenz* bezeichnen wollen. Für Analysen bezüglich einer verfeinerten Partitionierung, d.h. bezüglich eines vergrößerten Alphabets, weisen wir hin auf (EBELING & NICOLIS, 1992; RATEITSCHAK et al. , 1996A).

Die CANTOR-Struktur des FEIGENBAUM-Attraktors spiegelt sich in einer selbstähnlichen Struktur der binären FEIGENBAUM-Sequenz wider. Dies kommt am deutlichsten in den n–Wortverteilungen zum Ausdruck. Jede Wortlänge n läßt sich eingliedern in eine zugehörige Folge von weiteren Wortlängen, deren zugehörige ranggeordnete Wortverteilungen selbstähnlich sind. Wir exemplifizieren diese Aussage anhand zweier ausgewählter Folgen:

- Eine Folge selbstähnlicher ranggeordneter Wortverteilungen läßt sich beschreiben durch die Vorschrift

$$\{n_k^a = 2^k\}_{k=1}^{\infty} = \{2, 4, 8, 16, \ldots\} \ . \tag{4.35}$$

- Als zweite Folge betrachten wir alle Wortlängen, deren Werte in der Mitte zwischen den Gliedern der erstgenannten Folge liegen, d.h.

$$\{n_k^b = \frac{2^k + 2^{k+1}}{2} = 3 \cdot 2^{k-1}\}_{k=1}^{\infty} = \{3, 6, 12, 24, \ldots\} \ . \tag{4.36}$$

Abbildung 4.13 zeigt die jeweils ersten drei Glieder der zugehörigen Folgen.

Man erkennt, daß diese beiden Folgen einfach Stufenfunktionen entsprechen, die aus einer bzw. zwei Stufen bestehen. Es war eine Beobachtung von EBELING und G. NICOLIS (1992), daß die binäre FEIGENBAUM-Sequenz für *alle* Wortlängen auf diese einfache Struktur mit höchstens zwei Stufen führt. Diese Tatsache kann im Zusammenhang mit einer alternativen Konstruktionsvorschrift für die binäre FEIGENBAUM-Sequenz erklärt werden (FREUND et al. , 1996).

Hatten wir oben die binäre FEIGENBAUM-Sequenz durch symbolische Dynamik aus der logistischen Abbildung hergestellt, so können wir sie nun durch

156 4 Dynamisch generierte Strukturen

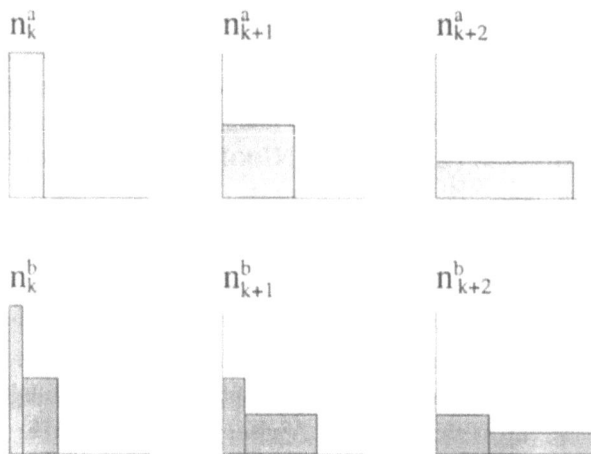

Abb. 4.13 Zwei Beispielfolgen selbstähnlicher ranggeordneter Wortverteilungen

eine einfache grammatikalische Regel erzeugen:

$$S_0 = 1 \tag{4.37}$$

$$S_1 = 10 \tag{4.38}$$

$$S_{n+1} = S_n S_{n-1} S_{n-1} \quad (n = 1, 2, 3, \ldots) \,. \tag{4.39}$$

Das bedeutet

$$S_2 = 1011 \tag{4.40}$$

$$S_3 = 10111010 \tag{4.41}$$

$$S_4 = 1011101010111011 \tag{4.42}$$

usw.

Hierbei repräsentieren die Symbole S_n also nicht mehr reelle Zahlen, sondern sie sind Platzhalter für Symbolsequenzen. Man kann sich leicht davon überzeugen, daß die durch S_n bezeichnete Symbolfolge aus 2^n Symbolen besteht; die Länge der Sequenzen wächst also in exponentieller Weise. Diese einfache rekursive Vorschrift zur Erzeugung der binären FEIGENBAUM-Sequenz

4.7 Selbstähnliche und intermittente Symbolsequenzen

erhält Bedeutung im Rahmen der Kodierungstheorie. Gleichzeitig wird damit verständlich, daß Symbole selbst über beliebig große Entfernung miteinander korreliert sind. Der LYAPUNOV-Exponent, und damit – vermöge des PESIN-Theorems (LEDRAPPIER & YOUNG, 1985) – auch die KOLMOGOROV-SINAI-Entropie (Abschnitt 4.4) des Systems besitzen den Wert Null.

Die Selbstähnlichkeit dient als Grundlage für eine einfache Berechnung der zugehörigen Entropien höherer Ordnung:

Wir stellen fest, daß bei einem Übergang von der Wortlänge n_k zur Wortlänge n_{k+1} der zugehörige Wechsel der ranggeordneten Wortverteilungen dadurch beschrieben werden kann, daß jedem Stammwort der Länge n_k – $(c_1, \ldots, c_{n_k})$ – je zwei Nachfolgewörter der Länge n_{k+1} – $(c_1^I, \ldots, c_{n_{k+1}}^I)$ und $(c_1^{II}, \ldots, c_{n_{k+1}}^{II})$ – zugeordnet werden können.

Bei dem Gebrauch des Begriffes Nachfolgewörter weisen wir ausdrücklich darauf hin, daß es sich nicht um eine einfache Fortsetzung des Stammwortes $(c_1, \ldots, c_{n_k})$ handelt. Vielmehr kommt diese Zuordnung dadurch zustande, daß die komplette, ins Unendliche ausgedehnte FEIGENBAUM-Sequenz invariant beibt unter den beiden folgenden Transformationen:

$$0 \longleftrightarrow 11 \quad \text{und} \quad 1 \longleftrightarrow 10 \qquad (4.43)$$

bzw.

$$0 \longleftrightarrow 11 \quad \text{und} \quad 1 \longleftrightarrow 01 \,. \qquad (4.44)$$

Da dieses Verfahren beliebig oft wiederholt werden kann, ist keine Längenskala ausgezeichnet: Die binäre FEIGENBAUM-Sequenz weist Skaleninvarianz auf.

Diese von rechts nach links ausgeführte Transformation entspricht dem Herausbrechen einer Blumenkohlrose aus einem ganzen Blumenkohl. Das Analogon dieser Operation bei der Beschreibung eines Ferromagneten am kritischen Punkt, welcher durch ein Spingitter repräsentiert wird, ist die Blockspintransformation (WILSON, 1975); dort werden allerdings Längenskalen miteinander in Verbindung geracht, die durch fortgesetzte Verdopplung entstehen.

Aus der einfachen Verknüpfung der ranggeordneten Wortverteilungen läßt sich nun in einfacher Weise eine rekursive Berechnungsvorschrift für die zugeordneten Entropien höherer Ordnung ableiten

$$H_{n_{k+1}} = H_{n_k} + \log_2 2 = H_{n_k} + 1 \qquad (4.45)$$

4 Dynamisch generierte Strukturen

oder durch rekursive Anwendung die Beziehung

$$H_{n_{k+1}} = H_{n_1} + k \log_2 2 = H_{n_1} + k \; . \tag{4.46}$$

In der Theorie kritischer Phänomene wird die Verknüpfung zweier HAMILTON-Funktionen für Spingitter, welche durch eine Blockspintransformation miteinander verbunden sind, durch die *Kadanoff-Transformation* (MA, 1976) hergestellt.

Die Spezialisierung der Formeln (4.45) bzw. (4.46) für die Folge $\{n_k^a\}_{k=1}^\infty$ liefert die Aussage

$$H_{n_{k+1}^a} = H_2 + k \tag{4.47}$$

$$= \log_2 3 + \log_2 \frac{2^{k+1}}{2} \tag{4.48}$$

$$= \log_2 n_{k+1}^a + \log_2 \frac{3}{2} \; , \tag{4.49}$$

wobei wir $H_2 = \log_\lambda 3$ benutzt haben. Das Resultat (4.49) wurde zuerst von GRASSBERGER (1986) erzielt, weshalb wir die Folge der n_k^a in diesem Zusammenhang *Grassberger-Folge* nennen werden.

Die analoge Formel für die Folge der n_k^b, also für alle Zwischenwerte der GRASSBERGER-Folge, lautet

$$H_{n_{k+1}^b} = 3 \cdot 2^k = H_3 + k \tag{4.50}$$

$$= \left(\frac{2}{3} + \log_2 3\right) + \log_2 \frac{n_{k+1}^b}{3} \tag{4.51}$$

$$= \log_2 n_{k+1}^b + \frac{2}{3} \; . \tag{4.52}$$

In beiden Fällen finden wir also eine logarithmische Abhängigkeit der Entropien höherer Ordnung von den ausgewählten Wortlängen. Diese Gesetzmäßigkeit folgt aus der einfachen Tatsache, daß die Folgenglieder n_k^a bzw. n_k^b durch ein exponentielles Bildungsgesetz beschrieben werden; die Umkehrfunktion der Exponentialfunktion ist aber gerade der Logarithmus.
Es ist klar, daß ein solches sublineares Wachstumsgesetz für die H_{n_k} auf Grund der Monotonieeigenschaft (3.19) eine logarithmische Wachstumsbeschränkung für die gesamte Folge der H_n ($n = 1, 2, 3, \ldots$) bedeutet. Diese

4.7 Selbstähnliche und intermittente Symbolsequenzen

zuletzt genannten Einsichten können verallgemeinert werden (FREUND *et al.*, 1996).

Eine geschlossene Darstellung der H_n der binären FEIGENBAUM-Sequenz für alle Wortlängen wurde zuerst von EBELING und G. NICOLIS (1992) geliefert. Die Berechnung der h_n ist damit analytisch möglich. Abbildung 4.14 zeigt das Resultat dieser theoretischen Berechnung zusammen mit den Ergebnissen einer numerischen Vergleichsanalyse. Für die GRASSBERGER-Folge $\{n_k^a\}$ und für die Zwischenwertfolge $\{n_k^b\}$ erhält man Werte der bedingten Entropien, welche im wesentlichen einem $1/n_k^{a/b}$ Gesetz folgen

$$h(n_k^a) = \frac{4}{3n_k^a} \quad \text{und} \quad h(n_k^b) = \frac{1}{n_k^b} \quad (k=1,2,3,\ldots) \ . \quad (4.53)$$

Diese sind zusätzlich in Abbildung 4.14 dargestellt. Jede Folge von Wortlänge $\{n_k^*\}$ mit selbstähnlichen Wortverteilungen liefert auf diese Weise eine Kurve gemäß $h(n_k^*) = \text{const}^*/n_k^*$.

Ein weiteres Beispiel für eine selbstähnliche Sequenz wurde von GRAMMS (1994) analysiert. Die von ihm untersuchte Sequenz entsteht aus der sogenannten *kritischen Kreisabbildung* (PROCACCIA et al., 1987; SCHROEDER, 1991) bei Wahl der gleichen Bipartition wie oben. Die daraus entstehende Symbolfolge wird auch *Häschensequenz (rabbit sequence)* (SCHROEDER, 1986, 1991) genannt.

Den Hintergrund für diese Bezeichnung bildet die grammatikalische Erzeugungsregel. Sie lautet:

$$S_0 = 0 \qquad (4.54)$$

$$S_1 = 1 \qquad (4.55)$$

$$S_{n+1} = S_n S_{n-1} \quad (n = 1, 2, 3, \ldots) \ . \qquad (4.56)$$

Das bedeutet also

$$S_2 = 10 \qquad (4.57)$$

$$S_3 = 101 \qquad (4.58)$$

$$S_4 = 10110 \qquad (4.59)$$

usw.

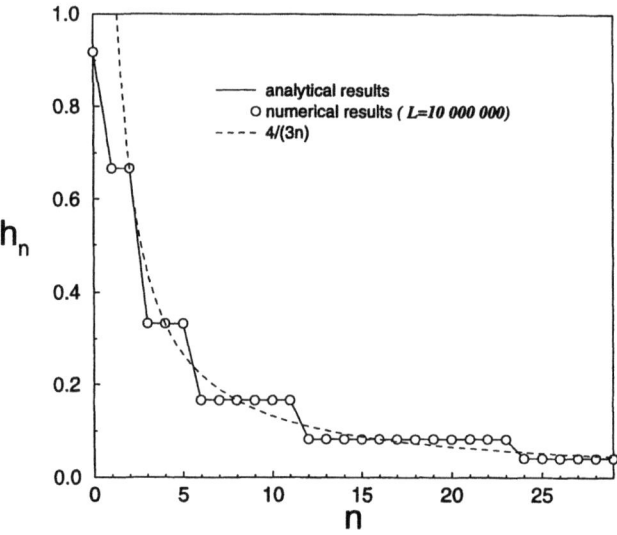

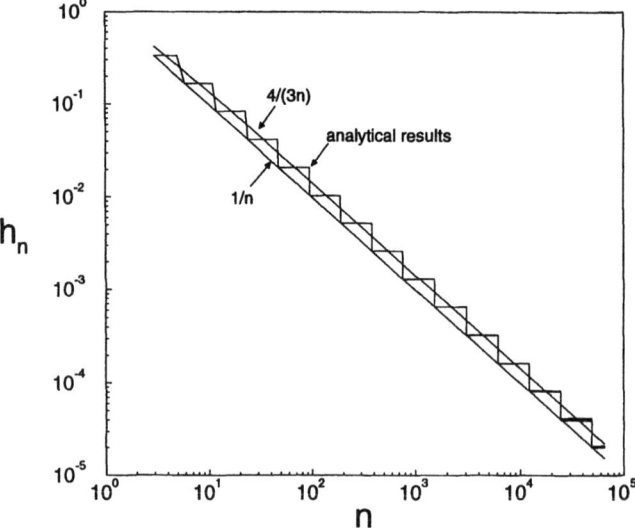

Abb. 4.14 Die bedingten Entropien für die binäre FEIGENBAUM–Sequenz: in linearer Darstellung mit numerischen Vergleichswerten (oben) und in doppelt logarithmischer Auftragung (unten). Zusätzlich sind die Funktionen $4/3n$ und $1/n$ dargestellt

4.7 Selbstähnliche und intermittente Symbolsequenzen

Das Symbol 0 repräsentiere ein junges Hasenpärchen, das Symbol 1 ein altes Hasenpärchen. Dann besagt die Erzeugungsregel, daß ein altes Hasenpärchen im nächsten Jahr $(n+1)$ weiterlebt und ein junges Hasenpärchen gezeugt hat $(1 \to 10)$ und daß ein vormals junges Hasenpärchen ein altes Hasenpärchen geworden ist $(0 \to 1)$.

Man beachte, daß die Länge der Sequenz S_n gerade durch die *Fibonacci-Zahl* F_{n+1} beschrieben wird, deren Folge erzeugt wird durch die Vorschrift:

$$F_0 = 0 \tag{4.60}$$

$$F_1 = 1 \tag{4.61}$$

$$F_{n+1} = F_n + F_{n-1} \quad (n = 1, 2, 3, \ldots) ; \tag{4.62}$$

somit lautet $\{F_{n+1}\}_{n=1}^{\infty} = \{1, 2, 3, 5, 8, 13, 21, \ldots\}$. Diese Zahlenfolge steht im Zusammenhang mit dem sog. *Goldenen Schnitt* (*golden mean*) $\gamma := (\sqrt{5} - 1)/2$, der im Sinne einer Approximation durch rationale Zahlen die „irrationalste" Zahl darstellt (SCHROEDER, 1991) und der darüberhinaus auch eng mit ästhetischem Empfinden (VÖLZ, 1989) verknüpft ist. Für unsere Betrachtungen ist die Tatsache wichtig, daß diese Zahlenfolge im wesentlichen exponentiell wächst

$$F_{n+1} = \frac{1}{\sqrt{5}} \left(\frac{1}{\gamma^n} - \gamma^n \right) \stackrel{n \to \infty}{\sim} \gamma^n . \tag{4.63}$$

Auch die *Häschensequenz* führt zu einem logarithmischen Wachstum der H_n und zu einem $1/n$-Abfall der h_n auf den Grenzwert $h = 0$ (GRAMMS, 1994). Neben diesen beiden Sequenzen existieren noch eine ganze Reihe anderer prominenter selbstähnlicher Sequenzen, zum Beispiel die *Morse-Thue-Sequenz*. Wir empfehlen das Buch von SCHROEDER (1991) für eine sehr plastische Darstellung dieser faszinierenden Objekte.

Wir haben hier erste Beispiele für dynamisch generierte Sequenzen, welche sich durch langreichweitige Korrelationen auszeichnen. Unter Hinweis auf die EBELING–NICOLIS-Hypothese (Abschnitt 3.5) stellen wir damit fest, daß Selbstähnlichkeit als Konstruktionsprinzip für informationsverarbeitende Systeme, wie sie die Evolution hervorgebracht hat, eine bedenkenswerte Möglichkeit darstellt. Diese Frage wird insbesondere im Zusammenhang mit den im nächsten Kapitel vorgestellten Untersuchungen zu Musik, Texten und Biopolymeren von Interesse sein.

162 4 Dynamisch generierte Strukturen

Nun wenden wir uns der Betrachtung intermittenter Signale zu. Zunächst betrachten wir ein einfaches System, welches Intermittenz vom Typ I widerspiegelt. Im vorangegangenen Abschnitt hatten wir bereits darauf hingewiesen, daß dieses Phänomen sowohl in der logistischen Abbildung (für $r = r_* - \epsilon$) als auch bei der Beschreibung von strömenden Flüssigkeiten am Umschlagpunkt von laminaren zu turbulenten Strömungsprofilen anzutreffen ist. Wir rufen in Erinnerung, daß die Zustände einen schmalen Kanal, dessen Weite durch den Wert von ϵ bestimmt ist, zu passiern haben und daß deswegen eine maximale Länge der laminaren Phase existiert.

Ein rudimentäres Modell, welches diesen Charakteristika Rechnung trägt, ist gegeben durch die folgende Abbildung

$$x_{n+1} = f(x_n, \epsilon) = \begin{cases} x_n + x_n^2 + \epsilon & \text{für } x \in [-\tfrac{1}{2}, \tfrac{1}{2}) \\ -\tfrac{1}{2} + \xi & \text{für } x \in [\tfrac{1}{2}, \tfrac{3}{4} + \epsilon) \end{cases}. \quad (4.64)$$

Diese Abbildung ist in Figur 4.15 skizziert. An dieser Stelle erläutern wir

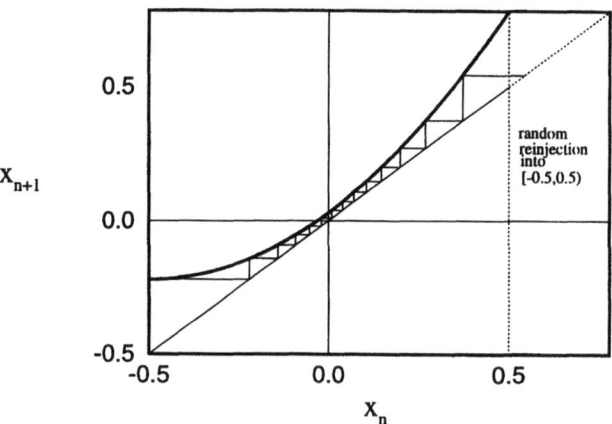

Abb. 4.15 Prototyp für ein intermittentes System Typ I

eine Annahme, welche den *Reinjektionsmechanismus* betrifft; das ist der Mechanismus, welcher Zustände nach dem Austritt aus dem Kanal diese

4.7 Selbstähnliche und intermittente Symbolsequenzen

nach einiger Zeit, der Länge der chaotischen Phase, erneut an irgendeiner Stelle in den Kanal einschießt. Es ist auf Grund des chaotischen Charakters der Dynamik außerhalb des Kanals vernünftig anzunehmen, daß sämtliche Korrelationen zwischen den aufeinanderfolgenden laminaren Phasen zerstört werden. Wir betrachten also die unterschiedlichen laminaren Phasen als unabhängig voneinander. Dies ist eine in der Literatur häufig anzutreffende Annahme (BALADI et al., 1989; SCHUSTER, 1989), welche auch durch einige analytische und numerische Studien (JETSCHKE & STIEWE, 1985) unterstützt wird.

Weiterhin bedeutet es keine wesentliche Einschränkung, die chaotische Bewegung durch einen Ein–Schritt–Prozeß zu modellieren; die mittlere Dauer der chaotischen Phase ist am Ordnung–Chaos–Übergang eine stabile und relativ kleine Größe, typisch von der Größenordnung Eins.

Diesen beiden Annahmen trägt unsere obige Abbildung dadurch Rechnung, daß die chaotische Phase durch eine stochastische Komponente ξ ersetzt wird, welche die Zustände unmittelbar nach dem Verlassen des Kanals gemäß einer Gleichverteilung unabhängig von der Vorgeschichte an irgendeiner Stelle in den Kanal zurücksetzt. Die Autoren von (BALADI et al., 1989) prägten für einen solchen Prozeß den Begriff *regenerativer Prozeß*.

Bezeichnen wir die Zustände innerhalb einer laminaren Phase mit dem Symbol 0 und außerhalb mit dem Symbol 1, so wird eine typische intermittente Sequenz etwa von der folgenden Gestalt sein

$$\ldots 000010000000000100000010000000000010000001 \ldots \quad (4.65)$$

Die charakteristische Größe für diesen Prozeß ist also allein die Längenverteilung der laminaren Phase $p_\epsilon(l)$, welche natürlich von dem Parameter ϵ, der Breite der Kanalöffnung, abhängt. Diese Wahrscheinlichkeitsverteilung kann für das obige Modell (für $\epsilon \ll 1$) analytisch berechnet werden (SCHUSTER, 1989) und ist in Abbildung 4.16 für verschiedene Werte von ϵ dargestellt. Für einen solchen regenerativen Prozeß mit einer maximalen Länge l_{max} der laminaren Phase (Intermittenz Typ I) konnte eine asymptotische ($n \to \infty$) Formel für die Entropien höherer Ordnung H_n abgeleitet werden (FREUND & HERZEL, 1996; FREUND, 1996):

$$H_n = \frac{n}{\langle l \rangle} H[\mathbf{p}] \cdot \mathcal{I}_0(n, \langle l \rangle, \sigma) + \frac{n}{\langle l \rangle} A[\mathbf{p}] \cdot \mathcal{I}_1(n, \langle l \rangle, \sigma), \quad (4.66)$$

164 4 Dynamisch generierte Strukturen

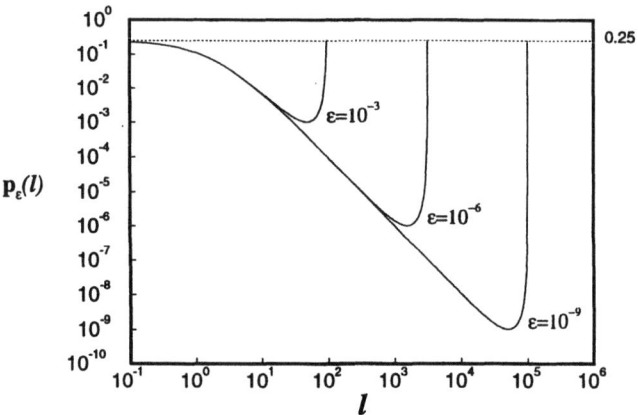

Abb. 4.16 Die Längenverteilung für den intermittenten Prozeß Typ I für verschiedene Werte des Kontrollparameters ϵ ($10^{-3}, 10^{-6}, 10^{-9}$). Man beachte die doppelt logarithmische Darstellung

wobei $\langle l \rangle$ die mittlere Länge der laminaren Phasen und σ die Varianz der Längenverteilung ist. Weiterhin sind

$$H[\mathbf{p}] := -\sum_{i=1}^{m} p_i \log p_i \qquad (4.67)$$

die Entropie der laminaren Längenverteilung und

$$A[\mathbf{p}] := -\sum_{i=1}^{m} p_i \log p_i \frac{\langle l \rangle - i}{\sigma} \qquad (4.68)$$

ein weiteres Funktional dieser Längenverteilung, welches deren Asymmetrie berücksichtigt. Schließlich stehen die beiden übrigen Symbole $\mathcal{I}_0(n, \langle l \rangle, \sigma)$ und $\mathcal{I}_1(n, \langle l \rangle, \sigma)$ für Integrale (FREUND, 1996), welche die folgenden Grenzwerte

$$\lim_{n \to \infty} \mathcal{I}_0(n, \langle l \rangle, \sigma) = 1 \qquad (4.69)$$

4.7 Selbstähnliche und intermittente Symbolsequenzen

bzw.

$$\lim_{n \to \infty} \mathcal{I}_1(n, \langle l \rangle, \sigma) = 0 \qquad (4.70)$$

besitzen. Die Entropie der Quelle für einen regenerativen Prozeß ist also

$$h = \frac{H[\mathbf{p}]}{\langle l \rangle} \; . \qquad (4.71)$$

Dieses Ergebnis läßt sich anschaulich verständlich machen: der regenerative Prozeß wählt unterschiedlich ausgedehnte Objekte (laminare Phasen) unabhängig gemäß der Längenverteilung **p** aus und reiht sie aneinander. Der einzige Unterschied zur unabhängigen Buchstabensequenz sind lediglich Korrelationen, welche Symbole innerhalb einer laminaren Phase verbinden. Im asymptotischen Grenzfall kann man den Vorgang auch so deuten, daß man $\frac{n}{\langle l \rangle}$ Objekte einheitlicher Länge $\langle l \rangle$ unabhängig zieht und aneinander reiht. Dann lautet die entsprechende Block-Entropie wie für eine unabhängige Buchstabensequenz aber gerade

$$H_n = \frac{n}{\langle l \rangle} H[\mathbf{p}] \; , \qquad (4.72)$$

woraus sofort (4.71) folgt.

Für die betrachtete Abbildung (4.64) kann aus der expliziten Kenntnis der laminaren Längenverteilung (Abbildung 4.16) die Entropie der Quelle analytisch berechnet werden (FREUND & HERZEL, 1996) Dieser Verlauf ist in Abbildung 4.17 illustriert. Als numerischer Vergleich wurde darüber hinaus der LYAPUNOV-Exponent berechnet bzw. numerisch ermittelt; die Identität dieser Größe mit der Entropie der Quelle basiert wiederum auf dem oben zitierten PESIN-Theorem (LEDRAPPIER & YOUNG, 1985). Man erkennt eine ausgezeichnete Übereinstimmung.

Das Relaxationsverhalten, d.h. der asymptotische Verlauf der h_n, kann durch Auswertung der Formel (4.66) für die H_n ermittelt werden. Da ein Vergleich mit Simulationsdaten durch den endlichen Längeneffekt der Mustersequenzen auf kleine Wortlängen n beschränkt bleibt, haben wir einen regenerativen Prozeß betrachtet, welcher schon für sehr kleine Wortlängen in den asymptotischen Bereich übergeht. Dabei wurde die maximale Länge auf $m = 15$ begrenzt, und die Längenverteilung wurde in Anlehnung an textähnliche Strukturen gewählt (FREUND, 1996). Durch einen Vergleich der asymptotischen Formel mit den Simulationsdaten konnten folgende Erkenntnisse erlangt werden:

166 4 Dynamisch generierte Strukturen

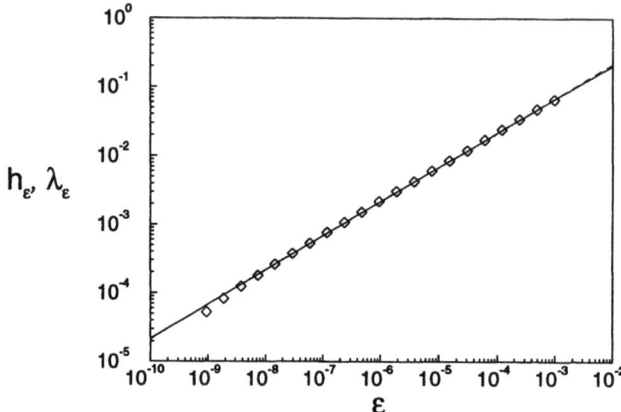

Abb. 4.17 Die Entropie der intermittenten Quelle vom Typ I in Abhängigkeit vom Kontollparameter ϵ

- Der Hauptanteil des Abfalls der h_n erfolgt bis zu Wortlängen $n \approx \langle l \rangle$. Dies unterstreicht die Aussage, daß die Reichweite von Korrelationen effektiv durch die mittlere Länge der laminaren Phasen begrenzt ist. Dieses Ergebnis ist in Übereinstimmung mit der Erwartung.

- Die asymptotische Formel (4.66) ist erst jenseits dieses Bereiches gültig.

- Im Gültigkeitsbereich der asymptotischen Formel findet man je nach Auswahl der Längenverteilungen unterschiedliche Skalierungsgesetze (FREUND, 1996). Ein weitergehendes Verständnis dieser Beobachtung erfordert eine analytische Auswertung der Integrale $\mathcal{I}_0(n, \langle l \rangle, \sigma)$ und $\mathcal{I}_1(n, \langle l \rangle, \sigma)$. Diese ist schwierig, insbesondere für die Differenzen $H_{n+1} - H_n$, da kleine Abweichungen vom Gaussschen Typ nicht einfach approximiert werden können.

Zusammenfassend läßt sich feststellen, daß intermittente Prozesse vom Typ I effektiv ein kurzreichweitiges Gedächtnis besitzen. Eine ausgezeichnete Zeitdauer ist die mittlere Länge $\langle l \rangle$ der laminaren Phasen, bis zu der sich die bedingten Entropien h_n beinahe dem Grenzwert h genähert haben.

4.7 Selbstähnliche und intermittente Symbolsequenzen

Aus dieser Einsicht heraus ist es daher naheliegend, als nächstes Systeme ohne prinzipielle Beschränkung der laminaren Längen (Intermittenz Typ II bzw. III) zu untersuchen. Für analytische Betrachtungen ist es allerdings nötig, sich auf spezielle Systeme zu beschränken, deren invariante Dichte geschlossen angegeben werden kann.

Eine solche Schar von Abbildungen hatten wir im vorangegangenen Abschnitt schon eingeführt (4.32); vergleiche dazu Abbildung 4.12. Untersuchungen hierzu wurden von SZÉPFALUSY und Mitarbeitern angestellt (SZÉPFALUSY & GYÖRGYI, 1986). Das Ergebnis dieser Analysen, welches auf MARKOV–Partitionierungen basiert, kann wie folgt zusammengefaßt werden:

Die Annäherung der bedingten Entropien h_n an den Grenzwert h erfolgt in subexponentieller Weise, d.h.

$$h_n - h = \frac{1}{n^\alpha}, \qquad (4.73)$$

wobei der Exponent als Funktion des Kontrollparameters r (4.32) geschrieben werden kann als

$$\alpha = \begin{cases} 2 + \dfrac{1}{r-1} & \text{für } 1 < r \leq 3 \\ 1 + \dfrac{r}{2} & \text{für } r > 3 \end{cases}. \qquad (4.74)$$

Eine Skizze dieses Spektrums von Exponenten α als Funktion des Scharparameters r ist in Abbildung 4.18 dargestellt. Hier findet man also tatsächlich Sequenzen, welche im Zusammenhang mit natürlichen Symbolfolgen interessant sind.

Als letzten Punkt demonstrieren wir, auf welche Weise MARKOVsche Sequenzen einer vorgegebenen Ordnung durch symbolische Dynamik generiert werden können. Dieses Verfahren ist von praktischer Bedeutung für die Approximation einer nichtlinearen ein–dimensionalen Abbildung mit einem Maximum, da die statistischen Charakteristika der Approximationen exakt berechenbar sind. Im Zusammenhang mit dem Begriff „Gedächtnis einer Quelle", definiert durch die Ordnung m der MARKOVschen Kette (Abschnitt 3.4), bedeutet dieses Verfahren gleichzeitig die kontrollierbare Konstruktion eines m–Schritt–Gedächtnisses.

Für die Wirksamkeit der Methode sind zwei Punkte ausschlaggebend:

168   4 Dynamisch generierte Strukturen

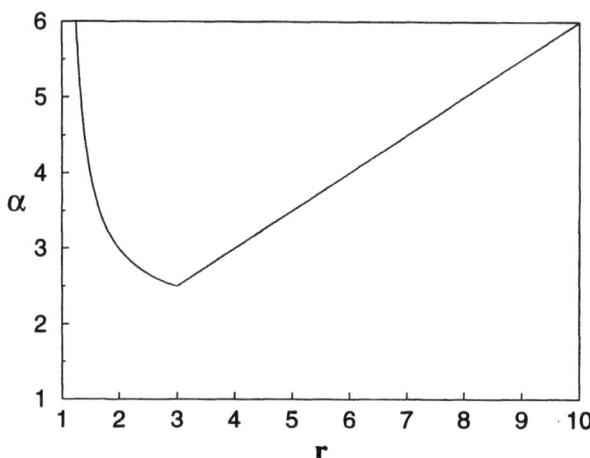

Abb. 4.18 Der Exponent α als Funktion des Kontrollparameters r bestimmt das subexponentielle Abklingverhalten der bedingten Entropien

- Ausgehend von der bekannten Bipartition werden durch Rückwärtsiteration 2^{m+1} Intervalle erzeugt, deren Grenzen Stützstellen für die Approximation der nichtlinearen Abbildung bilden. Diese dynamisch verfeinerte Partitionierung ist *per constructionem* eine MARKOV-Partitionierung.

- Zwischen diesen Stützstellen wird die nichtlineare Abbildung durch Geradenstücke approximiert. Stückweise lineare, eindimensionale Abbildungen im Zusammenspiel mit einer MARKOV-Partitionierung gestatten stets eine Beschreibung durch eine sogenannte *Chapmann-Kolmogorov-Gleichung*[13] (NICOLIS et al., 1992); diese Gleichung wird stets von MARKOV-Prozessen erfüllt. Die Umkehrung stimmt im allgemeinen nicht, jedoch sind Nicht-MARKOVsche Systeme, für welche eine CHAPMANN-KOLMOGOROV-Gleichung existiert, die Ausnahme (LÉVY, 1949; FELLER, 1959; PARZEN, 1962; VAN KAMPEN, 1992).

Wir erläutern das Verfahren an Hand eines einfachen Beispiels. Wir betrach-

---

[13] Allgemeinere Bedingungen für die Existenz von CHAPMANN-KOLMOGOROV-Gleichungen sind abgehandelt in (NICOLIS & NICOLIS, 1988; COURBAGE & NICOLIS, 1990; NICOLIS et al. , 1991).

4.7 Selbstähnliche und intermittente Symbolsequenzen

ten wieder eine Intermittenz Typ II erzeugende Abbildung, die beschrieben wird durch die folgende Vorschrift:

$$x_{n+1} = \begin{cases} 1 - \sqrt{|1 - 2x_n|} & : \ 0 < x_n \leq \tfrac{1}{2} \\ 4x_n(1-x_n) & : \ \tfrac{1}{2} < x_n < 1 \end{cases}. \tag{4.75}$$

Der linke Ast erzeugt die Intermittenz, der rechte Ast entspricht der logistischen Abbildung für $r = 4$ (FDC–Abbildung). In Abbildung 4.19 ist diese nichtlineare Abbildung gestrichelt zu erkennen; auf Grund der Form haben wir sie *Haifischflosse-Abbildung* genannt (EBELING et al., 1996B). Die

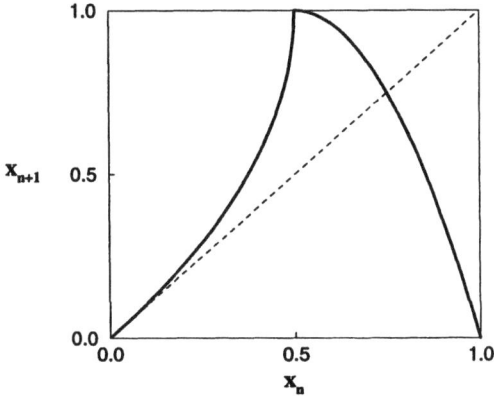

Abb. 4.19 Haifischflosse-Abbildung

Konstruktion der unterschiedlichen Stufen der stückweise linearen Approximationen ist aus Abbildung 4.20 zu ersehen. Eine vergröberte stationäre Dichte kann durch Lösen eines linearen Gleichungssystems[14] ermittelt werden. Damit sind die Entropien höherer Ordnung einer analytischen Berechnung zugängig (EBELING et al., 1996B).

Die visuelle Übereinstimmung der stückweise linearen Näherung (etwa schon dritter Stufe) mit der nichtlinearen Abbildung ist eindrucksvoll. Dennoch führen die leicht unterschiedlichen Steigungen der Kurven am Ursprung zu ausgeprägten Unterschieden in der Statistik. Diese Unterschiede werden von den bedingten Entropien h_n, die in Figur 4.21 gezeigt sind, deutlich widergespiegelt. Mit wachsender Stufe der Approximation sinkt die Entropie der Quelle h, weil die Nullen in der Statistik immer stärker dominieren;

---

[14]Die Spezialisierung der FROBENIUS–PERRRON-Gleichung auf diesen Fall.

170 4 Dynamisch generierte Strukturen

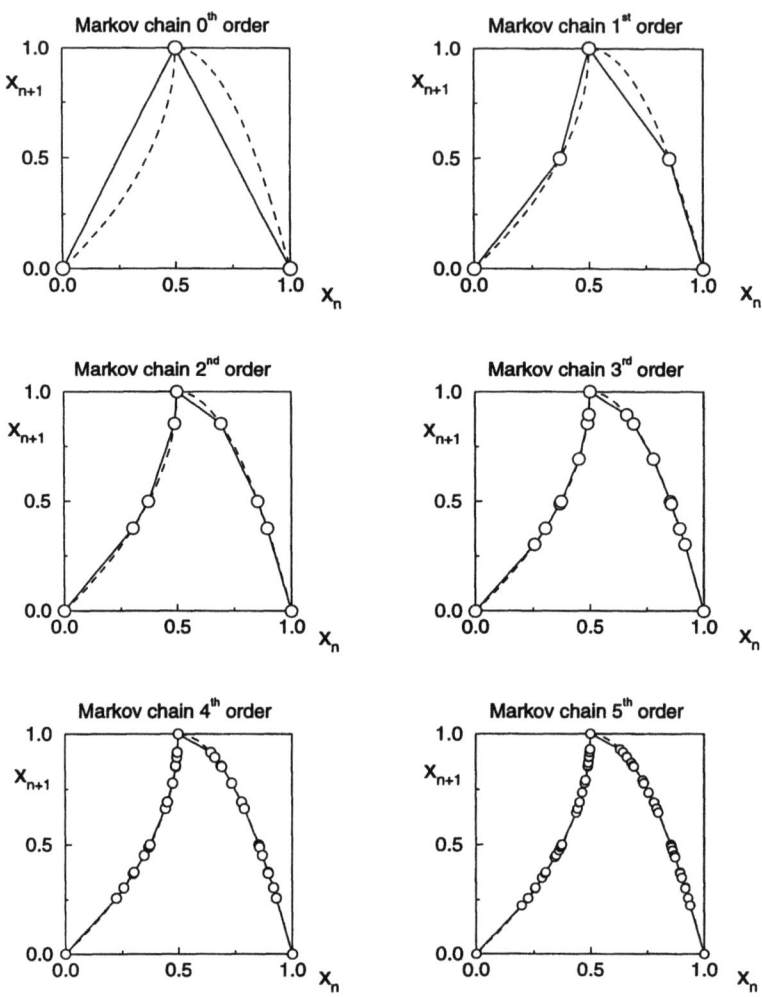

Abb. 4.20 Die Serie der stufenweisen Approximationen an die Haifischflosse–Abbildung durch stückweise lineare Funktionen (nullte bis fünfte Stufe)

schließlich dauern die laminaren Phasen immer länger, da die Fortbewegung der Zustände vom Ursprung weg immer langsamer wird. Aus dem gleichen Grunde sinkt allerdings auch schon h_0 und zwar derart, daß der Unterschied zwischen h_0 und h immer geringer wird. Gleichzeitig wächst die Ordnung der MARKOVschen Quelle, wie man aus analytischen Überlegungen weiß.

4.7 Selbstähnliche und intermittente Symbolsequenzen   171

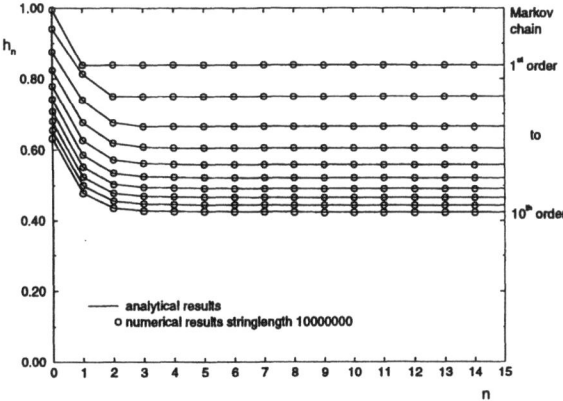

Abb. 4.21 Die bedingten Entropien für die verschiedenen Stufen (nullte bis zehnte Stufe) der stückweise linearen Näherungen zur Haifischflosse-Abbildung

Dieser „Gedächtniszuwachs" mit der Stufe der Approximation ist bis etwa zur fünften Stufe visuell zu erkennen. Bei den höheren Approximationen verflacht die Kurve aber so sehr, d.h. $h_0 - h$ wird so gering, daß die Ordnung der Quelle kaum noch zu erkennen ist.

An diesem Beispiel erkennen wir, daß die Definition des *Gedächtnisses* einer Quelle durch die MARKOVsche Ordnung derselben zwar intuitiv naheliegend ist, andererseits aber im praktischen Sinne besser abgelöst werden sollte durch die Ordnung einer *hinreichend guten* MARKOVschen Näherung. In diesem Sinne würden sich eben auch die Quellen mit exponentiell abfallenden h_n in das Konzept eines endlichen Gedächtnisses bestens einordnen. Ein subjektives Moment bei der Beurteilung des *hinreichend gut* bleibt dabei allerdings unumgänglich.

Abschließend weisen wir noch auf eine Reihe von Arbeiten hin, welche sich der Untersuchung von intermittenten Systemen im Zusammenhang mit dem thermodynamischen Formalismus widmen: (PALADIN et al. , 1986; PALADINI & VULPIANI, 1986; SATO, 1990; HONDA et al. , 1991; TOROZCKAI & PÉNTEK, 1993).

172   4 Dynamisch generierte Strukturen

4.8 Ein Komplexitätsvergleich

Wir haben im vorangegangenen Abschnitt zwei Mechanismen zur Erzeugung von Sequenzen mit langreichweitigen Korrelationen vorgestellt. Im Zusammenhang mit der EBELING–NICOLIS–Vermutung (Abschnitt 3.5) bzw. dem Skalierungsgesetz (3.38) halten wir fest:

- Selbstähnliche Sequenzen, die vermöge einfacher grammatikalischer Erzeugungsregeln ähnlich (4.39) und (4.56) generiert werden, führen zu einem Exponenten $\alpha = 1$.

Daraus läßt sich ableiten, daß das von GRASSBERGER vorgeschlagene Komplexitätsmaß, die EMC, über alle Grenzen wächst oder in salopper Formulierung den Wert *Unendlich* ergibt.

- Die von SZÉPFALUSY untersuchte Schar von Abbildungen (4.32), die einen Prototyp für intermittente Symbolsequenzen vom Typ II darstellen, liefern einen Exponenten α im Bereich zwischen $2.5, \ldots, \infty$.

Die EMC divergiert nicht, sondern liefert einen relativ großen,[15] aber endlichen Wert.

- Das Ergebnis unserer Untersuchungen zur Intermittenz Typ I deutet auf ein rasches Relaxationverhalten hin. Damit werden diese Sequenzen als weniger komplex als die intermittenten Sequenzen vom Typ II eingestuft.

Die Tatsache, daß intermittente Sequenzen weniger komplex erscheinen als selbstähnliche Sequenzen, ist im Einklang mit unserer Intuition.

Man prüfe diese Aussage durch einfache Betrachtung zweier typischer Mustersequenzen

- Intermittenz:

    $\ldots$ 000000000000011110000000110000000000000001000000 $\ldots$

- Selbstähnlichkeit (FEIGENBAUM-Sequenz):

    $\ldots$ 1011101010111011101110101011101010111010101011011 $\ldots$

---

[15] Im Vergleich zu Sequenzen, die in exponentiell abklingenden h_n resultieren.

4.8 Ein Komplexitätsvergleich

Eine Beschreibung, welche auf statistischen Betrachtungen relativ kurzer Subsequenzen aufbaut und dennoch das Phänomen beinahe getreu reproduziert, erscheint uns nicht sehr komplex. Auf diesen Punkt hatten wir bei unserer zuletzt vorgestellten Methode der Konstruktion eines stufenweise wachsenden Gedächtnisses schon hingewiesen.

Auf der anderen Seite ist die Angabe einer knappen rekursiven Vorschrift, wie sie im Fall der selbstähnlichen Sequenzen existiert, in den Augen einiger Betrachter auch nicht unbedingt vereinbar mit der Vorstellung eines komplexen Systems; insbesondere mit Blick auf Definitionen von Komplexität, welche die Anzahl der Regeln zur Beschreibung der Regelmäßigkeiten eines vorliegenden Musters (vgl. Kapitel 1). Immerhin erscheint hier als ein wesentlicher Aspekt komplexer Systeme die hierarchische Struktur der Ordnung vermittelnden Regeln. Der hierarchische Aspekt im Zusammenhang mit Komplexität wird von verschiedenen Autoren immer wieder betont, z.B. (LAI & GREBOGI, 1996; BADII & POLITI, 1997).

Kürzlich wurde ein Verfahren zur Konstruktion binärer Sequenzen vorgestellt, welche das gleiche Relaxationsverhalten der h_n wie natürliche Texte zur Folge haben (RATEITSCHAK et al. , 1996B). Es basiert im wesentlichen auf einer Mischung von zufälliger Auswahl und Wiederholungen. Ob dieses Verfahren tatsächlich einen Aspekt natürlicher Texte widerspiegelt, ist bislang eine offene Frage. In jedem Fall sind Untersuchungen in dieser Richtung sicher lohnenswert für ein umfassenderes Verständnis evolutionärer Prinzipien. Das nächste Kapitel wird sich nun ausführlich mit dermaßen evolutionär entstandenen natürlichen Sequenzen beschäftigen.

5 Entropie und Komplexität natürlicher Sequenzen

5.1 Symbolfolgen und Symbolische Dynamik

Zu den einfachsten Strukturen, die komplexen Charakter tragen können, gehören Symbol-Sequenzen. Darunter verstehen wir hinreichend lange Folgen von Buchstaben, Zahlen, Signalen, Molekülen, Spins oder anderen physikalischen Elementen. Im vorigen Kapitel haben wir bereits Buchstabenfolgen betrachtet, die durch mathematische Vorschriften, Abbildungen, definiert wurden. Hier werden wir uns auf natürliche Sequenzen konzentrieren und ihre Struktur sowie einen einfachen Ansatz für ihre Dynamik studieren. Beispiele natürlicher Sequenzen sind Briefe, Telegramme, Bücher, Biopolymere, Schallplatten, Disketten usw. Symbolfolgen stehen im Zentrum der modernen Informatik, die nahezu alle denkbaren Informationen, darunter auch zwei- und dreidimensionale Muster, Farbbilder, Sprach- und Musiksignale, als lineare Folgen von Symbolen kodiert. Dabei muß in den meisten Fällen eine Vereinbarung über das zu benutzende Alphabet getroffen werden. Wir untersuchen hier nur relativ kurze Alphabete mit $\lambda = 2, 3, 4$ bzw. 32 Buchstaben. Betrachten wir einige Beispiele:

1. Binäre Sequenzen, wie sie z.B. bei der Kodierung von Computer-Daten oder Programmen verwendet werden. Ein Beispiel ist die Folge:

$$p = 010001011110101010001000111110101001010011001... \quad (5.1)$$

Das Alphabet dieser Folge ist binär:

$$X = [0\ 1]. \quad (5.2)$$

2. DNA - Sequenzen, die als Bestandteile des Genoms auftreten. Als Beispiel betrachten wir ein Stück der Sequenz des Hefe-Chromosoms III:

$$p = CCACACCCACACACATATATATAAGCACC... \quad (5.3)$$

5.1 Symbolfolgen und Symbolische Dynamik

Das Alphabet dieser Folge besteht aus vier Buchstaben:

$$X = [A\ C\ G\ T]. \tag{5.4}$$

Die Länge der Sequenz beträgt etwa 300.000 Basen. Das Genom eines Säugetiers bzw. eines Menschen hat eine Länge von $10^9 - 10^{10}$ Nukleotiden.

3. Protein-Sequenzen, die die Reihenfolge der Basen in einem Protein kodieren. Als Beispiel dient uns das Protein "paphuman" mit einer Gesamtlänge $L = 4720$:

$$p = MDPPRPALLALLALPALLLLLLAGARA$$
$$EEEMLENVSLVCPKDAT\ldots \tag{5.5}$$

Den 20 verschiedenen Aminosäuren entspricht ein 20er Alphabet:

$$X = [A\ C\ E\ \ldots\ W\ Y]. \tag{5.6}$$

4. Text-Sequenzen. Als Beispiel nehmen wir ein Stück aus "Moby Dick" von HERMAN MELVILLE, das wir unter Vernachlässigung der Unterschiede zwischen Klein- und Großschreibung auf einem 32er Alphabet

$$X = [a\ b\ c\ d\ e\ f\ g\ h\ i\ j\ k\ l\ m\ n\ o\ p\ q\ r\ s\ t\ u\ v\ w\ x\ y\ z\ (\ )\ ,\ .\ 5] \tag{5.7}$$

wie folgt kodieren (EBELING et al., 1995A):

$$p = call\ me\ ishmael.\ some\ years\ ago\ never\ mind$$
$$how\ long\ precisely\ \ldots \tag{5.8}$$

In unserem 32er Alphabet zählt das Leerzeichen als ein Symbol, und "5" steht für eine beliebige Zahl. Die Länge der Sequenz beträgt etwa 1.400.000 Zeichen.

5. Notenfolgen, die die Melodie von Musikstücken als lineare Buchstabenfolge kodieren. Als ein Beispiel betrachten wir die Melodie einer BEETHOVEN-Sonate. Wir kodieren $2\frac{1}{2}$ Oktaven auf dem Klavier wie folgt (EBELING et al., 1995A): Die 18 weißen Tasten, beginnend mit dem tiefen A und endend mit dem hohen D, und die 12 schwarzen Tasten, beginnend mit dem tiefen Be und endend mit dem hohen cis, durch das Alphabet

$$X = [A\ H\ C\ D\ E\ F\ G\ a\ h\ c\ d\ e\ f\ g\ m\ o\ p\ r$$
$$B\ I\ J\ K\ L\ b\ i\ j\ k\ l\ n\ q\ -]. \tag{5.9}$$

176   5 Entropie und Komplexität natürlicher Sequenzen

Das Halten eines Tones wird durch einen Bindestrich "-" kodiert und die Pause durch ein Leerzeichen " " Die Melodie des Klavierkonzerts von BEETHOVEN, Opus 31/2, sieht dann z.B. wie folgt aus:

$$p = A \quad I - E - a - - - - - aGGFFEEDaGGFFEED$$
$$dcchhaaGGLF - - - a - - - \quad E... \qquad (5.10)$$

Die Sequenz besteht aus etwa 4.000 Noten-Zeichen.

6. Meteorologische Zeitreihen, die das tägliche Wetter über einen längeren Zeitraum kodieren. Als Beispiel betrachten wir die Aufzeichnungen des Schweizer Meteorologischen Institutes (NICOLIS et al. , 1997). Zwischen dem 1.1.1945 und dem 31.12.1989 wurde täglich das Wetter durch eine Zahl kodiert: Eine "1" steht für konvektives Wetter, eine "2" steht für advektives Wetter und eine "3" für andere (gemischte) Wetterlagen. Die aufgezeichnete Zeitserie ist etwa 16436 Symbole lang, und ihr Beginn sieht wie folgt aus:

$$p = 2221222212221222222212122112221221122222233\ldots \qquad (5.11)$$

Das Alphabet besteht aus 3 Symbolen:

$$X = [1\ 2\ 3]. \qquad (5.12)$$

Bisher haben wir statische (eindimensional räumliche) Muster und speziell kodierte Zeitserien betrachtet. Wir wollen nun noch einmal auf die schon im 4. Kapitel diskutierte Frage zurückkommen, wie man beliebige zeitliche Strukturen mit der Methode der *symbolischen Dynamik* auf Symbolfolgen abbilden kann (HAO, 1989, 1991). Diese Methode beruht darauf, wie wir im Kapitel 3 gezeigt haben, daß der Zustandsraum in diskrete Zellen eingeteilt wird, wobei man jede dieser Zellen durch einen besonderen Buchstaben charakterisiert. Die Menge aller Buchstaben, die verwendet werden, bildet das Alphabet des betreffenden Prozesses. Verfolgt man eine Trajektorie und notiert in bestimmten, infinitesimalen Zeitabständen dt jeweils den Buchstaben, der zu der gerade durchlaufenen Zelle gehört, so ergibt sich eine Buchstabenfolge, eine symbolische Sequenz, welche den betrachteten Prozeß in einer bestimmten Näherung charakterisiert. Das Problem der Analyse der Dynamik reduziert sich somit auf die Untersuchung der Struktur der Buchstabenfolge.

Die obigen Beispiele von Symbolfolgen könnten wir beliebig vermehren, sie sollen uns im folgenden nur als Muster dienen und demonstrieren, wie Strukturen als lineare Folgen kodiert werden können. Diese Betrachtung zeigt die zentrale Bedeutung einer Komplexitätsanalyse linearer Muster; darf man doch hoffen, daraus auch Aufschlüsse auf allgemeinere komplexe Strukturen zu erhalten. Wenn also das Problem linearer Strukturen auf den ersten Blick relativ speziell erscheint, so zeigen obige Betrachtungen doch seine zentrale Stellung im Rahmen der Komplexitätsanalyse.

5.2 Blockentropie und bedingte Entropie

Nachdem wir die zentrale Rolle von Symbol-Sequenzen in der Informatik und Dynamik herausgearbeitet haben, wollen wir nun das SHANNONsche Entropiekonzept auf die Analyse solcher Strukturen anwenden. Dabei wird es uns besonders um komplexe Strukturen gehen. Es kann sich um statische oder dynamische Strukturen handeln; wir konnten ja zeigen, daß die Einführung einer symbolischen Dynamik von Buchstabenfolgen es uns gestattet, den SHANNONschen Entropie-Begriff auch auf Trajektorien zu übertragen. Wir wiederholen einige der in den vorigen beiden Kapiteln eingeführten Begriffe und schneiden sie auf die Problemstellung der Analyse natürlicher Sequenzen zu:

Nehmen wir an, daß

$$C_1, \ldots, C_\lambda \tag{5.13}$$

das Alphabet der betrachteten Folge, bestehend aus λ Buchstaben darstellt. Zum Beispiel könnte A, C, G, T für das Alphabet einer DNA-Sequenz oder für ein dynamisches Alphabet stehen, das verzeichnet, in welchem Quadranten die Trajektorie liegt. Unsere zu betrachtende Sequenz stellen wir uns als eine endliche oder unendliche Folge dieser Buchstaben vor. Eine bestimmte Teilsequenz der Länge n sei

$$A_1, \ldots, A_n, \tag{5.14}$$

wobei gilt:

$$A_i \in \{C_1, \ldots, C_\lambda\} \quad \text{für alle} \quad i = 1, 2, \ldots, n. \tag{5.15}$$

Wir nennen sie ein "Teilwort" oder nach GRASSBERGER einen "Block". Weiterhin sei vorausgesetzt, daß

$$p^{(n)}(A_1, \ldots, A_n) \tag{5.16}$$

178 5 Entropie und Komplexität natürlicher Sequenzen

die Wahrscheinlichkeit ist, in der Gesamtsequenz den Block $A_1,\ldots,A_n$ zu finden. Weiter möge

$$p(A_{n+1}|A_1,\ldots,A_n) \qquad (5.17)$$

die Wahrscheinlichkeit sein, nach dem Block $A_1,\ldots,A_n$ den Buchstaben A_{n+1} zu finden. Wir definieren dann im Einklang mit dem 3. und 4. Kapitel folgende Größen:

1. Die Entropie per Block der Länge n (Blockentropie):

$$H_n := - \sum_{A_1,\ldots,A_n} p^{(n)}(A_1,\ldots,A_n) \log p^{(n)}(A_1,\ldots,A_n). \qquad (5.18)$$

Die Blockentropie bezeichnet die mittlere Unbestimmtheit von n-Blöcken, d.h.

$$H_n = \left\langle -\log p^{(n)}(A_1,\ldots,A_n) \right\rangle. \qquad (5.19)$$

2. Die Entropie per Buchstabe eines n-Blockes:

$$H(n) := \frac{H_n}{n}. \qquad (5.20)$$

3. Die bedingte Entropie als mittlere Ungewißheit des Buchstabens, der auf einen n-Block folgt

$$h_n := H_{n+1} - H_n, \qquad (5.21)$$

$$h_0 := H_1. \qquad (5.22)$$

4. Die Entropie der Quelle nach Shannon, Khinchin und McMillan

$$h := \lim_{n\to\infty} H(n) = \lim_{n\to\infty} h_n. \qquad (5.23)$$

Letztere Größe ist das diskrete Analogon der Kolmogorov–Sinai- Entropie dynamischer Systeme, die wir im Abschnitt 3.4 eingeführt haben. Für Bernoulli-Prozesse (mit gleichwahrscheinlichen Buchstaben) gilt

$$h_0 = h_1 = h_2 = \ldots = h = \log \lambda. \qquad (5.24)$$

Das heißt, die mittlere Ungewißheit ist immer gleich und kann durch Beobachtung eines längeren Blockes nicht reduziert werden. Da der Maximalwert

5.2 Blockentropie und bedingte Entropie

der Unbestimmtheit $\log \lambda$ ist, werden wir im folgenden häufig $\log \lambda$ als die Einheit der Unbestimmtheit verwenden. In dieser Einheit gemessen, ist die Unbestimmtheit einer BERNOULLI-Folge Eins, und alle sonstigen Folgen haben eine kleinere Unbestimmtheit.

Für MARKOV-Prozesse erster Ordnung fällt die bedingte Entropie nur beim ersten Schritt. Es gilt also

$$h_0 > h_1 = h_2 = \ldots = h. \tag{5.25}$$

Für MARKOV-Prozesse m-ter Ordnung gilt

$$h_n = h_m = h \quad \text{für alle} \quad n \geq m. \tag{5.26}$$

Von speziellem Interesse sind Prozesse mit langreichweitigem Gedächtnis, die einer weitreichenden Korrelation in den Sequenzen entsprechen. Für Prozesse mit der Periode p gilt

$$H_n = \text{const} \quad \text{für alle} \quad n \geq p \tag{5.27}$$

und

$$h_n = 0 \quad \text{für alle} \quad n \geq p. \tag{5.28}$$

Für quasiperiodische Prozesse gilt

$$h_n \sim n^{-1} \quad \text{für} \quad n \to \infty. \tag{5.29}$$

Wir werden später zeigen, daß die quasiperiodischen Prozesse mit unserem Begriff „komplex" in Verbindung stehen.

MCMILLAN und KHINCHIN haben für ergodische Prozesse nachgewiesen, daß

$$H_{n+1} \geq H_n \quad \text{und} \quad H(n+1) \leq H(n) \tag{5.30}$$

gilt und daß der Grenzwert in Gl. (5.23) existiert. Er wird Entropie der Quelle oder einfach SHANNON-Entropie h genannt (KHINCHIN, 1957A). Es gibt verschiedene Möglichkeiten, die soweit dargestellten Entropie-Konzepte zu verallgemeinern. Im Abschnitt 3.8 haben wir bereits darauf hingewiesen, daß die SHANNON-Entropien ein Spezialfall der RENYI-Entropien sind. Es gibt daneben auch noch verschiedene Verallgemeinerungen des Konzeptes der bedingten SHANNON-Entropien (HERZEL et al., 1995; EBELING, 1997A, 1997B). Einige dieser Verallgemeinerungen werden im folgenden Abschnitt eine wichtige Rolle spielen.

5.3 Maße für Komplexität und Vorhersagbarkeit

Die Blockentropien und die bedingten Entropien stellen sehr umfassende Charakteristika von Folgen dar und sollten daher auch gestatten, zum Problem einer mathematischen Komplexitätsdefinition beizutragen. Wie wir bereits im vorigen Kapitel darlegten, hat GRASSBERGER (1986) das Verhalten der Abweichung vom Grenzwert

$$g_n = h_n - h \tag{5.31}$$

studiert und vorgeschlagen, die Summe

$$EMC = \sum_{0,\ldots,\infty} g_n \tag{5.32}$$

die effektive Maßkomplexität zu nennen. Die "EMC" ist für BERNOULLI-Folgen Null und hat für MARKOV-Prozesse sowie für periodische Folgen einen endlichen Wert (vgl. Abschnitt 3.6). Leider divergiert die EMC für viele interessante Fälle. Wir schlagen hier vor, in Verallgemeinerung von GRASSBERGERs Überlegungen, die Funktion g_n als "Funktion der Maßkomplexität" (FMC) zu bezeichnen. Die FMC sagt etwas über die Art des Gedächtnisses der Prozesse und die Art der Korrelationen aus. Wie wir bereits im Abschnitt 3.6 ausgeführt haben, hat SZEPFALUSY (1989) vier Klassen von Sequenz-Strukturen nach Art des Abfalls der FMC eingeführt. Dabei enthält die erste Klasse alle Folgen, für welche die EMC divergiert, und die zweite Klasse alle Folgen, für die der Abfall nach einem Potenzgesetz erfolgt, d.h. es gilt für $n \gg 1$

$$g_n \sim \frac{g}{n^\alpha} \tag{5.33}$$

unter der Bedingung $\alpha \geq 1$. Der Grenzfall $\alpha = 1$ entspricht der ersten Klasse im Sinne von SZEPFALUZY(1989). Wir schlagen vor, alle Sequenzen, die in die erste oder die zweite SZEPFALUZY-Klasse gehören, als "komplexe lineare Strukturen" zu bezeichnen. Die erste und die zweite SZEPFALUZY-Klasse würden demnach die "Klasse der komplexen Strukturen" bilden. Eine im Vergleich zu (5.33) etwas allgemeinere Formel wurde von EBELING & NICOLIS (1991, 1992) postuliert. Es wurde die Hypothese aufgestellt, daß für

5.3 Maße für Komplexität und Vorhersagbarkeit 181

eine größere Klasse von Sequenzen, die "Klasse der komplexen Sequenzen", folgende Asymptotik gilt

$$H_n = nh + gn^{\mu_0} (\log n)^{\mu_1} + e, \qquad (5.34)$$

wobei

$$0 \leq \mu_0 < 1 \quad \text{oder} \quad \mu_0 = 1, \quad \mu_1 < 0 \qquad (5.35)$$

angenommen wird. Das führt zu folgender Asymptotik für die FMC

$$g_n = \frac{g}{n^{1-\mu_0}} \cdot \left(\mu_0 (\log n)^{\mu_1} + \mu_1 (\log n)^{\mu_1 - 1}\right). \qquad (5.36)$$

Im Spezialfall $\mu_1 = 0$ liegt wieder der Fall eines reinen Potenzgesetzes vor, d.h. es handelt sich um die Klasse 2 im Sinne von SZEPFALUZY. Für $\mu_0 = 0$ und $\mu_1 = 1$ erhalten wir den obigen Grenzfall $\alpha = 1$, d.h. ein Element der ersten Klasse nach SZEPFALUZY.

In allen Fällen, wo $g \neq 0$ gilt, liegt weitreichende Ordnung vor. In all diesen Fällen würden wir wieder von "komplexen Strukturen" sprechen. Damit lautet unser Vorschlag, im Sinne einer mathematischen Definition, für Sequenzen folgende Definition von Komplexität einzuführen:

Eine lineare Symbolfolge heißt "komplexe Folge", wenn im Limes großer n die FMC $g_n = h_n - h$ schwächer als exponentiell gegen den Grenzwert Null konvergiert.

Diese Definition drückt in mathematischer Form das aus, was wir im Abschnitt 1.1 als Forderungen an eine Komplexitätsdefinition formuliert haben, nämlich die Existenz einer Hierarchie weitreichender räumlicher und/oder zeitlicher Korrelationen. Eine feinere Einteilung ermöglicht der "Komplexitätsindex" α bzw. eine noch etwas feinere Einteilung die "Komplexitätsindizes" $\mu_0 = 1 - \alpha$ und μ_1 nach EBELING & NICOLIS (1991).

Selbstverständlich ist diese Definition streng genommen nur auf unendlich lange Folgen anwendbar, da nur dann die FMC genau definiert ist. In den Kapiteln 3 und 4 haben wir bereits verschiedene Folgen bzw. dynamische Systeme kennengelernt, die im Sinne dieser Definition komplex sind, darunter die FIBONACCI-Folge (die Häschen-Sequenz) und die FEIGENBAUM-Folge.

Von besonderem Interesse ist der Spezialfall verschwindender bzw. sehr kleiner SHANNON-Entropie der Quelle:

$$g > 0, \quad h = 0 \quad \text{oder} \quad h \ll 1. \tag{5.37}$$

Die Asymptotik für diese Klasse ist

$$H_n = g n^{\mu_0} (\log n)^{\mu_1} + e + nh, \tag{5.38}$$

$$H(n) = g n^{\mu_0 - 1} (\log n)^{\mu_1} + \frac{e}{n} + h. \tag{5.39}$$

Die Blockentropie und die Entropie pro Buchstabe weisen dann lange Korrelationen auf. Spezielle Fälle sind logarithmische Gesetze (Klasse 1)

$$H_n = g(\log n)^{\mu_1} + e,$$
$$g_n = h_n = g\mu_1 \cdot \frac{(\log n)^{\mu_1 - 1}}{n} \tag{5.40}$$

und Potenzgesetze (Klasse 2)

$$H_n = g n^{\mu_0} + e,$$
$$g_n = h_n = \frac{g\mu_0}{n^{1-\mu_0}} \quad \text{mit } \mu_0 < 1. \tag{5.41}$$

Wir untersuchen nun die bedingten SHANNON-Entropien und verschiedene Verallgemeinerungen dieses Konzeptes im Hinblick auf ihre Aussagefähigkeit für das Problem der Vorhersagbarkeit zukünftiger Ereignisse (HERZEL et al. , 1995; EBELING, 1997A, 1997C). Wir studieren dazu die Unsicherheit des Zustandes (des Buchstabens), der k Schritte hinter einem ganz bestimmten beobachteten n-Block $A_1 \ldots A_n$ liegt. Die mittlere Unsicherheit dieses Zustandes ist eine lokale Größe, die von der Vorgeschichte $A_1 \ldots A_n$ abhängt und von der Größe $k - 1$ des "gap"; sie ist definiert durch den Ausdruck

$$h_n^{(k)}(A_1 \ldots A_n) = \sum p(A_{n+k}|A_1 \ldots A_n) \log p(A_{n+k}|A_1 \ldots A_n)^{-1}. \tag{5.42}$$

Bezüglich der Vorgeschichte, d.h. $A_1 \ldots A_n$, ist $A_{n+k}|A_1 \ldots A_n$ eine bedingte Zufallsgröße. Die Unsicherheit dieses Zustandes stellen wir symbolisch dar durch

$$[A_1 \ldots A_n](k - 1 \ states)[?]. \tag{5.43}$$

5.3 Maße für Komplexität und Vorhersagbarkeit

Die dazu korrespondierenden lokalen Vorhersagbarkeiten sind (EBELING, 1997A, 1997C):

$$r_n^{(k)}(A_1 \ldots A_n) = 1 - h_n^{(k)}(A_1 \ldots A_n). \tag{5.44}$$

Zu den lokalen Größen gehören Mittelwerte, die zur Mittelung entlang der Folge, also über alle $A_1 \ldots A_n$, korrespondieren:

$$h_n^{(k)} = \left\langle h_n^{(k)}(A_1 \ldots A_n) \right\rangle,$$
$$r_n^{(k)} = \left\langle r_n^{(k)}(A_1 \ldots A_n) \right\rangle. \tag{5.45}$$

Wir bemerken, daß für $k = 1$ die vorher definierte bedingte Entropie folgt

$$h_n = h_n^{(1)}. \tag{5.46}$$

Die oben eingeführte "Funktion der Maßkomplexität FMC" läßt sich auch auf eine Funktion von zwei Variablen erweitern:

$$g_n^{(k)} = h_n^{(k)} - \lim_{n \to \infty} h_n^{(k)}. \tag{5.47}$$

Das erste Argument n gibt hier die Länge der Folge an, die fortzusetzen ist und das zweite Argument k das "Gap" zwischen Folge und vorherzusagendem Symbol.

Betrachten wir nun einen anderen Grenzfall, nämlich $n = 1$, und wählen k beliebig. Für $n = 1$ steht die mittlere Vorhersagbarkeit der Ordnung k im engen Zusammenhang mit der sogenannten Transinformation (mutual information) (HERZEL, 1987; EBELING et al., 1987; LI, 1990, 1991; HERZEL et al., 1994A, 1994B) und mit dem Konzept des Informationsflusses (DECO & SCHÜRMANN, 1997). Die Transinformation läßt sich wie folgt durch die obigen Größen ausdrücken:

$$I(k) = r_1^{(k)} - r_0. \tag{5.48}$$

Hier ist $r_0 = 1 - H_1$ die Vorhersagbarkeit eines Buchstabens, wenn keine Vorkenntnisse vorliegen. Für komplexe Strukturen, die ein langes Gedächtnis bzw. eine ganze Hierarchie von Korrelationslängen zeigen, muß man auch eine entsprechende Serie von bedingten Entropien mit variierenden n- und k-Werten studieren:

$$r_1^{(k)}, r_2^{(k)}, r_3^{(k)}, \ldots, r_m^{(k)}, \tag{5.49}$$

wobei m eine Schätzung der Länge des Gedächtnisses ist. Wegen

$$r_{n+1}^{(k)} \geq r_n^{(k)} \tag{5.50}$$

kann die mittlere Vorhersagbarkeit verbessert werden, wenn längere n-Blocks berücksichtigt werden. Wir erinnern daran, daß die bedingten Entropien für bestimmte einfache Modelle exakt ausgerechnet werden können (GRASSBERGER, 1989; EBELING & NICOLIS, 1992; GRAMSS, 1994); FREUND et al., 1995; (RATEITSCHAK et al., 1996).

Bei den Untersuchungen natürlicher Sequenzen, die wir in den folgenden Abschnitten vorstellen wollen, werden wir uns insbesondere auf die bedingten Entropien mit $k = 1$ und die Transinformationen mit $n = 1$ konzentrieren. Die explizite Definition der Transinformation lautet übrigens:

$$I(n) = \sum_{A_i A_j} p^{(n)}(A_i, A_j) \log \left[\frac{p^{(n)}(A_i, A_j)}{p^{(1)}(A_i) \cdot p^{(1)}(A_j)} \right]. \tag{5.51}$$

Die Transinformation steht in einem engen Zusammenhang zu Autokorrelationsfunktionen (LI, 1990, 1991; STANLEY et al., 1994). Der Vollständigkeit halber erwähnen wir noch die Relationen $I(0) = H_1$ und $I(-n) = I(n)$ und weisen auch auf folgende Beziehungen zwischen Entropien, Vorhersagbarkeiten und Transinformationen hin:

$$h_1 = H_1 - I(1),$$
$$r_1^{(n)} = I(n) + r_0. \tag{5.52}$$

In Worten: Die Vorhersagbarkeit eines Buchstabens, der n Schritte voraus liegt, ist gleich der Summe der Transinformation und der Vorhersagbarkeit ohne Vorkenntnisse, $r_0 = 1 - H_1$. Wie verschiedene Autoren gezeigt haben, ist die Transinformation auch ein geeignetes Maß für die Korrelationen zwischen den Zuständen (Symbolen) im Abstand n (GATLIN, 1972; NICOLIS & KATSIKAS, 1992; LI, 1991, 1992; HERZEL & GROSSE, 1995). Jeder Peak der Transinformation, der im Abstand n liegt, korrespondiert zu einer starken positiven Korrelation in diesem Abstand.

Unsere Arbeitshypothese, die im übernächsten Abschnitt verfolgt werden soll, besteht darin, daß informationstragende Sequenzen in vielen Fällen solche Korrelationen mit weitreichendem Charakter zeigen. Für die zugeordneten Prozesse entspricht das entweder großskaligen räumlichen Korrelationen oder einem Gedächtnis sehr langer Reichweite. Um den Nachweis solcher Korrelationen bzw. Gedächtniseffekte zu führen, ist eine Entropieanalyse unter spezieller Berücksichtigung der Asymptotik für große n erforderlich.

5.4 Das Fibonacci–Modell der Evolution komplexer Folgen

In diesem Paragraphen soll an einem einfachen Beispiel erläutert werden, wie Strukturen, die im Sinne des vorigen Abschnittes komplex sind, d.h. die lange Korrelationen aufweisen, durch Evolutionsprozesse entstehen können (EBELING, 1997A, 1997C). Eine der ältesten und einfachsten Theorien der Evolution komplexer Strukturen wurde im 13. Jahrhundert von LEONARDO DA PISA, genannt FIBONACCI, entwickelt. In dem Buch "Liber Abaci" stellte FIBONACCI eine mathematische Theorie der Reproduktion von Hasenpärchen vor. Wir haben einige Grundzüge der FIBONACCI-Folgen bereits im 3. Kapitel im Zusammenhang mit den Eigenschaften selbstähnlicher Symbol-Sequenzen besprochen, kommen aber hier noch einmal im Zusammenhang mit der Evolutionstheorie darauf zurück.

FIBONACCIs Problemstellung bestand darin, biologische Prozesse, die er in der Natur beobachtete, auf einfache Weise zu modellieren. Soweit uns bekannt ist, war das der erste Ansatz einer theoretischen bzw. mathematischen Biologie. FIBONACCI ging es insbesondere um die Entwicklung eines Modelles für den biologischen Grundzyklus

Geburt - Reife - Reproduktion.

Dabei handelt es sich in Wirklichkeit um außerordentlich komplizierte Prozesse. Es ist gut bekannt, daß die Theorie des Wechselspiels von Reproduktion und Reifeprozessen auf immense mathematische Schwierigkeiten führt (EBELING et al. , 1990A). Um so mehr muß man bewundern, daß FIBONACCI vor mehr als 700 Jahren wesentliche Züge dieses Prozesses in einem mathematischen Modell richtig beschreiben konnte.

Das FIBONACCI-Modell bezieht sich auf Hasen-Pärchen und umfaßt folgende Elementar-Prozesse, die im Jahres-Zyklus ablaufen:

186   5 Entropie und Komplexität natürlicher Sequenzen

1. Ein geschlechtsreifes Hasen-Pärchen bekommt Junge, ein junges Hasen-Pärchen wird geboren.

2. Das junge Hasen-Pärchen entwickelt sich bis zur Geschlechtsreife, wozu es ein Jahr (eine Generation) benötigt.

3. Die Eltern überleben bis zum nächsten Jahr, in dem sie erneut Junge bekommen. Damit beginnt ein neuer Generationszyklus.

Beginnt der Prozeß mit einem Pärchen, so gibt es nach der ersten Generation 2 Pärchen, nach der 2. Generation sind es 3 Pärchen, dann folgen Generationen mit 5, 8, 13, 21, ... Pärchen. So kommen wir zur sogenannten Fibonacci-Folge:

$$1, 2, 3, 5, 8, 13, 21, \ldots \tag{5.53}$$

Im 3. Kapitel haben wir bereits auf den Zusammenhang der FIBONACCI-Zahlen mit dem sogenannten "Goldenen Schnitt"

$$\gamma = \frac{\sqrt{(5)} - 1}{2} \tag{5.54}$$

hingewiesen. In der Binär-Darstellung führen die FIBONACCI-Zahlen auf die binären Sequenzen:

$$\begin{matrix}
1 \\
10 \\
101 \\
10110 \\
10110101 \\
1011010110110 \\
101101011011010110101 \\
10110101101101011010110110101101110
\end{matrix} \tag{5.55}$$

Diese sogenannten FIBONACCI-Sequenzen, auch Häschen-Folgen genannt, haben sehr interessante Eigenschaften, insbesondere sind sie "komplexe Strukturen" im Sinne unserer Definition. Sie enthalten sehr langreichweitige räumliche und/oder zeitliche Korrelationen. Im Zusammenhang mit dem Modell der Hasen- Reproduktion interessieren wir uns besonders für die zeitliche Struktur. Bemerkenswert ist der "historische Charakter" der FIBONACCI-Sequenzen, eine Eigenschaft, die offenbar alle Evolutionsprozesse

5.4 Das Fibonacci–Modell der Evolution komplexer Folgen

haben. Der Evolutionsgedanke, dem bekanntlich CHARLES DARWIN (1809-1982) zum Durchbruch verholfen hat, ist heute ist das zentrale Gesetz der Biologie, wozu wir WUKETITS (1990) zitieren:

"Evolution ist heute das Grundproblem der Biologie. Die Erkenntnis, daß alle Lebewesen veränderlich sind, daß die heutigen Organismen von früheren, andersartigen Lebewesen abstammen und miteinander *realhistorisch* verwandt sind, ist das Rückgrat der Biologie. Mit anderen Worten heißt das, daß wir die an Lebewesen beobachtbaren Strukturen, Funktionen und Verhaltensweisen unter dem Aspekt der Evolution betrachten müssen. Lebewesen sind historisch gewordene Systeme, was immer wir an ihnen beobachten, hat eine lange Geschichte."

Es ist der historische Aspekt der Evolution, auf den es uns hier ankommt, und soweit wir die Geschichte der Wissenschaften übersehen können, war FIBONACCI der erste Wissenschaftler, der diesen historischen Aspekt - anhand eines sehr speziellen Modells - mathematisch ausdrücken konnte. Man kann nämlich im Rahmen des Modells von FIBONACCI einen Stammbaum aufstellen und die Historie eines konkreten Hasen-Pärchens zurückverfolgen. Den Stammbaum findet man am einfachsten mit Hilfe der "Grammatik" der FIBONACCI-Folge (vgl. Kapitel 3):

$$S_0 = 0$$
$$S_1 = 1$$
$$S_{n+1} = S_n S_{n-1} \quad (n = 1, 2, 3, \ldots) \tag{5.56}$$

Diese relativ einfachen Regeln definieren eine Struktur mit unendlich langen Korrelationen. Generiert man Sequenzen nach dieser Regel, so wachsen die Längen L_k der Sequenzen in der k-ten Iteration S_k wie die FIBONACCI-Zahlen F_k:

$$F_{k+1} = \frac{1}{\sqrt{5}} \left(\frac{1}{\gamma^k} - \gamma^k \right) \overset{k\to\infty}{\sim} \gamma^k. \tag{5.57}$$

Hierbei hängen die γ^k mit dem oben definierten "Goldenen Schnitt" zusammen.

Um den Stammbaum der Häschen zu finden, drücken wir die "Grammatik" der FIBONACCI-Folge durch einen Graphen aus. In dieser Darstellung bedeutet das Symbol "0" jeweils ein "junges Hasenpärchen" und das Symbol "1" ein "altes Hasenpärchen". Damit kommen wir auf einen graphischen

Stammbaum, der den Binärsequenzen in (5.55) entspricht. Mit fortschreitender Zahl von Generationen werden nicht nur die Sequenzen, sondern auch der "Evolutionsbaum" der Häschen immer größer. Allerdings können wir anhand des Baumes die konkrete Geschichte jedes einzelnen Häschenpaares zurückverfolgen, wir können sein Werden studieren. Natürlich ist der Baum der FIBONACCI-Folge nur die Karikatur eines realen Evolutionsbaumes.

Den "historischen Charakter" der FIBONACCI-Sequenz kann man auch aus einer anderen Betrachtung ableiten. Wie gehen von einer unendlich langen FIBONACCI-Sequenz aus und greifen uns an einer beliebigen Stelle eine Teilsequenz heraus, sagen wir

$$p = 1\ 0\ 1\ 1\ 0\ 1\ 0\ 1. \tag{5.58}$$

Auf die Fragen nach der (wahrscheinlichen) Fortsetzung dieser Sequenz läßt sich keine eindeutige Antwort geben. Je nach dem Kontext könnte die Fortsetzung 0 oder 1 sein, etwas wahrscheinlicher wäre eine 1. Je länger die von uns untersuchte Sequenz ist, umso sicherer können wir die nächsten Buchstaben vorhersagen. Die Unsicherheit fällt nach einem Stufengesetz. Es gilt

$$h_n = -\sqrt{5} \cdot \gamma^{k-2} \cdot \log \gamma \tag{5.59}$$

für $F_{k-1} \leq n \leq F_k$. Mit anderen Worten, die bedingte Entropie ist jeweils konstant zwischen FIBONACCI- Zahlen und springt dann auf einen kleineren Wert. Für große n entspricht der Abfall etwa einem $1/n$-Gesetz, ähnlich wie für die FEIGENBAUM-Folge. Damit haben wir den "historischen" Charakter der Häschen-Folge auch formal nachgewiesen. Es gibt in der Folge ein unendlich langes Gedächtnis, dessen Stärke wie n^{-1}, d.h. extrem langsam, abklingt. Was aktuell passiert, hängt von der gesamten Vorgeschichte ab, wenn auch der Einfluß sehr früher Ereignisse sehr schwach ist.

In diesem Sinne können wir das FIBONACCI-Modell als ein zwar sehr primitives, aber in wichtigen Zügen bereits charakteristisches mathematisches "Evolutions-Modell" betrachten.

5.5 Analyse natürlicher Sequenzen

In diesem Abschnitt wenden wir uns der Analyse von komplexen Strukturen zu, die in Natur oder Gesellschaft durch die natürliche Evolution entstanden

5.5 Analyse natürlicher Sequenzen

sind. Dabei handelt es sich um ein schwieriges Problem, dem seit SHANNONS Pionierarbeiten viele Untersuchungen gewidmet worden sind.

Es gibt ein ganzes Spektrum von Methoden, mit denen man Symbolfolgen untersuchen kann. Dazu zählen:

1. Statistische Analysen von Häufigkeiten (FUCKS, 1953, 1957, 1958, 1963, 1968; FUCKS & LAUTER, 1965; TRIFONOV & BRENDEL, 1995; EBELING et al., 1995A; PÖSCHEL et al., 1995).

2. Analyse der Korrelationsfunktionen (LI, 1990, 1991; ANISHCHENKO et al., 1994B; STANLEY et al., 1994; HERZEL & GROSSE, 1995; GROSSE & HERZEL, 1996; HERZEL et al., 1995, 1996).

3. FOURIER-Analysen der Korrelationen (LI & KANEKO, 1992; ANISHCHENKO et al., 1994B; STANLEY et al., 1994; EBELING & NEIMAN, 1995C).

4. Methode der Transinformation (HERZEL, 1987; EBELING et al., 1987; LI, 1990; HERZEL et al., 1994A, 1995, 1996; GROSSE & HERZEL, 1996).

5. Methode der bedingten Entropien (SHANNON, 1951; GATLIN, 1972; JAGLOM & JAGLOM, 1984; SCHMITT et al., 1993; LEVITIN & REINGOLD, 1994; HERZEL et al., 1994; EBELING et al., 1995A; PÖSCHEL et al., 1995).

6. Linguistische und Grammatische Komplexitätsmaße (THIELE & SCHEIDEREITER, 1974; EBELING & JIMENEZ-MONTANO, 1980; EBELING & FEISTEL, 1982; PIOTROVSKI et al., 1990; PIOTROVSKI & TRIFONOV, 1992; HERZEL et al., 1995, 1996; SCHMITT et al., 1996).

7. LEMPEL-ZIV-Komplexität und Kompressibilität (LEMPEL & ZIV, 1977, 1978; KASPAR & SCHUSTER, 1987; GRASSBERGER, 1989; WACKERBAUER et al., 1994; EBELING et al., 1995, 1996).

Wir werden uns hier vorwiegend auf die Methoden 4 und 5 konzentrieren, da sie besonders aussagekräftig sind. Die theoretischen Grundlagen dafür wurden in den Kapiteln 3 und 4 gelegt, eine Wiederholung und Verallgemeinerung der wichtigsten Begriffe enthalten die vorstehenden Abschnitte, in denen unter anderem auch eine formale Definition des Begriffes "komplexe Strukturen" gegeben wurde. Im folgenden geht es in erster Linie um die Analyse natürlicher Sequenzen. Mit natürlichen Sequenzen meinen wir hier Zeitserien, Texte, Musikstücke und Biopolymere.

5 Entropie und Komplexität natürlicher Sequenzen

Wir diskutieren zunächst einige praktische Probleme bei der Bestimmung der Blockentropie von Sequenzen (SCHMITT et al., 1993; EBELING et al., 1995A; PÖSCHEL et al., 1995). Ein DNA-Molekül ist eine Sequenz von $10^4 - 10^6$ Nukleotid-Buchstaben A,C,G und T. Ein Text ist eine Sequenz von $10^4 - 10^7$ Buchstaben des Alphabets. Computer-Programme sind Sequenzen der Länge $10^3 - 10^5$ über dem binären Alphabet, bestehend aus 0 und 1. In ähnlicher Weise werden in der modernen digitalen Technik auch Telefongespräche, Musikstücke und viele andere Informationen als binäre Sequenzen verschlüsselt. Unsere Arbeitshypothese besteht darin, daß solche Sequenzen in vielen Fällen Korrelationen mit weitreichendem Charakter zeigen. Um den Nachweis solcher Korrelationen bzw. Gedächtniseffekte zu führen, ist eine Entropieanalyse unter spezieller Berücksichtigung der Asymptotik für große n erforderlich.

Natürliche Sequenzen, darunter die obigen Beispiele, haben immer eine endliche Länge $L \sim 10^4 - 10^6$ wie die menschliche DNA, oder ein Buch. Aus diesem Grunde müssen wir uns mit der Entropieanalyse von Sequenzen endlicher Länge beschäftigen. Seit SHANNONS berühmter Arbeit über die Entropie gedruckter englischer Texte (SHANNON, 1951) gehört die Entropieanalyse zu den Standardverfahren der angewandten Informatik (JAGLOM & JAGLOM, 1984).

Für die Berechnung der Entropien n-ter Ordnung benötigen wir die Wahrscheinlichkeiten aller möglichen n-Blöcke; insgesamt gibt es λ^n verschiedene Blöcke (Wörter). Steht für die Analyse eine Sequenz der Länge L zur Verfügung, können die Wahrscheinlichkeiten nur aus den ausgezählten relativen Häufigkeiten geschätzt werden. Für kleine Blöcke, die der Bedingung $\lambda^n \ll L$ genügen, wirft diese Schätzung keine ernsten Probleme auf. Auf der anderen Seite haben wir für große n-Werte, die der Ungleichung

$$L \ll \lambda^n \tag{5.60}$$

genügen, sehr ernste statistische Probleme. Wir zeigen an einem Beispiel, wie rasch die Potenzen λ^n mit n wachsen:

n	1	2	3	4	5
$\lambda = 2$	2	4	8	16	32
$\lambda = 3$	3	9	27	81	243
$\lambda = 32$	32	1024	32768	1048576	33554432

5.5 Analyse natürlicher Sequenzen

Wie man sieht, werden für $n \geq 5$ die Forderungen an die Sequenzlänge bereits extrem hoch. Zur Lösung dieser Probleme wurden raffinierte statistische Verfahren entwickelt (GRASSBERGER, 1989; SCHMITT et al., 1993; EBELING et al., 1995A; PÖSCHEL et al., 1995). Um wenigstens den Grundgedanken der Methode der Entropieanalyse darzustellen, betrachten wir die in Abschnitt 5.1 erwähnte meteorologische Zeitserie mit $\lambda = 3$ und $L = 16360$. Wir zählen die Häufigkeit der verschiedenen Worte mit $n = 8$ und ordnen sie bezüglich ihrer Häufigkeit. Mit anderen Worten, wir nehmen eine ZIPF-Ordnung (ranking) vor. Das Ergebnis zeigt die Abbildung 5.1.

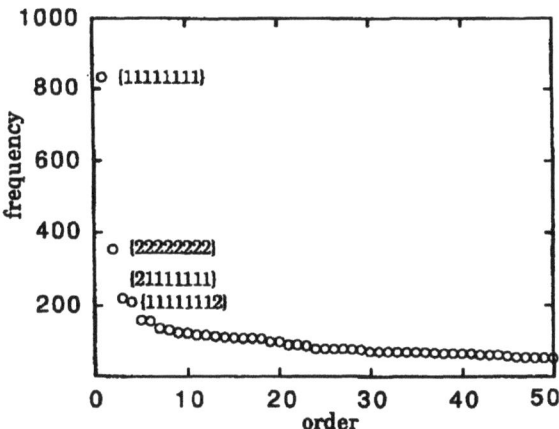

Abb. 5.1 ZIPF-geordnete Verteilung der Blöcke der Länge 8 für eine meteorologische Zeitserie

Wie man erkennt, sind gewisse Blöcke, wie z.B. 1111111 und 22222222, viel häufiger, als es einer Zufallsverteilung entsprechen würde. Hier kommen gewisse Regularitäten meteorologischer Zeitserien zum Ausdruck, die Präferenz konstanter Wetterlagen. Die beobachtete Häufigkeitsverteilung ist viel steiler, als die Wahrscheinlichkeitsverteilung, weil auf Grund des relativ kleinen Ensembles verschiedene seltene Blöcke gar nicht auftreten werden. Unser Algorithmus zur Berechnung der "richtigen" Wahrscheinlichkeitsverteilung ist nun folgender:

1. Wir raten eine vermutlich richtige Verteilung für die Wahrscheinlichkeiten, indem wir eine etwas flachere Form annehmen und die Form der Kurve parametrisieren.

2. Wir generieren mit der erratenen Verteilung ein Ensemble von 16436 Blöcken (Worten), nehmen eine ZIPF-Ordnung vor und vergleichen mit der beobachteten Häufigkeitsverteilung.

3. Wenn größere Abweichungen auftreten, kehren wir zu 1. zurück, d.h. wir raten eine neue Verteilung der Wahrscheinlichkeiten.

4. Nachdem das Verfahren hinreichend stationär geworden ist, berechnen wir die Entropie.

Für den Fall der meteorologischen Zeitserie wurde das Resultat der Berechnung der Entropie in der Abbildung 5.2 dargestellt.

Wie man sieht, führt die Berechnung von Häufigkeiten anstelle von Wahrscheinlichkeiten zu wesentlich zu kleinen Entropie-Werten. Die Unsicherheit wird unterschätzt. Abschätzungen dieses systematischen Bias der Entropie wurden in verschiedenen Arbeiten gegeben (SCHMITT et al., 1993; LEVITIN & REINGOLD, 1994; EBELING et al., 1995A, GROSSE & HERZEL, 1995).

Eine mögliche Schätzung des systemetischen Bias von Entropieberechnungen aus Häufigkeiten ist folgende: Nehmen wir an, daß ein Ensemble von N Wörtern zur Verfügung steht, von denen N_1 zur Sorte 1, N_2 zur Sorte 2 usw. gehören. Für eine Folge der Länge L ist $N = L - n + 1$, denn das ist gerade die Anzahl der Wörter, die man - bei überlappender Zählung - in der Sequenz finden kann. Sind $\langle N_n \rangle$ die entsprechenden Mittelwerte, so sind die mittleren relativen Häufigkeiten

$$q_n := \frac{\langle N_n \rangle}{N} \qquad (5.61)$$

die beste Schätzung für die Wahrscheinlichkeiten im Sinne der im Kapitel 3 besprochenen Entropiemaximierung. Wir verweisen auf die Abb. 5.1, in der die relativen Häufigkeiten für Wörter der Länge 8 aus der Schweizer Zeitreihe für das Wetter dargestellt wurde.

Wir weisen erneut darauf hin, daß die häufig verwandte Approximation durch Potenzgesetze für Wörter fester Länge im Bereich großer n-Werte nicht brauchbar ist. Das hängt auch mit der Endlichkeit der Verteilung zusammen, die ja spätestens bei $n = \lambda^n$ abbrechen muß. Man sieht jedenfalls, daß mit zunehmender Wortlänge die Verteilung immer flacher wird und sich der Form einer einfachen Stufe nähert. Zum mathematischen Hintergrund für diese sogenannte E-Eigenschaft verweisen wir auf Abschnitt 3.7, wo ein von MCMILLAN und KHINCHIN für ergodische Prozesse bewiesenes Theorem

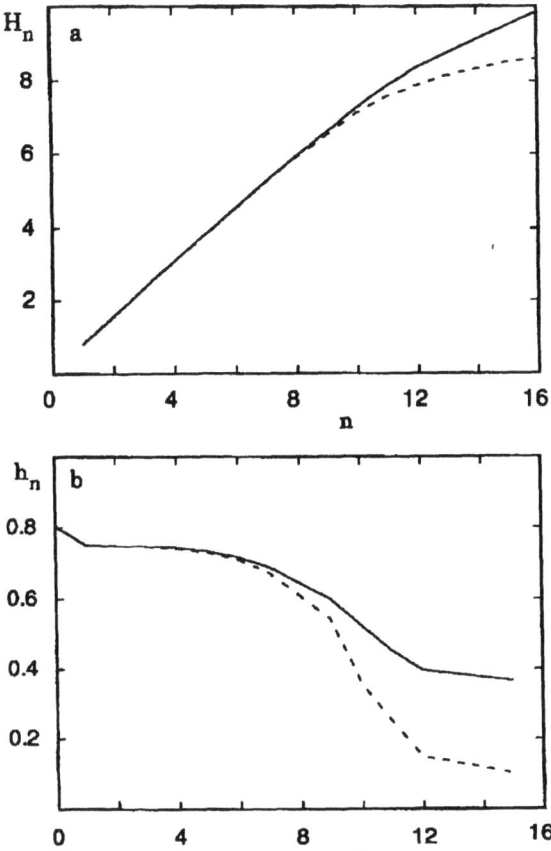

Abb. 5.2 Blockentropien (oben) und relative Entropien (unten) für eine meteorologische Zeitserie

behandelt wird (JAGLOM & JAGLOM, 1984). Potenzgesetze für den Abfall kann man nur in den Bereichen mittlerer n-Werte finden (SCHMITT et al., 1993; EBELING et al., 1995A).

Für die Berechnung der Entropie benötigen wir die Größe $p^{(n)} \log p^{(n)}$; man muß daher eigentlich diese Größe anhand der Mittelwerte

$$\left\langle \frac{N_n}{N} \log\left(\frac{N_n}{N}\right) \right\rangle \tag{5.62}$$

schätzen. Im Grenzfall, daß die Zahl der prinzipiell möglichen Wörter λ^n viel größer als das Ensemble (der Stichprobenumfang) N ist, kann jedes Wort nur einmal auftreten; es muß daher gelten

$$\left\langle \frac{N_n}{N} \log\left(\frac{N_n}{N}\right) \right\rangle \approx \frac{\log N}{N}. \tag{5.63}$$

Im entgegengesetzten Grenzfall gilt nach (HERZEL et al., 1994) die Abschätzung

$$\left\langle \frac{N_n}{N} \log\left(\frac{N_n}{N}\right) \right\rangle \approx p^{(n)} \log p^{(n)} - \frac{1}{2N}. \tag{5.64}$$

Wir benutzen nun das oben schon erwähnte E-Theorem von MCMILLAN und KHINCHIN. Es besagt, daß für genügend großes n die Menge der n-Wörter in zwei Klassen fällt:

1. Die Klasse der Standard-Wörter, welche häufig auftreten. Die Summe der Wahrscheinlichkeiten für Wörter dieser Klasse ist nahezu eins. In dieser Klasse mögen M verschiedene Wörter liegen. Sie sind nach MCMILLAN und KHINCHIN nahezu gleich häufig, und ihre Wahrscheinlichkeit ist näherungsweise $1/M$.

2. Die Klasse der Nicht-Standard-Wörter, welche sehr selten auftreten. Die Summe der Wahrscheinlichkeiten für das Auftreten dieser Wörter ist nahezu Null.

Die grafische Darstellung dieser Eigenschaft entspricht der sich in Abb. 5.1 andeutenden Ausbildung einer Stufenverteilung der Häufigkeiten. Die Zahl der Standard-Wörter (Abschnitt 4.5) hängt mit der Entropie zusammen und ist durch

$$M = \lambda^{H_n} \tag{5.65}$$

gegeben.

Die gewonnenen Beziehungen für die Grenzfälle lassen sich durch einfache Interpolationsformeln verknüpfen. Man kann diese Formeln zur Berechnung des Grenzwertes $N \to \infty$ für H_n verwenden, indem man jeweils eine Schätzung einsetzt und iterativ den empirischen Mittelwert aus Folgen der Länge N immer besser approximiert (EBELING et al., 1995). Dabei ist es von Vorteil, einen möglichst umfangreichen Satz empirischer Daten für Sequenzen verschiedener Länge (aber aus demselben Text stammend) simultan anzupassen.

Diese Anpassung kann auf verschiedenen Wegen erfolgen (EBELING UND NICOLIS,1992; EBELING et al. , 1995A; PÖSCHEL et al. , 1995). Die angegebenen Bias-Formeln bzw. daraus abgeleitete Interpolationen lassen sich für erste Entropie-Schätzungen anwenden. Genauer ist das weiter oben beschriebene Verfahren der Schätzung der Zipf-Verteilung der Wahrscheinlichkeiten aus der Zipf-Verteilung von Häufigkeiten (PÖSCHEL et al. . 1995). Ein grundsätzlicher Vorteil dieses Verfahrens beruht darin, daß wir dabei nicht das Ziel stellen müssen, λ^n Wahrscheinlichkeiten zu schätzen, sondern lediglich die Form der Zipf-Verteilung. Dazu genügt in der Regel die erfolgreiche Schätzung von 3 bis 10 Parametern der Verteilung (SCHMITT et al. , 1993, 1994; EBELING et al. , 1995A; PÖSCHEL et al. , 1995A).

Als Beispiel wurden in Abb. 5.2 die Blockentropien und die bedingten Entropien für eine meteorologische Zeitserie aufgetragen. Die gestrichelten Linien zeigen die Resultate einer "naiven" Entropie-Berechnung unter Benutzung relativer Häufigkeiten, anstelle von Wahrscheinlichkeiten.

Wesentlich günstiger ist die Situation bei der Berechnung der Transinformation, da in diesem Falle für beliebige n nur λ^2 Wahrscheinlichkeiten geschätzt werden müssen, was selbst für große λ in der Regel keine ernsten Probleme aufwirft. Daher kann man sich im Fall der Transinformation auf die Korrektur des natürlichen Bias

$$\delta I(n) \simeq \frac{\text{const}}{L-n+1} \qquad (5.66)$$

beschränken (SCHMITT et al. , 1993, 1994; HERZEL& GROSSE, 1995).

5.6 Struktur von Texten, Notenfolgen und Biosequenzen

Die erste Arbeit zur Entropie von Texten erschien schon 1951; es war SHANNONS berühmte Analyse "Prediction and Entropy of Printed English" (SHANNON, 1951). Dieser Pionierarbeit folgte eine ganze Reihe von Untersuchungen von Texten in verschiedenen Sprachen sowie auch von Musikstücken (JAGLOM & JAGLOM, 1984). Die Existenz weitreichender Korrelationen in Texten mindestens bis zur Ordnung $n = 100$ darf heute als (fast) sicher gelten (HILBERG, 1990). Ob es für $n > 100$ zu einer Sättigung (dem Verschwinden von Korrelationen) kommt, wie z.B. BURTON und LICKLIDER vermuten, ist noch unklar. Einige Autoren, darunter HILBERG (1990) sowie einer der Verfasser in Zusammenarbeit mit NICOLIS (1992) und PÖSCHEL (1994), schließen auf Grund ihrer Analysen auf einen langsamen Abfall der Korrelationen in Texten nach einem Wurzelgesetz (EBELING et al., 1995A; EBELING et al., 1996; EBELING, 1997A; EBELING, 1997C):

$$H(n) \approx \frac{g}{\sqrt{n}} + \text{const.} \tag{5.67}$$

Um diesen Abfall statistisch zu sichern, muß ein hoher Aufwand getrieben werden. Der erste Schritt besteht immer darin, Blöcke zu zählen und eine Rang-Ordnung der Häufigkeiten vorzunehmen. Mit anderen Worten, es ist eine Darstellung nach PARETO und ZIPF entsprechend abfallender Häufigkeit zu wählen (ranggeordnete n–Wortverteilungen). Die Abb. 5.3 zeigt drei ranggeordnete Häufigkeitsverteilungen für den Roman *Moby Dick*.

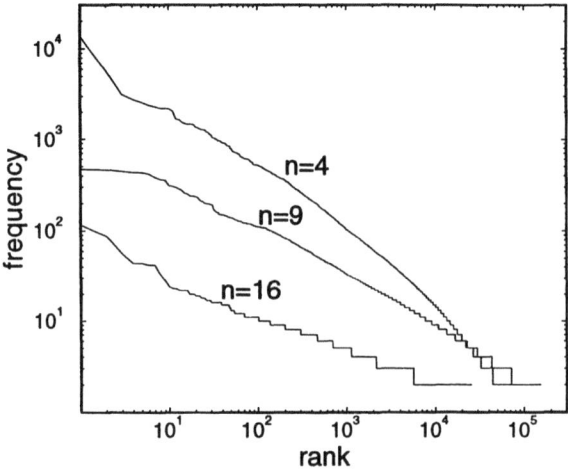

Abb. 5.3 Ranggeordnete Häufigkeitsverteilungen für Wortlängen $n = 4, 9, 16$; empirische Daten aus *Moby Dick* in (EBELING et al., 1995)

Die doppelt-logarithmische Darstellung zeigt, daß kein durchgehendes Potenz-Gesetz (eine ZIPF-Verteilung im engeren Sinne) vorliegt. Allerdings

5.6 Struktur von Texten, Notenfolgen und Biosequenzen

kann der Mittelteil der Verteilung näherungsweise durch ein Potenzgesetz mit einem charakteristischen Exponenten, der von n abhängt, approximiert werden.

Obwohl wir im Falle des Textes *Moby Dick* die Zipf-Verteilung nur bis $n = 16$ dargestellt haben, erkennt man in der Abb. 5.3 die sich abzeichnende Form einer Stufenverteilung der Häufigkeiten. Im vorigen Abschnitt haben wir bereits eine Methode diskutiert, wie aus einer Rang-Verteilung der Häufigkeiten eine Rang-Verteilung der Wahrscheinlichkeiten konstruiert werden kann. Wir weisen erneut darauf hin, daß die häufig verwandte Approximation durch Potenzgesetze für Wörter fester Länge nicht anwendbar ist. Das hängt auch mit der sogenannten E-Eigenschaft der Verteilungen zusammen, die besagt, daß mit zunehmender Wortlänge die Verteilung sich der Form einer einfachen Stufe annähern muß. Zum mathematischen Hintergrund für diese Eigenschaft verweisen wir erneut auf Abschnitt 3.5, wo das Theorem von MCMILLAN und KHINCHIN für ergodische Prozesse behandelt wird (JAGLOM & JAGLOM, 1984).

Zum Kodieren von *Moby Dick* haben wir neben dem oben schon eingeführten 32er Alphabet ohne Unterscheidung von Groß- und Kleinbuchstaben ($\lambda = 32$) auch ein ein verkürztes Alphabet, das nur Vokale, Konsonanten und sonstige Zeichen unterscheidet ($\lambda = 3$), benutzt. Auf diesem Wege wurden z.B. folgende Resultate für Texte gefunden (in log λ-Einheiten) (EBELING et al., 1995A):

$$\frac{H_n}{\log 3} = 4.84\sqrt{n} - 7.57 + nh \quad \text{für } \lambda = 3, \quad (5.68)$$

$$\frac{H_n}{\log 32} = 0.9\sqrt{n} + 1.7 + nh \quad \text{für } \lambda = 32 \quad (5.69)$$

mit $h \sim 0.01 - 0.1$. Eine graphische Darstellung des Wachstums der Block-Entropie von Texten wird in Abb. 5.4 gegeben.

Man sieht, daß die Beschreibung durch ein Wurzelgesetz recht gut ist. In neueren Arbeiten wurden obige Formeln für die Blockentropie und die bedingten Entropien auf dem 32er Alphabet wie folgt präzisiert (EBELING et al., 1995B, 1996; EBELING, 1997A, 1997C):

$$\frac{H_n}{\log 32} = 0.07n + 0.27\sqrt{n} + 2.95, \quad (5.70)$$

$$\frac{h_n}{\log 32} = \frac{0.14}{\sqrt{n}} + 0.07. \quad (5.71)$$

5 Entropie und Komplexität natürlicher Sequenzen

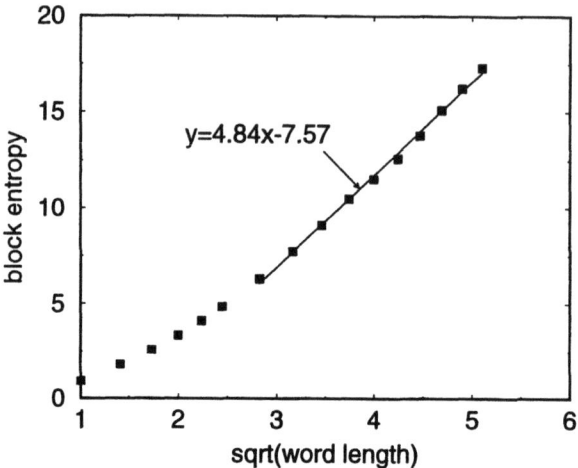

Abb. 5.4 Empirisch bestimmte Blockentropie-Kurve für den untersuchten Text (*Moby Dick*) in (EBELING, PÖSCHEL, 1994).

Wir betrachten nun die Entropie von Musikstücken (EBELING et al., 1995A; EBELING & FRÖMMEL, 1997). Für klassische Musik (Sonate 31/2 von L. V. BEETHOVEN), die auf einem Dreier-Alphabet kodiert wurde (Auf, Ab, sonstige Zeichen), wurde ein ganz anderes Verhalten gefunden (EBELING et al., 1994):

$$\frac{H_n}{\log 3} = 2(\ln n + 1) \quad (\lambda = 3). \tag{5.72}$$

Daraus ergibt sich, daß Musik offensichtlich eine geringere Variabilität als Texte besitzt; es gibt wesentlich weniger verschiedene musikalische Motive als sprachliche Worte. Musik hat demzufolge einen höheren Grad von Ordnung als sprachliche Texte. Es muß allerdings gesagt werden, daß diese Untersuchungen noch ganz am Anfang stehen, so daß systematische Aussagen über lange Korrelationen vorläufig noch nicht möglich sind.

Noch sehr viel schwieriger als die Analyse von Texten oder Musikstücken ist die Untersuchung von Biopolymeren (HERZEL et al., 1994). Biopolymere spielen eine zentrale Rolle für alle Lebensprozesse. Von besonderer Bedeutung sind dabei die Polynukleotide RNA, DNA und die Proteine. Formal

5.6 Struktur von Texten, Notenfolgen und Biosequenzen

handelt es sich bei diesen Molekülen ebenfalls um Texte über einem Alphabet mit $\lambda = 4$ bzw. $\lambda = 20$ Buchstaben. Da es

$$N_n = \lambda^n \tag{5.73}$$

verschiedene Möglichkeiten der Generierung von Sequenzen der Länge n gibt, wächst die mögliche Anzahl von Biosequenzen exponentiell mit der Länge an. Diese Zahl ist für $n > 100$ so groß, daß es in der Natur keine Chance für die Realisierung aller Möglichkeiten gibt. Die real vorkommenden DNA-, RNA- und Proteinsequenzen müssen somit ebenso wie sprachliche und musikalische Texte das Resultat einer außerordentlich scharfen Selektion sein. Allerdings ist unsere Kenntnis der Struktur von Biosequenzen noch weit geringer als für Texte oder Musikstücke. Wir wissen nur, daß Biosequenzen außerordentlich verwickelte Strukturen und Funktionen haben (EIGEN, 1987; TRIFONOV & BRENDEL, 1987; PIETROVSKI et al., 1990; HERZEL et al., 1994; SCHMITT et al., 1996).

Diese komplizierte Struktur läßt sich zumindest teilweise auch mit Hilfe entropischer Maße analysieren und darstellen. Seit den 70er Jahren werden Entropie-Analysen auf die Struktur von Biosequenzen ausgedehnt. Als ein wesentliches Resultat dieser Untersuchungen darf man die Einsicht betrachten, daß die Struktur von Biosequenzen der von MARKOV-Prozessen höherer Ordnung ähnelt (EBELING UND FEISTEL, 1982; NICOLIS, 1991; HERZEL et al., 1994). Die genaue Ordnung dieser Prozesse steht heute noch nicht fest. Sowohl GATLINS (1972) Analyse als auch neuere Untersuchungen deuten darauf hin, daß die Ordnung von Biosequenzen größer als oder gleich 6 ist. So konnten HERZEL et al. (1994) zeigen, daß die spezifischen Entropien für Polynukleotide mindestens bis zur 5. oder 6. Ordnung fallen. Es steht nicht mit Sicherheit fest, ob die Entropien dann einen Sättigungswert anstreben oder nicht. GATLIN hat 1972 für die DNA der Kaninchen-Leber einen Sättigungswert

$$h \approx 1.94 \text{ bit} \tag{5.74}$$

geschätzt. Wir sind der Auffassung, daß genauere Untersuchungen, die weitreichende Korrelationen erfassen, zu noch etwas kleineren Werten führen könnten (EBELING, 1997C).

200 5 Entropie und Komplexität natürlicher Sequenzen

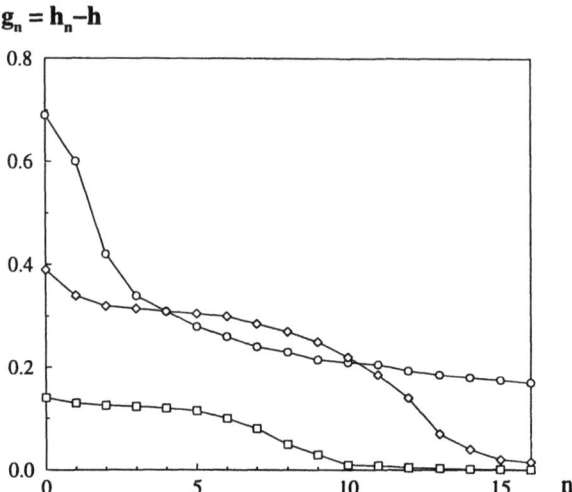

Abb. 5.5 Die Funktion der Maßkomplexität für verschiedene Typen von Symbolfolgen: Text *Moby Dick* (Kreise), meteorologische Zeitreihe (Rhomben), DNA des *Epstein-Barr-Virus* (Quadrate). "Komplexe Strukturen" entsprechen einem langsamen Abfall (schwächer als exponentielles Abklingen)

5.7 Diskussion der Komplexität natürlicher Symbolfolgen

Rekapitulieren wir zunächst noch einmal den Begriff "komplexe Strukturen", der im Abschnitt 1.1 allgemein eingeführt und hier im Abschnitt 5.3 mathematisch präzisiert wurde. Der Grundgedanke bestand darin, den Begriff "komplexe Struktur" mit der Existenz einer vielstufigen Hierarchie räumlicher und/oder zeitlicher Relationen zwischen den Strukturelementen zu verbinden. Im betrachteten Fall sind die Strukturelemente Symbole, d.h. Buchstaben oder Zahlen. Die Relationen entsprechen Korrelationen, die viele (mathematisch gesehen sogar unendlich viele) Skalen umfassen. Als Maß für diese Korrelationen haben wir die bedingten Entropien nach SHANNON bzw. die dynamischen Entropien nach KOLMOGOROV–SINAI und die daraus abgeleitete "Funktion der Maßkomplexität" benutzt. Wenn die Korrelationen eine große Reichweite haben, d.h. wenn sie schwächer als exponentiell abklingen, so sprechen wir "per definitionem" von "komplexen Symbolfolgen". Die Abb. 5.5 zeigt, daß sprachliche Strukturen in diese Kategorie fallen.

5.7 Diskussion der Komplexität natürlicher Symbolfolgen

Aus diesen allgemeinen Betrachtungen hat sich ergeben, daß die Analyse der verallgemeinerten SHANNONschen Entropien eine zentrale Rolle für die Komplexitätsuntersuchung linearer Strukturen bzw. Sequenzen spielt. Wir waren davon ausgegangen, daß lineare Strukturen in der Natur und in der Technik eine wichtige Rolle spielen, insbesondere deshalb, weil die lineare Kodierung in Natur und Technik zwar nicht die einzige, aber wohl doch die zentrale Methode der Verschlüsselung von Informationen ist. Die Diskussion der Entropie und der Komplexität von Sequenzen ist somit kein Randproblem, sondern eine Schlüsselfrage für unser Thema "komplexe Strukturen".

Für dieses Thema war auch von zentraler Bedeutung, daß über die Methode der symbolischen Dynamik Sequenzen eine sehr enge Beziehung zur Dynamik von Prozessen erlangt haben. Wie wir gezeigt haben, kann man die Trajektorie von Prozessen als Folgen von Buchstaben darstellen. Die Buchstaben sind dabei symbolische Bezeichnungen der diskretisierten Zustände. Umgekehrt können Sequenzen von Buchstaben über einem Alphabet $C_1, \ldots, C_\lambda$ auch immer als Prozeß in einem Zustandsraum mit Zuständen interpretiert werden. Somit besteht eine sehr enge Beziehung zwischen Sequenzen und Dynamik. Insbesondere korrespondiert der Charakter eines Prozesses zu dem Ordnungs- bzw. Korrelationszustand der zugeordneten Sequenzen. So entsprechen BERNOULLI–Prozesse einer ganz unkorrelierten (chaotischen) Buchstabenfolge, periodische Prozesse dagegen korrespondieren zu geordneten (periodischen) Buchstabenfolgen. MARKOV-Prozesse erzeugen Sequenzen mit einer kurzreichweitigen Teilordnung.

Wir konnten zeigen, daß auf der Grenze zwischen Ordnung und Chaos der Fall einer ausgeprägten langreichweitigen Ordnung existiert. Dafür wurde oben eine mathematische Definition gegeben, die sich auf das Verhalten der FMC, der "Funktion der Maßkomplexität", stützt. Wenn diese Funktion hinreichend langsam abklingt (schwächer als exponentiell), so sprechen wir "per definitionem" von einer komplexen Struktur. Solche Strukturen sind durch langreichweitige Korrelationen gekennzeichnet. Diese Korrelationen können entweder rein struktureller (räumlicher) Natur sein, sie können aber auch, wenn wir eine unterliegende Dynamik im Auge haben, einem "historischen Charakter" entsprechen. "Historisch" heißt in diesem Zusammenhang, daß die Determination auch Korrelationen zu einer frühen Vergangenheit einschließt.

Künstlich generierte Sequenzen, die in diesem Sinne komplex sind, haben wir bereits im 4. Kapitel vorgestellt: Neben quasiperiodischen Sequenzen gehören dazu die FIBONACCI-Folgen, die wir im Kapitel 4 und im Abschnitt

5.4 analysiert haben, die FEIGENBAUM-Folge und die SZEPFALUZY- Folgen. Alle diese Folgen sind im Sinne der mathematische Definition des Begriffes "komplexe Folgen".

Auch die im letzten Abschnitt untersuchten Beispiele "natürlicher" Sequenzen entsprechen dieser Definition. So konnten wir zeigen, daß die bedingte Entropie von Texten mit einiger Wahrscheinlichkeit nach einem Wurzelgesetz $n^{-0.5}$ abfällt, während Notenfolgen eher einem n^{-1}-Abfall entsprechen. Damit erweisen sich Text- und Notenfolgen auch in formaler Hinsicht als komplex. Da a priori wohl nicht der geringste Zweifel an der Komplexität von Texten und Musikstücken besteht, muß man diesen Befund wohl eher in dem Sinne interpretieren, daß unsere formale Komplexitätsdefinition auch bei Anwendung auf natürliche Sequenzen vernünftige Resultate liefert.

Es mag sinnvoll sein, hier noch einmal unseren Standpunkt zu wiederholen, daß Komplexität viele Gesichter hat. Deshalb erhebt unsere Definition keinesfalls den Anspruch, die einzig mögliche zu sein. Neben vielen alternativen Ansätzen, die wir im 1. Kapitel erläutert haben, gibt es auch in neuester Zeit immer wieder interessante neue Vorschläge; so erwähnen wir zum Beispiel das neue Komplexitätsmaß von SHINER, DAVISON und LANDSBERG (SHINER ET AL., 1997), das auf dem Unordnungsmaß von LANDSBERG (1994) beruht.

Es hat auch zahlreiche Versuche gegeben, Komplexität (oder Sprachähnlichkeit) mit Potenzgesetzen der ZIPF-Verteilung ranggeordneter Häufigkeiten zu verknüpfen. Solche Versuche führen auf verschiedene mathematische Probleme, dazu zählen: (i) das Theorem von MCMILLAN und KHINCHIN (KHINCHIN, 1957B), das zwingend auf kastenförmige asymptotische Verteilungen führt (vgl. Kapitel 4), (ii) die bekannten Zusammenhänge zwischen Ranking und der Struktur von Wahrscheinlichkeitsverteilungen (GÜNTHER et al., 1996), (iii) der Nachweis, daß Potenzgesetze ranggeordneter Verteilungen keinen Nachweis langer Korrelationen darstellen (TROLL & GRABEN, 1997).

Diese Forschungsrichtungen haben wir hier nicht weiterverfolgt. Wir betrachten den Abfall der bedingten Entropien nach einem Potenzgesetz als einen sicheren Nachweis langer Korrelationen und haben deshalb die Entropieanalyse für Komplexitätsuntersuchungen favorisiert.

Die nun folgende Diskussion soll der Frage gewidmet sein, welcher Art die gefundenen langen Korrelationen sind und welche Schlußfolgerungen sich daraus ergeben. Formal gesehen ist die wichtigste Ursache der langreichweitigen

5.7 Diskussion der Komplexität natürlicher Symbolfolgen

Korrelationen, daß längere Buchstabenfolgen mit einer viel kleineren Häufigkeit vorkommen, als rein statistisch aufgrund der Buchstabenhäufigkeiten zu erwarten wäre. Die Korrelationen drücken im genetischen Zusammenhang das Resultat von Selektionsprozessen aus. Selektion bedeutet formal auch, daß die Wörter der Länge n nicht mehr alle mit gleicher Wahrscheinlichkeit vorkommen. Nach dem E–Theorem von MCMILLAN und KHINCHIN wird die Anzahl der häufigen Wörter durch die Entropie bestimmt, und es gilt:

$$N_n^* = \lambda^{H_n}. \tag{5.75}$$

Mit den obigen Resultaten (5.68) bzw. (5.69) für H_n für Texte folgt somit

$$N_n^* = C\lambda^{nh+g\sqrt{n}}. \tag{5.76}$$

Das ist ein sogenanntes *gestrecktes exponentielles Wachstumsgesetz*. Es wird gestreckt genannt, weil das Wachstum viel langsamer erfolgt, als es einem normalen Exponentialgesetz entsprechen würde. Für den Fall von Musik-Stücken (kodiert als Notenfolgen) wächst die Zahl der verschiedenen Worte (Motive) wesentlich langsamer mit der Wortlänge an. Es gilt nämlich nach (5.75) und (5.72)

$$N_n^* = C\,n^2. \tag{5.77}$$

Unter der Voraussetzung, daß $h \ll 1$ gilt, folgt in beiden Fällen

$$N_n^* \ll \lambda^n. \tag{5.78}$$

Mit anderen Worten, beim Schreiben von Texten oder Musikstücken wird nur ein sehr geringer Teil der kombinatorisch möglichen Fälle ausgeschöpft. Es findet eine sehr scharfe Selektion unter den kombinatorischen Möglichkeiten statt.

Die Entropie erweist sich als ein allgemeines Maß für die Schärfe der Selektion, die zur Auswahl von informationstragenden Sequenzen geführt hat. Der genaue Wert von der Entropie der Quelle h ist heute noch nicht bekannt. Für Texte und Musikstücke haben wir geschätzt, daß er bei 1–10% des maximal möglichen Wertes liegt.

Für die deutsche Sprache hat KÜPFMÜLLER bereits 1954 den Wert der Entropie geschätzt zu

$$h \approx 1.3 \text{ bit}. \tag{5.79}$$

204 5 Entropie und Komplexität natürlicher Sequenzen

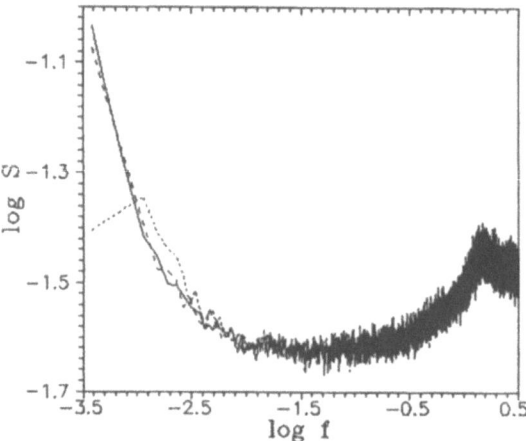

Abb. 5.6 Das FOURIER-Spektrum von "Moby Dick". In der logarithmischen Darstellung entricht das $1/f$-Spektrum einer Geraden bei kleinen Frequenzen. Wenn man den Text auf der Satzebene schüttelt, verringert sich die Steigung (gestrichelte Kurve). Wenn man auf der Wort-Ebene schüttelt, so verschwindet der $1/f$- Beitrag (punktierte Kurve)

Nach HILBERGS Untersuchungen, die durch unsere eigenen Befunde bestätigt werden, ist ein viel kleinerer Wert $h \approx 0.01 - 0.1$ in Verbindung mit einem sehr schwachen Abklingen nach einem Wurzelgesetz wahrscheinlicher. Durch die Potenzgesetze (5.68) bzw. (5.69) wird die Existenz von Korrelationen auf allen Skalen ausgedrückt (SCHROEDER, 1991).

Man kann übrigens ein langsames Abklingen von Korrelationen auch anhand normaler Zweipunkt-Korrelations-Funktionen bzw. deren FOURIER-Transformationen studieren (vgl. Abschnitt 4.4) (SCHROEDER, 1991). Lange Korrelationen zeigen sich dann ebenfalls in einem unter-exponentiellen (meist potenzartigen) Abklingen der Korrelationen, das zu einem speziellen Verhalten der FOURIER-Transformierten bei kleinen Frequenzen führt (ANISHCHENKO et al., 1994; STANLEY et al., 1995). Man spricht in diesem Zusammenhang auch vom $1/f$-Rauschen. Ein Beispiel für das FOURIER-Spektrum eines Textes zeigt die Abbildung 5.6. nach EBELING & NEIMAN (1995c).

Auch über die Entropie von Musik sind heute noch keine endgültigen Aussagen möglich (JAGLOM & JAGLOM, 1984). Wir erinnern daran, daß Musik von uns formal als eindimensionale Notenfolge aufgefaßt wurde. Diese

5.7 Diskussion der Komplexität natürlicher Symbolfolgen

Annahme ist natürlich eine extreme Vereinfachung, die aber für das hier untersuchte Problem der Existenz sehr weitreichender Korrelationen nicht von essentieller Bedeutung sein sollte.

In den klassischen Untersuchungen von PINKERTON (1956) wurde Musik aus einem Kinderliederbuch auf eine Folge von 7 Noten aus einer einzigen Oktave (*do, re, mi, fa, sol, la, si*) und dem Zeichen "*O*" für "Halten der Note" abgebildet. Der musikalische Text wurde als Folge von Achtelnoten geschrieben. In unserer Untersuchung wurde eine Beethovensonate ebenfalls als Folge von Achtelnoten kodiert. Dabei wurde zunächst ein stark reduziertes Alphabet mit nur 3 Buchstaben (Auf, Ab und Halten bzw. Pause) und später auch ein Alphabet mit 32 Buchstaben (2 1/2 Oktaven, Pause und Halten eines Tones) benutzt. Die in den Gleichungen (5.72) und (5.77) zusammengefaßten Resultate lassen den Schluß auf weitreichende Korrelationen auch in Tonfolgen zu. Mit anderen Worten, auch Musik (zumindest gute Musik) ist auf der Grenze zwischen Chaos und Ordnung angesiedelt.

Wenn die oben dargestellten Schlußfolgerungen über die Struktur von Texten und Musikstücken zutreffen sollten, so kann darin eine Bestätigung für BIRKHOFFs Theorie ästhetischer Werte gesehen werden, auf die wir auch im folgenden Kapitel eingehen werden. Nach BIRKHOFF ist ein Kunstwerk nur dann schön und interessant, wenn es weder zu regulär und vorhersagbar, noch zu sehr mit Überraschungen gespickt ist (SCHROEDER, 1991).

Das zentrale Anliegen der Untersuchungen in diesem Kapitel bestand darin, die Rolle der Entropie für die Charakterisierung von Chaos und Ordnung herauszuarbeiten. Dabei sind wir der Hypothese gefolgt, daß die Klasse der Prozesse, die auf der Grenze zwischen Chaos und Regularität liegt, von besonderem Interesse ist. Um diese These zu beleuchten, haben wir im Detail einfache Modelle für Evolutionsprozesse, Texte, Notenfolgen und andere natürliche Sequenzen untersucht und hier in der Tat Hinweise auf die Existenz langer Korrelationen gefunden.

6 Quantitative Ästhetik

6.1 Naturwissenschaft und Ästhetik: Fünf Standpunkte

Es ist eine weitverbreitete Meinung, daß Ästhetik auf der einen Seite und Mathematik/Naturwissenschaften auf der anderen Seite durchschnittsfremd sind. Der gesunde Menschenverstand sträubt sich gewissermaßen dagegen, eine tiefere Beziehung zwischen einem Gemälde oder einer Symphonie und quantitativen Gesetzen, wie etwa den Maxwellschen Gleichungen, anzuerkennen. Andererseits sind aber Kunstwerke, wie eine Bachfuge, ein Gemälde, ein Bauwerk oder eine Skulptur, vor aller ästhetischer Bedeutung auch physikalische Objekte in ein, zwei oder drei Dimensionen. Damit sind sie auch einer Analyse mit physikalischen Methoden zugänglich. Es wäre natürlich naiv anzunehmen, daß physikalische Charakteristika dieser Objekte wie Länge, Masse, Impuls usw. eine direkte ästhetische Relevanz besäßen. Die Schönheit eines Gemäldes kann nicht anhand seiner Fläche ermittelt werden, auch wenn auf dem Flohmarkt häufig sein Preis danach bemessen wird. Unbestreitbar bestehen aber enge Beziehungen zwischen den Symmetrien, oder besser gesagt den gebrochenen Symmetrien eines künstlerischen Objektes und seiner ästhetischen Beurteilung, wie z.B. WEYL (1952) und CAGLIOTI (1983, 1988) im Detail gezeigt haben.

Interessanterweise gab es besonders in der letzten Hälfte unseres Jahrhunderts auch immer wieder Versuche, eine Verbindung zwischen dem ästhetischen Gehalt von Objekten und Komplexitäts- und Informationsmaßen herzustellen. Wir nehmen dies zum Anlaß, um nach den Ausführungen der vorhergehenden Kapitel zu den Problemen von Komplexität, Entropie, Information und Vorhersagbarkeit abschließend deren Beziehung zu ästhetischen Kriterien zu diskutieren. Dabei gehen wir davon aus, daß eine Verbindung von Mathematik/Naturwissenschaft und Ästhetik, unter Einbeziehung der neueren Theorie der Selbstorganisation und Komplexität, zumindest einen sinnvollen, möglicherweise einen fruchtbaren Ansatz darstellt (NIEDERSEN & SCHWEITZER, 1993).

6.1 Naturwissenschaft und Ästhetik: Fünf Standpunkte

Hier tritt uns zunächst ein Rechtfertigungsproblem entgegen: Warum sollte es im Rahmen einer mathematisch-naturwissenschaftlichen Theorie überhaupt möglich sein, Aussagen über das Ästhetische zu machen? Wollte nicht KANT in seiner "Kritik der Urteilskraft" (1790) das Schöne vom Erkenntnisurteil unter Führung des Verstandes abkoppeln und es allein durch das ästhetische Urteil des wahrnehmenden Subjekts bestimmt sehen? Wie läßt sich eine objektive Erkenntnis mit der gleichzeitigen subjektiven ästhetischen Beurteilung vereinbaren? Können zwei Welten, die durch KANTS Kritik scheinbar so verbindlich voneinander geschieden sind, ohne weiteres miteinander verbunden werden? Zu diesen Fragen gibt es zur Zeit noch keinen breiten Konsens, wir wollen daher die Hauptrichtungen der Diskussion in den folgenden fünf Standpunkten zusammenfassen (SCHWEITZER, 1993):

Der *erste* Standpunkt erklärt das Schöne - ungeachtet der Kantschen Kritik - zum ontologischen Prinzip, es ist eine Eigenschaft der uns umgebenden Dinge. Dann sollte eine objektiv vorgehende Mathematik/Naturwissenschaft in der Lage sein, Kriterien für eine ontologische Bestimmung des "Schönen" anzugeben - ein Ansatz, der in den folgenden Abschnitten noch ausführlicher diskutiert werden soll.

Der *zweite* Standpunkt sieht das Schöne - gemäß der Kantschen Kritik - nicht ontologisch, sondern durch das ästhetische Urteil des wahrnehmenden Subjekts bestimmt, betont aber die Frage, ob durch Zuhilfenahme naturwissenschaftlicher Methoden eine natürliche (biologische) Grundlage für das ästhetische Empfinden oder die Beurteilung des Schönen gefunden werden kann.

Bei der Antwort auf die Frage nach biologischen Grundlagen für ästhetisches Empfinden konzentriert sich die Forschung heute einerseits auf die Rolle der Wahrnehmung, die essentiell von den biologischen Voraussetzungen bestimmt wird, andererseits auf die Rolle der Konstruktion beim Zustandekommen sinnlicher Eindrücke und mentaler Einsichten. Ein solcher Zugang zur Ästhetik knüpft an die Begriffsbestimmung durch A.G. BAUMGARTEN an, der 1758 *aestetica* als Wahrnehmungslehre einführte: der Begriff umfaßt sowohl das griechische *aisthetos* (wahrnehmbar) als auch *aisteticos* (der Wahrnehmung fähig) (SCHWEITZER, 1994). Das Verständnis des "Schönen" unter Einbeziehung biologischer Aspekte im weitesten Sinne untersucht beispielsweise die erst im Aufbau begriffene *Neuroästhetik*, indem sie Erkenntnisse der Verhaltens- und der Evolutionsbiologie mit denen der Hirnphysiologie, der Psychologie und der Informationsverarbeitung verbindet (RENTSCHLER *et al.*, 1988).

Die Selbstorganisationstheorie in ihrer biologisch-kognitiven Ausrichtung bietet demgegenüber einen konstruktivistischen Erklärungsansatz für das Schöne als Emergenzphänomen (STADLER, KRUSE, 1992), das sich durch Konstruktion auf der Grundlage von Selbstreferentialität und Rekursivität ergibt. Das "ästhetische Vermögen" des Subjekts ließe sich in diesem Rahmen verstehen als die Fähigkeit, distinkte Wahrnehmungen nach selbstreferentiellen Maßstäben zu integrieren, als Einheit zu konstruieren und Schönheit als emergente Eigenschaft dieser Einheit individuell zu erleben. Das Schöne bleibt somit als subjektives Ereignis bestehen, aber auch seiner Intersubjektivität wird Rechnung getragen.

Der *dritte* Standpunkt negiert die beiden vorhergehenden und grenzt die Ästhetik von der Mathematik/Naturwissenschaft ab: Das Schöne ist weder auf dem Umweg einer rein naturwissenschaftlichen, noch einer konstruktivistischen Analyse reduzierbar; es unterliegt einer Eigengesetzlichkeit und bedarf zu seiner Bestimmung einer eigenen Begrifflichkeit im Rahmen der Ästhetik.

Im Rahmen einer Komplexitätstheorie könnte dann allenfalls versucht werden, die Konzeptualisierung der Ästhetik zu beschreiben, indem beispielsweise relativ stabile Zustände ästhetischer Erfahrung mit Attraktoren in Beziehung gesetzt, Stilpluralität mit Multistabilität assoziiert und Veränderungen als Phasenübergänge aufgefaßt werden. Einen solchen Weg weiter zu verfolgen, ist allerdings nicht unser Anliegen.

Der *vierte* Standpunkt sieht die Verbindung von Naturwissenschaft und Ästhetik als eine zwangsläufige: Im Mittelpunkt steht hier allerdings nicht die naturwissenschaftliche Fundierung der Ästhetik, wie sie im ersten oder zweiten Standpunkt von jeweils verschiedenen Seiten aus angestrebt wird, sondern die Kardinalfrage wird umgekehrt in der ästhetischen Fundierung der Wissenschaft, nicht allein der Naturwissenschaft, gesehen.

Hier geht es unter anderem um die Rolle, die Ästhetik als heuristisches Leitmotiv in der Naturwissenschaft spielt - auch wenn diese Rolle im wissenschaftlichen Selbstbild vielleicht nicht so offensichtlich wird. Immerhin weist M. S. LONGAIR (1984) in seiner Einführung in die theoretische Physik seine Studenten auf die Leitfunktion der Intuition und der Ästhetik bei der wissenschaftlichen Theorienbildung hin.

Dafür lassen sich auch in der neueren Physikgeschichte zahlreiche Beispiele finden: So sagt DIRAC (1977) über SCHRÖDINGER und sich: "It was a sort of act of faith with us that any equations which describe fundamental

6.1 Naturwissenschaft und Ästhetik: Fünf Standpunkte

laws of Nature must have great mathematical beauty in them. It was a very provitable religion to hold and can be considered as the basis of much of our success." PEITGEN & RICHTER (1986) zitieren HERMANN WEYL mit den Worten: "My work has always tried to unite the true with the beautiful and when I had to choose one or the other I usally chose the beautiful." Der Nobelpreisträger CHANDRASEKHAR (1987) führt die Ästhetik als zentrales Moment bei der Konstituierung wissenschaftlicher Theorien, wie der Allgemeinen Relativitätstheorie, heran (vgl. auch CHANDRASEKHAR, 1979). Schließlich hat auch HEISENBERG (1985) sich mit der Bedeutung des Schönen in der exakten Naturwissenschaft befaßt, auf diesen Aspekt können wir hier allerdings nicht weiter eingehen (vgl. SMORODINSKI, 1993).

Die Wissenschaft wird unter diesem Blickwinkel als eine besondere Form von Kunst betrachtet (FEYERABEND, 1984): sie kreiert nicht nur eine spezifische Wirklichkeit, was dem konstruktivistischen Verständnis ohnehin entspricht, sondern sie bedient sich dabei ästhetischer Maßstäbe (SCHWEITZER, 1994), ja sie ist selbst in ihren Grundfiktionen durch und durch ästhetisch verfaßt (WELSCH, 1991).

Der *fünfte* Standpunkt betont in der Beziehung von Naturwissenschaft und Ästhetik vor allem die Tatsache, daß die moderne Naturwissenschaft - zum Beispiel in der Chaostheorie oder bei der Untersuchung chemischer Reaktions-Diffusions-Systeme - das Ästhetische nicht mehr nur von außen her bestimmt und eingrenzt, sondern in Form von Mustern und Strukturen Ästhetisches gleichsam hervorzubringen vermag. So sind PEITGEN & RICHTER (1986) der Überzeugung: "How could the aesthetic element come alive other than being integrated into the search for mathematical and scientific knowledge?" Durch die neuen Methoden der Visualisierung wird damit das Verhältnis von Wissenschaft und Kunst auf eine neue Basis gestellt. Auch dieser Punkt soll hier nicht weiter diskutiert werden (EILENBERGER, 1986; HOFFMANN, 1992; NIEDERSEN & SCHWEITZER, 1993; SCHWEITZER, 1994).

Die fünf hier angeführten Standpunkte sollen vor allem die Spannbreite verdeutlichen, unter der das Verhältnis von Mathematik/Naturwissenschaft und Ästhetik heute gesehen werden kann und auch tatsächlich diskutiert wird. Wir wollen uns im weiteren darauf beschränken, die mathematisch-naturwissenschaftlichen Möglichkeiten bei der Einführung ästhetischer Maße zu erörtern.

Unser eigener Standpunkt, der auf den Untersuchungen in den vorstehenden fünf Kapiteln basiert, besagt in Kürze: Ästhetische Kriterien sollten den Begriff Komplexität einschließen. Auch das Schöne ist in aller Regel komplex, wenn dieser Begriff in einem vernünftigen Sinne definiert wird (vgl. Kapitel 1 und 5). Allerdings ist das Vorhandensein komplexer Relationen in der Regel nur eine notwendige Bedingung; in keinem Falle ist Komplexität hinreichend für eine Bestimmung des Ästhetischen.

6.2 Versuche einer quantitativen Ästhetik

Die Versuche, das Schöne mit den in der jeweiligen Zeit zur Verfügung stehenden mathematischen und naturwissenschaftlichen Mitteln zu beschreiben, reichen durch die gesamte neuzeitliche Kunst- und Wissenschaftsgeschichte. Da wir hier keinen Abriß darüber geben können, möchten wir, *pars pro toto*, zumindest einige Beispiele erwähnen.

In der Renaissance erlebte die darstellende Geometrie eine neue Blütezeit. In Deutschland war es vor allem der Maler und Graphiker ALBRECHT DÜRER, der mit seinem Geometrie-Lehrbuch *"Unterweysung der messung mit dem zirckel und richtschydt in Linien ebnen unnd gantzen corporen"* von 1525 / 1538 der darstellenden Kunst einen neuen, mathematisch fundierten Rückhalt geben wollte (SCHRÖDER, 1980). Auch seine Proportionslehre des menschlichen Körpers ist in diesem Zusammenhang zu nennen.

Auch GOETHE ging bei seinem Versuch, Gesetze und Regeln für das Kolorit in der Malerei zu finden, zunächst von der Überzeugung aus, daß dazu eine naturwissenschaftliche Fundierung nötig sei: "Ich hatte nämlich zuletzt eingesehen, daß man den Farben, als physischen Erscheinungen, erst von der Seite der Natur beikommen müsse, wenn man in Absicht auf die Kunst etwas über sie gewinnen wolle" (GOETHE, 1810). GOETHE hatte 1790, am Beginn seiner Studien, tatsächlich die Hoffnung, daß die optische Theorie NEWTONS den naturwissenschaftlichen Hintergrund seiner Farbenlehre liefern könne - auch wenn sich die GOETHEsche Farbenlehre schließlich in absoluten Gegensatz zur NEWTONschen Optik stellte (SCHWEITZER, 1998B).

GUSTAV THEODOR FECHNER (1876) begann, durch Methoden der experimentellen Psychologie eine quantitative Grundlage für ästhetisches Urteilen zu schaffen. So stellte er das "Princip des ästhetischen Contrastes" auf;

6.2 Versuche einer quantitativen Ästhetik

auch entwarf er "verschiedene Versuche, eine Grundform der Schönheit aufzustellen". Beispielsweise ließ er im Rahmen psycho-physiologischer Untersuchungen Rechtecke von Personen beurteilen, um das "schönste Rechteck" herauszufinden. Im Ergebnis wurde das Rechteck als das schönste bezeichnet, dessen Seiten im Verhältnis des Goldenen Schnitts standen. Frühere Arbeiten beschäftigten sich ebenfalls mit Psychophysik (FECHNER, 1860) und mit "experimenteller Ästhetik" (FECHNER, 1871).

WILHELM OSTWALD entwickelte neben einer eigenständigen Farbenlehre auch eine Theorie des Schönen, die er *Kalik* nannte (OSTWALD, 1993). Damit wollte er einen Gegensatz zur "bisherigen vorwiegend mystischen Ästhetik" schaffen und nicht nur die Kunst, sondern auch die Schönheit auf rational einsichtige, wissenschaftlich quantifizierbare Zusammenhänge zurückführen: "Der Gegensatz, um den es sich handelt, ist die Auffassung der Kunst als einer Technik oder angewandten Wissenschaft ähnlich dem Maschinenbau oder der Medizin."

Neben diesen Ansätzen hat es auch zahlreiche Versuche gegeben, die Beziehungen zwischen Ästhetik und Symmetrie mit mathematisch-naturwissenschaftlichen Mitteln zu erforschen. Ein Beispiel dafür ist das hervorragende Buch von WEYL (1952), in dem eine direkte Beziehung zwischen Symmetrie und Harmonie hergestellt wird. Diese Idee geht allerdings schon auf KEPLERS "Harmonia Mundi" zurück, dessen Harmonien der Planeten von HINDEMITH in der Symphonie "Harmonie der Welt" vertont wurden (DANILOV, 1980). Es ist auch gut bekannt, daß sich verschiedene Künstler in ihrem Schaffen ganz bewußt mathematisch-naturwissenschaftlicher Methoden bedient haben. Wir erinnern an LEONARDO DA VINCI, an BACH oder an ESCHER. THOMAS MANN hat in seinem Roman *Doktor Faustus* den Schaffensprozeß eines Tonkünstlers, Adrian Leverkühn, beschrieben, der sich auf mathematische Methoden stützt.

In all diesen Beispielen deutet sich an, daß es trotz der divergierenden Entwicklung, die die "zwei Kulturen" in den letzten einhundertfünfzig Jahren genommen haben, wechselseitige Beziehungen zwischen Wissenschaft und Kunst gibt. Eine neue Verbindung von Mathematik/Naturwissenschaft und Ästhetik eröffnet vielleicht die Möglichkeit, diese Kulturen auf einer "höheren" Ebene wieder zusammenzuführen. Diese Hoffnung hat sich vor allem durch die neuere Komplexitäts- und Selbstorganisationstheorie verstärkt, und in der Tat hat sich in der Neuzeit keine andere aus der Naturwissenschaft hervorgegangene Theorie so intensiv mit Problemen der Ästhetik und der Kunst beschäftigt (NIEDERSEN & SCHWEITZER, 1993).

212   6 Quantitative Ästhetik

Die Anerkennung einer irreduziblen Komplexität der Wirklichkeit, die zum neuen Selbstverständnis der Wissenschaft gehört, ist auch die Voraussetzung für einen neuen Dialog zwischen den zwei Kulturen. So schreiben PRIGOGINE & PAHAUT (1985): "Von nun an wird es wieder möglich, einen neuen Dialog zwischen den verschiedenen Bereichen der modernen Kultur zu schaffen. Die Wissenschaft beschäftigt sich wieder mit Themen, die die Künstler lange Zeit für unvereinbar mit deren Vorgehen hielten."

Damit eröffnet sich auch ein neuer Blick auf die enge Beziehung zwischen natürlichen und künstlerischen Produktionen. Die Natur wird philosophisch wieder eher mit einem Kunstwerk verglichen: "Jede große Epoche der Wissenschaft hat ein bestimmtes Modell der Natur entwickelt. Für die klassische Wissenschaft war es die Uhr, für die Wissenschaft des 19. Jahrhunderts, die Epoche der industriellen Revolution, war es ein Motor, der irgendwann nicht mehr weiterläuft. Was könnte für uns das Symbol sein? Wir stehen vielleicht den Vorstellungen Platons näher, der die Natur mit einem Kunstwerk verglich"(PRIGOGINE & STENGERS, 1990). Entsprechend wird auch eine Verwandschaft zwischen künstlerischen und natürlichen Schaffensprinzipien konstatiert.

G. NICOLIS (1985), beispielsweise, stellt fest, "daß die Formen und Rhythmen im Universum des Künstlers in Wirklichkeit tief in den Naturgesetzen verankert sind". Er betont selbstverständlich einschränkend: "Natürlich liegt mir der Gedanke fern, die künstlerische Kreativität auf eine chemische Reaktion zurückführen zu wollen, auch wenn sie so komplex ist wie die Belousow-Zhabotinski-Reaktion!"(NICOLIS, 1985) – aber warum sollte die Kunst, zumindest bei der Bestimmung des Ästhetischen, nicht trotzdem von den neuen Einsichten der Naturwissenschaft profitieren können? "Zusammenfassend kann man sagen, daß die Dynamik im Phasenraum neue Formen einführt, die abstrakter sind als die Formen im gewöhnlichen Raum der euklidischen Geometrie, die aber genauso vielfältig und unterschiedlich sein können. Sie könnten den Ausgangspunkt für eine neue Ästhetik bilden, die den engen Zusammenhang zwischen Formen, die aus natürlichen Phänomenen entstanden sind, und Formen, die im Universum des Künstlers dargestellt werden, noch deutlicher beweist"(NICOLIS, 1985).

Damit scheint sich eine neue Konvergenz zwischen Naturwissenschaft, Kunst und Ästhetik anzudeuten. Begründet wird sie mit den allgemeinen Gesetzmäßigkeiten, die bei der Entstehung von Komplexität eine Rolle spielen und die den Handlungsspielraum auch der Kunst eingrenzen. In den folgenden Abschnitten werden wir versuchen, die ästhetische Relevanz dieser

Gesetzmäßigkeiten an einigen Beispielen aufzuzeigen. Dabei wird die Informationstheorie auch aus wissenschaftshistorischer Sicht eine besondere Rolle spielen.

6.3 Birkhoffs mathematische Theorie der Ästhetik

Am Anfang der Entwicklungen, die zu einer Verbindung von Informationstheorie und Ästhetik führten, standen die Arbeiten des Mathematikers G.D. BIRKHOFF (1931, 1932) "A Mathematical Approach to Aestetics" und "A Mathematical Theory of Aesthetics", wobei in der zweiten Arbeit vor allem die Ästhetik musikalischer Kompositionen im Mittelpunkt steht. BIRKHOFFs Grundgedanke besteht darin, daß ästhetisches Empfinden sowohl durch Ordnung als auch durch Unordnung gesteigert werden kann. Dabei kommt es auf die richtige Mischung an, da wir weder vollständig reguläre, noch vollständig irreguläre Strukturen als schön empfinden. Diesem Kerngedanken von BIRKHOFF möchten wir sehr zustimmen, denn er trifft sich mit den in Kapitel 1 und 5 entwickelten Auffassungen. Die konkreten mathematischen Ansätze, die BIRKHOFF zur Bestimmung ästhetischer Kriterien eingeführt hat, sehen wir allerdings nur als eine von vielen Möglichkeiten an, die aber durchaus Interesse verdient.

BIRKHOFFs mathematische Ansätze werden von GUNZENHÄUSER (1975) ausführlich diskutiert: "Für BIRKHOFF ist das Fundamentalproblem der ästhetischen Wahrnehmung sehr eng gefaßt: Man untersuche alle 'auffindbaren ästhetischen Faktoren' einer Klasse (ästhetischer) Objekte und lege die (relative) Bedeutung dieser Invarianten dadurch fest, daß man ihnen gewisse Zahlenwerte zuordnet. Diese Zahlenwerte, die sich damit auf verschiedene Merkmale der betrachteten Objekte beziehen, gestatten dann einfache numerische Vergleiche der Objekte innerhalb bestimmter Klassen. Das Problem liegt im Auffinden und Definieren geeigneter ästhetischer Faktoren. In der BIRKHOFFschen Theorie können nur solche Invarianzen berücksichtigt werden, die sich auf die Form der (ästhetischen) Objekte in einem allgemeinen Sinne beziehen."

Für BIRKHOFF ist das ästhetische Empfinden bei der Wahrnehmung von Objekten bestimmt durch drei Größen, die er als Ordnung O, Komplexität C und ästhetisches Maß M bezeichnet: "The typical aesthetic experience can be regarded as compounded of three successive phases: 1) a preliminary effort of attention, which is necessary for the act of perception, and which increases in proportion to what we shall call the *complexity* (C) of the object; 2) the feeling of value or *aesthetic measure* (M) which rewards this effort, and finally 3) a realization that the object is characterized by a certain harmony, symmetry, or *order* (O), more or less concealed, which seems to be necessary for the aesthetic effort. (...) If our analysis be correct, it is the intuitive estimate of the amount of order O inherent in the aesthetic object, as compared with its complexity C, from which arises the complex feeling of the realtive aesthetic value" (BIRKHOFF, 1931).

Die Komplexität C ist ein Maß für die "Gesamtheit der Merkmale des wahrgenommenen Objektes". In der sinnlichen Wahrnehmung wird diese Komplexität erfahrbar als Anstrengung der Sinnestätigkeit des Betrachters. Numerisch wird C bestimmt durch die Zeichenmenge, aus der das Objekt besteht, also bei gesprochenen Gedichten aus der Zahl der Silben bzw. Phoneme, beim Hören von Musik durch die Zahl der Töne usw.

O repräsentiert die (mehr oder weniger verborgene) *Ordnung* eines Objektes, die für BIRKHOFF als notwendige Bedingung für das Auftreten eines "Gefühls des Gefallens am ästhetischen Objekt" angesehen wird. Diese Ordnung wird durch verschiedene Ordnungselemente, wie Symmetrien in graphischen Objekten, oder Reime bei Gedichten, ausgedrückt.

Unter der Annahme, daß M, O und C meßbare Größen seien, definiert BIRKHOFF das ästhetische Maß M formal als Quotienten von O und C:

$$M = \frac{O}{C}. \tag{6.1}$$

Das ästhetische Maß M, das das "Gefühl des Gefallens" ausdrücken soll, ist in seiner funktionalen Abhängigkeit von der Ordnung bzw. der Komplexität postuliert. Nach BIRKHOFF reduziert die Komplexität das ästhetische Maß, während es durch Ordnung erhöht wird. Weiterhin wird deutlich, daß es für ein bestimmtes ästhetisches Maß eine Fülle von Realisierungsmöglichkeiten hinsichtlich der Komplexität und Ordnung gibt. Objekte mit einfacher Komplexität und Ordnung können das gleiche "Gefühl des Gefallens" hervorrufen wie sehr komplexe Objekte entsprechender Ordnung, auch wenn letztere bedeutend schwerer zu quantifizieren sind.

BIRKHOFF selbst hat sein ästhetisches Maß unter anderem auf einfache geometrische Objekte angewandt. Um den Ansatz zu illustrieren, wollen wir

6.3 Birkhoffs mathematische Theorie der Ästhetik 215

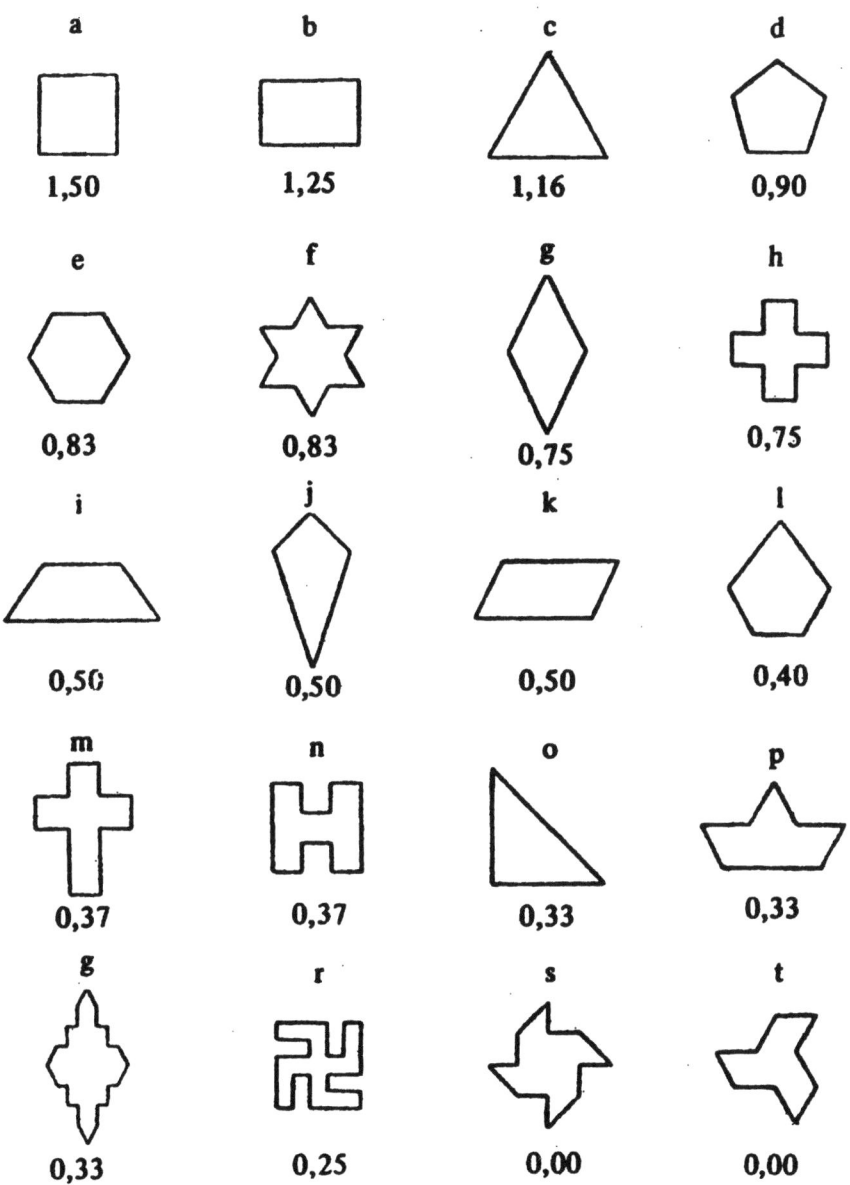

Abb. 6.1 Ausgewählte Polygone mit Angabe des ästhetischen Maßes (nach BIRKHOFF (1929), aus: GUNZENHÄUSER, (1975), S. 35)

das Beispiel der Polygone herausgreifen. Hier wird das ästhetische Maß M folgendermaßen berechnet:

$$M = \frac{V + E + R + HV + (-F)}{C}. \tag{6.2}$$

Die Komplexität C bestimmt BIRKHOFF im Fall der Polygone als die kleinste Anzahl derjenigen Geraden, auf denen sämtliche Polygonseiten liegen. Das Ordnungsmaß O ergibt sich additiv aus den Maßzahlen fünf verschiedener Ordnungselemente, die BIRKHOFF für wesentlich hält: vertikale Achsensymmetrie (V), Gleichgewicht (E), Rotationssymmetrie (R), Horizontal-Vertikal-Ausrichtung (HV) und "allgemeine Form" (F). "Nach BIRKHOFF hat ein Polygon dann eine 'erfreuliche Form', wenn jeder von seinem Zentrum ausgehende Strahl die Begrenzung der Form nur einmal schneidet oder wenn jede beliebige horizontale oder vertikale Gerade diese Begrenzungslinie in höchstens zwei Punkten schneidet. Ist mindestens eine dieser Bedingungen erfüllt, so setzt man F=0, sonst aber F=2" (GUNZENHÄUSER, 1975). Auch für die anderen Größen werden ähnliche "Meßvorschriften" angegeben, ohne daß wir hier darauf eingehen wollen. Abb. 6.1 zeigt eine Anzahl von Polygonen, die von BIRKHOFF entsprechend ihres jeweiligen ästhetischen Maßes angeordnet wurden.

Ein anderer Anwendungsfall betrifft die Form von Vasen. Hier sah BIRKHOFF auch eine praktische Möglichkeit, um Vasenformen mit hohem ästhetischem Maß zu konstruieren (siehe Abb. 6.2).

BIRKHOFF (1931) hat sich selbst über die Problematik der Quantifizierbarkeit und über den Gültigkeitsbereich seiner Formel (6.1) kritisch geäußert: "Complete quantitative determination of these variables will only be attempted for certain typical classes of objects of extreme simplicity; it will be shown however that the analysis of these simple cases throws much light on the complex cases which are more interesting from the artistic point of view."

Die Probleme, die mit einer quantitativen Analyse des ästhetischen Maßes (6.1) verbunden sind, betreffen vor allem die Operationalisierbarkeit. Es gibt es keine klar begründbare Methodik zur Bestimmung dessen, was in einem ästhetischen Objekt als Ordnung oder Komplexität bezeichnet werden soll. Insbesondere bleibt es problematisch, wie die Elementenmenge, aus denen ein Objekt konstituiert wird, ausgewählt und quantifiziert werden soll. Hier sind auch Aspekte der Wahrnehmung, der Superzeichen-Bildung

Abb. 6.2 Vasenform mit ästhetischem Maß $M = 1$ nach BIRKHOFF (aus: GUNZENHÄUSER, (1975), S. 43)

und des Lernens zu berücksichtigen, ebenso Faktoren, wie die *Originalität* (oder Seltenheit) der Objekte.

Trotz dieser Schwierigkeiten haben sich die grundlegenden Überlegungen BIRKHOFFS zur Ästhetik der Folgezeit als anregend erwiesen, zum Beispiel in Bereichen, die mit klar gegliederten geometrischen Formen zu tun haben, wie etwa der Architektur (GRÜTTER, 1987).

6.4 Statistische Analysen von Sprache und Stil

Bereits BIRKHOFF (1932) hat seine Theorie auf die Musikalität lyrischer Dichtung angewandt, und er entwickelte auch eine rund 100 Druckseiten umfassende numerische Ästhetik musikalischer Kompositionen. Auch SHANNON (1951) wandte in seiner fundamentalen Arbeit "Prediction und Entropy of Printed English" das Konzept der Informationsentropie auf literarische Produktionen an. Diese Untersuchungen wurden von WILHELM FUCKS in den 50er und 60er Jahren zu einer mathematischen Analyse von Sprachelementen, Sprachstil und Sprachen (FUCKS, 1953) sowie zu einer Analyse von Formalstrukturen der Musik (FUCKS, 1958, 1963) erweitert (vgl. auch FUCKS, 1957, 1968, sowie FUCKS, LAUTER, 1965).

Ausgangspunkt der Arbeiten von FUCKS ist eine statistische Analyse, beispielsweise von Silben, Wort- und Satzlängen, Wortzahl pro Satz usw. in Texten oder von Tonhöhen, Tondauern und Intervallen in der Musik. Es werden Häufigkeitsverteilungen, Korrelationen und Informationsentropien berechnet. Im Ergebnis findet FUCKS signifikante Unterschiede zwischen einzelnen Autoren bzw. Komponisten, aber auch zwischen Stilepochen. Ebenso ließ sich der Stil von Dichtern im Vergleich zu Schriftstellern quantifizieren oder der von Literaten im Vergleich zu Wissenschaftlern. Auch Unterschiede zwischen Vertretern verschiedener Sprachen wurden quantitativ erfaßt.

Das von FUCKS untersuchte Material und die Analysen sind sehr umfangreich und sicher einer erneuten Rezeption wert; deshalb wollen wir hier einige Beispiele angeben, wobei wir uns auf Texte beschränken. Bei der Analyse der Formalstrukturen von Texten geht FUCKS (1968) von einem abstrakten Stil-Verständnis aus: "Unter Stil wollen wir sehr allgemein die Gesamtheit aller objektiv erfaßbaren Eigenschaften eines Gegenstandes oder einer Handlung verstehen, hier also von literarischen Werken, von Text. Der Stil eines Textes ist teils vom Inhalt, teils von formalen Eigenschaften bestimmt. (...) Für unsere Analyse können wir die formale Struktur eines Textes von seinem Bedeutungsgehalt trennen."

Die Idee, daß literarische Texte sich in gewisser Weise auf der Grenze zwischen Ordnung und Chaos bewegen, hat FUCKS (1968) bei seinen Untersuchungen zum metrischen Gehalt von Texten schon geäußert: "Mathematisch gesehen handelt es sich bei der Metrik um mehr oder minder durchgehaltene Periodizitäten und mehr oder minder kunstvoll konstruierte Symmetrien und Asymmetrien. Absolut streng gebundene Rede ist praktisch unmöglich. Umgekehrt zeigt auch die prosaischste Prosa noch gewisse Reste metrischer Ordnung. Die Texte liegen irgendwo zwischen ganz strenger und ganz regelloser Anordnung metrischer Elemente." Entsprechende Analysen von "Bindungsstärken" und "Anziehungskräften" von Sätzen wurden von FUCKS für die Texte verschiedener Autoren durchgeführt, ohne daß wir hier auf die Details eingehen.

Für uns sind im folgenden die Ausführungen von Interesse, die sich mit der Quantifizierung der Ästhetik unter Verwendung des Entropiebegriffs befassen. FUCKS (1968) teilt die Auffassung anderer quantitativer Ästhetiker, "daß alle Kunstwerke wie jedes zusammengesetzte Ding geordnete Elementenmengen darstellen. (...) Eine exakte Ästhetik muß sich demnach mit zwei Themen befassen: einmal mit der Elementenmenge, die das Kunstwerk konstituiert, und zum anderen mit der Ordnung der Elemente in der Menge.

6.4 Statistische Analysen von Sprache und Stil

(...) Wenn man erst einmal ein Kunstwerk als geordnete Elementenmenge begriffen hat, ist es naheliegend, den Ordnungsgrad der Menge der Elemente formal genauso zu berechnen, wie man in der Physik Entropien berechnet."

FUCKS hat bereits 1953 die Entropie als ein quantitatives Maß für die Stilcharakteristik in die Ästhetik eingeführt, wobei er sich ausschließlich auf die SHANNONsche Informationsentropie stützt, die wir hier nur zur Erinnerung noch einmal angeben:

$$S = k_B H = -k_B \sum_{n=1}^{N} p_n \ln p_n. \qquad (6.3)$$

Die relativen Häufigkeiten p_n wurden für sehr unterschiedliche Charakteristika bestimmt, von denen wir hier nur einige herausgreifen wollen. Eine interessante Stilcharakteristik, die zum Beispiel deutsche und lateinische Autoren deutlich unterscheidet, sind die relativen Häufigkeiten der Silbenzahlen je Wort. Wenn K die Gesamtzahl der Wörter im Text ist und z_n die Zahl der Wörter, die aus n Silben bestehen, dann ergibt sich die relative Häufigkeit als $p_n = z_n/K$. Abb. 6.3 zeigt diese Häufigkeitsverteilungen für vier verschiedene Texte.

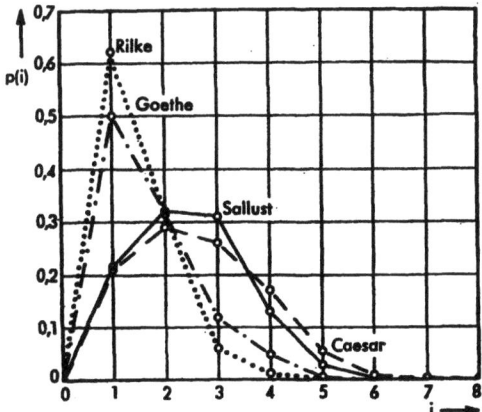

Abb. 6.3 Relative Häufigkeiten p_i der Silbenzahlen je Wort, aufgetragen über der Silbenzahl i je Wort für folgende Werke: *Goethe*: "Wilhelm Meisters Lehr- und Wanderjahre", *Rilke*: "Die Weise von Liebe und Tod des Cornets Christoph Rilke", *Caesar*: "De Bello Gallico", *Sallust*: "Bellum Jugurthinum" (aus: FUCKS (1953), S. 22)

220 6 Quantitative Ästhetik

FUCKS (1953) konnte zeigen, daß sich die relativen Häufigkeiten in Abb. 6.3 durch die POISSON-ähnliche Verteilung:

$$p_n = \frac{e^{-\mu} \mu^{n-1}}{(n-1)!} \quad ; \quad \mu = \bar{n} - 1 \tag{6.4}$$

beschreiben lassen, wenn man den Mittelwert $\bar{n}$ aus der empirisch bestimmten Häufigkeitsverteilung entnimmt.

Da die Unterschiede in Abb. 6.3 offensichtlich sprachbedingt sind, hat FUCKS (1953) eine große Anzahl von literarischen Werken aus neun verschiedenen Sprachen untersucht und daraus die Verteilungen der relativen Häufigkeiten der Silbenzahlen bestimmt. Er findet, daß der Mittelwert μ dieser Verteilungen nur in einem schmalen Bereich

$$1.351 \leq \mu \leq 2.455 \tag{6.5}$$

variiert. Unter Verwendung der empirischen Häufigkeitsverteilungen p_n wurde dann auch die SHANNON-Entropie dieser Sprachen berechnet. Das Ergebnis ist in Abb. 6.4 dargestellt.

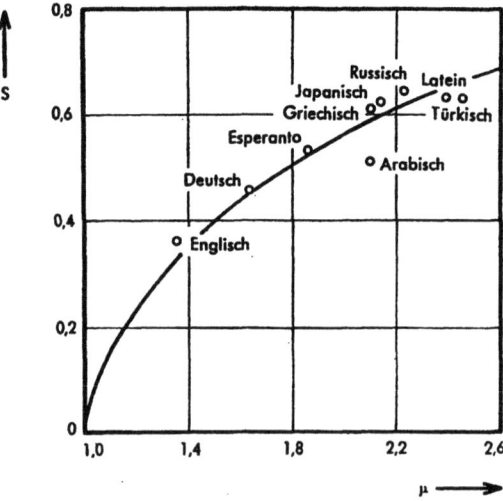

Abb. 6.4 Entropie S (6.3) als Funktion der mittleren Silbenzahl je Wort μ für neun Sprachen. Die ausgezogene Kurve stellt die aus der Verteilung p_n (6.4) berechnete Entropie dar (aus: FUCKS (1953), S. 88)

Die gute Übereinstimmung der theoretischen Kurve mit den auf der Basis natürlicher Texte berechneten Entropien in Abb. 6.4 kommentiert FUCKS (1953) mit den Worten: "Wir dürfen daher wohl unsere theoretische neue Verteilung (6.4) als das allgemeine Gesetz der Bildung von Wörtern aus Silben ansprechen." Die Abweichung beim Arabischen wird mit der geringen Zahl untersuchter Werke und deren Zugehörigkeit zur gleichen Literaturgattung erklärt.

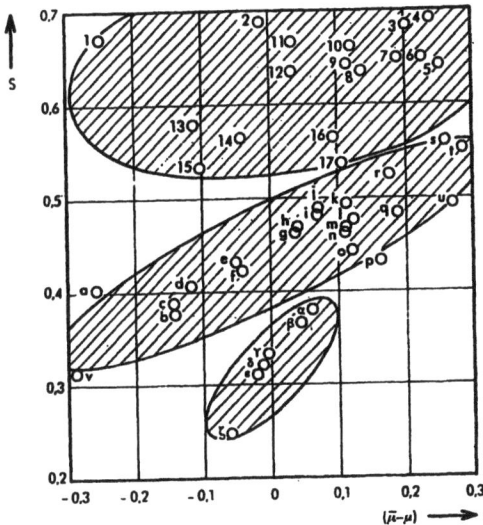

Abb. 6.5 Entropie S (6.3) einer Anzahl von Schriftwerken für drei Sprachen, aufgetragen über der Größe $\bar{\mu} - \mu$, worin μ die mittlere Silbenzahl je Wort des betreffenden Werkes bedeutet und $\bar{\mu}$ die mittlere Silbenzahl je Wort der zugehörigen Sprache ist. (griechische Buchstaben: Werke englischer Autoren; lateinische Buchstaben: Werke deutscher Autoren; Ziffern: Werke lateinischer Autoren) (aus: FUCKS (1953), S. 90)

Um den Unterschied zwischen autorenspezifischen und sprachspezifischen Charakteristika des Stils deutlich zu machen, hat FUCKS (1953) schließlich auch die Entropie einer ganzen Anzahl von Werken aus drei verschiedenen Sprachen berechnet. Die Ergebnisse sind in Abb. 6.5 dargestellt. Es ist deutlich zu erkennen, daß die Autoren verschiedener Sprachen sich hinsichtlich der Entropie der Texte unterscheiden, daß aber auf der anderen Seite auch "stilistische Homologien" innerhalb einer Sprache existieren.

Die aus der mittleren Silbenzahl berechnete Entropie kann auch als Stilcharakteristikum eines einzelnen Autoren verwendet werden, wie Abb. 6.6 zeigt. Es fällt auf, wie genau die Punkte für die untersuchten Werke von THOMAS MANN auf einer Geraden liegen (für PLATO wird angemerkt, daß die Echtheit von einigen der untersuchten Werke umstritten ist). Die auffälligen statistischen Koinzidenzen in den Werken eines Autors hat FUCKS zu einer Methode erweitert, um strittige Autorenschaften zu klären.

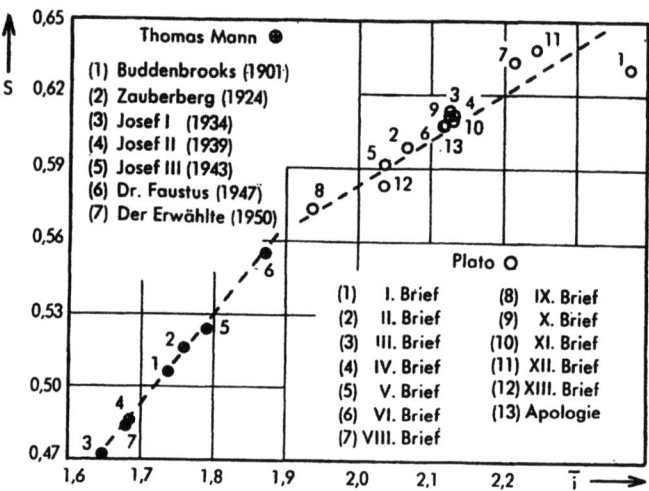

Abb. 6.6 Entropie S (6.3) für sieben Werke von THOMAS MANN und dreizehn Werke von PLATO aufgetragen über der mittleren Silbenzahl je Wort $\bar{i}$ (aus: FUCKS (1953), S. 97)

Die Ansätze von FUCKS zu einer "deskriptiven" oder "exakten" Ästhetik basieren vor allem auf einer *statistischen Analyse* von Texten, Musik und Bildern, ohne daß hier bereits weitergehende ästhetische Maße definiert wurden. Unter dem Einfluß der Informationstheorie und der Kybernetik wurden diese Ansätze allerdings in den 60er und 70er Jahren zu einer *Informationsästhetik* erweitert, die wir im folgenden Abschnitt umreißen wollen.

6.5 Informationstheorie und Ästhetik

Bedingt durch die Dominanz der Mathematik und der Naturwissenschaften im 20. Jahrhundert, mehren sich auch die Versuche, eine Ästhetik zu

6.5 Informationstheorie und Ästhetik

begründen, die rationale, deduktive, experimentelle und statistische Methoden auf ästhetische Probleme anwendet. Diese Ästhetik wird von GUNZENHÄUSER (1975) auch als *Galileische Ästhetik* bezeichnet: "Gegenstand ihres Interesses sind alle diejenigen 'Merkmale' eines ästhetischen Objekts, die man als 'ästhetischen Zustand' oder 'ästhetische Realität' zusammenfassen kann. Die moderne Ästhetik arbeitet feststellend; sie vermittelt gewisse numerisch zugängliche Merkmale der 'ästhetischen Realität', die diese zwar nur detailliert und abstract bezeichnen, dafür aber objektiv und material. Der Detaillismus der gewonnenen (Meß-)Werte erreicht zwar höchste Objektivität, nur selten jedoch eine geschlossene, zusammenhängende Wirklichkeitsbetrachtung, wie man sie von der (subjektiven) Interpretationsästhetik HEGELschen Typs gewohnt ist. "

GUNZENHÄUSER (1975) hat fünf Voraussetzungen benannt, die den Rahmen für eine *Informationsästhetik* bilden:

1. Die zu untersuchenden Objekte sind statistisch beschreibbar als räumlich oder zeitlich ausgedehnte Mannigfaltigkeiten diskreter Elemente materialer Beschaffenheit.

2. Die ästhetischen Objekte werden in den Zusammenhang eines Informationsprozesses gestellt: Der Mensch ist Sender und Empfänger "ästhetischer Information".

3. Ästhetische Objekte entstehen als Kombination von Zeichen eines vorgegebenen Repertoires und werden auch als Zeichengeflecht wahrgenommen.

4. Die Zeichenmenge eines ästhetischen Objekts ist geordnet. Die Anordnungen der Zeichenelemente sind Bestimmungsstücke für die "Gestaltung" eines ästhetischen Objektes.

5. Die ästhetischen Objekte unterliegen der "Unbestimmtheitsrelation"; ihre Zeichen weisen eine (im Prinzip zahlenmäßig angebbare) Unbestimmtheit gegenüber Störungen und Zerstörungen auf.

Jede Ästhetik, die auf diesen Voraussetzungen basiert, ist nach BENSE eine Informationsästhetik, weil die o.g. Merkmale direkt auf den Begriff der Information zutreffen: Information ist statistisch meßbar, besitzt einen materiellen Träger und kann nachrichtentechnisch übermittelt werden. Außerdem sind die Zeichenelemente in einer bestimmten Weise geordnet, die durch Störungen beeinflußt werden kann.

MAX BENSE hat bei seiner Begründung einer "exakten Ästhetik" bereits 1956 auf die Beziehung zwischen der thermodynamischen Entropie und dem ästhetischen Prozeß hingewiesen (BENSE, 1982). Die dem 2. Hauptsatz entsprechende Zunahme der Entropie bedeutet, wie wir auch im Kapitel 1 ausgeführt haben, einen *Ordnungsverlust*. Beim ästhetischen Prozeß dagegen "entsteht aus dem Chaos der stochastischen Verteilung der Zeichenelemente eine Zeichenordnung". Dieser Ordnungsgewinn ist verbunden mit einer abnehmenden Entropie. Um diesen Gewinn zu charakterisieren, führt BENSE den Begriff der *Redundanz R* ein:

$$R = \frac{H_{vor} - H_{nach}}{H_{vor}}, \tag{6.6}$$

wobei H_{vor} und H_{nach} die Negentropie bzw. die Abnahme der statistischen Information messen. Eine Redundanz von Null würde also den bereits im Kapitel 5 diskutierten chaotischen Sequenzen entsprechen, eine Redundanz von Eins dagegen den periodischen Sequenzen. Die Redundanz als Ordnungsmaß ist damit einer quantitativen Analyse zugänglich. Zu erwähnen ist, daß die Redundanztheorie in der Ästhetik weitere quantifizierbare Redundanz-Begriffe eingeführt hat, die auch Effekte der Informationsspeicherung und des Lernens berücksichtigen (vgl. dazu GUNZENHÄUSER, 1975). Im ästhetische Maß M (6.1), das von BIRKHOFF als Quotient aus Ordnung und Komplexität eingeführt wurde, läßt sich nach BENSE die Ordnung durch die Redundanz ausdrücken. Um die zweite zentrale Größe dieses Ansatzes, die Komplexität, zu quantifizieren, wird in der Informationsästhetik die SHANNONsche Informationsentropie H (6.3) herangezogen, die wir bereits in den vorhergehenden Kapitel ausführlich diskutiert haben. Damit ergibt sich als Gegenstück zur BIRKHOFFschen Definition des ästhetischen Maßes (Gl. 6.1) die Formel:

$$M^\star = \frac{\text{Redundanz } R}{\text{Entropie } H}. \tag{6.7}$$

$M^\star$ wird auch als *mikroästhetisches Maß* bezeichnet, um den Unterschied zu dem makroästhetischen Maß von BIRKHOFF zu verdeutlichen. Oftmals wird für die Bestimmung von $M^\star$ anstelle der Redundanz R (Gl. 6.6) nur die Differenz $H_{vor} - H_{nach}$ verwendet, wodurch sich eine dimensionslose Größe M ergibt, die auch als *ästhetische Information* (FRANK, 1959) bezeichnet wird.

Für das ästhetische Maß lassen sich die bereits oben erwähnten zwei Grenzfälle diskutieren:

- *Ordnung*: In diesem Fall wird die als Ordnungsmaß verwendete Redundanz maximal, während die als Komplexitätsmaß verwendete Informationsentropie minimal wird, und M erreicht ein Maximum.

- *Chaos*: In diesem Fall wird das Ordnungsmaß, die Redundanz, minimal, während die Komplexität, die Informationstentropie, maximal wird. Entsprechend hat M ein Minimum.

Die Bewertung ästhetischer Wahrnehmungsprozesse bewegt sich also stets zwischen *Ordnung* und *Chaos*, wobei hier das Problem deutlich wird, daß BIRKHOFFS ästhetisches Maß eindeutig die Ordnungszustände ästhetisch höher bewertet. Dies wird aber durch empirische Untersuchungen *so* nicht bestätigt. A.A. MOLES (1966, 1968) hat darauf hingewiesen, daß jede Botschaft, auch die ästhetische, eingeschlossen ist zwischen den Fällen

- *perfekte Orginalität*, die nur mit einer gänzlich unvorhersehbaren und praktisch unverständlichen Zeichenfolge erreicht wird - dies entspricht dem *Chaos*-Grenzfall in der obigen Unterscheidung,

- *perfekte Banalität*, die aus der vollständigen Redundanz der Botschaft entsteht und nichts Neues für den Empfänger bringt - dies entspricht dem Grenzfall der *Ordnung* in der obigen Unterscheidung.

Allerdings wird bei MOLES der Grenzfall der *Banalität* oder *Ordnung* aufgrund des zu geringen Neuigkeitswertes ebenso niedrig bewertet wie der Genzfall der perfekten *Originalität* bzw. des *Chaos* (vgl. dazu Abb. 6.7). Nur *zwischen* diesen beiden Polen, das heißt, wenn es dem Betrachter ermöglicht wird, durch ein Mindestmaß an Strukturierung die dargebotene Information auch auszuschöpfen, nimmt der ästhetische Wert ein Maximum an.

Es bleibt zu erwähnen, daß mit dem Anbruch des Computer-Zeitalters die Informationsästhetik eine neue Wendung genommen hat. Neben die *analytische Ästhetik*, die vorwiegend ästhetische Gehalte zu quantifizieren versucht, tritt nunmehr die *generative Ästhetik*, bei der es um die Erzeugung ästhetischer Objekte nach algorithmischen Vorschriften, um graphische Programmiersprachen, Textgenerierung u.a. geht. Derartige Phänomene werden unter dem Begriff "Computerkunst" von FRANKE (1985) und VÖLZ (1988) untersucht. NAKE (1974) beschreibt Ästhetik generell als Informationsverarbeitung und diskutiert ebenfalls Anwendungen der Informatik im Bereich

6 Quantitative Ästhetik

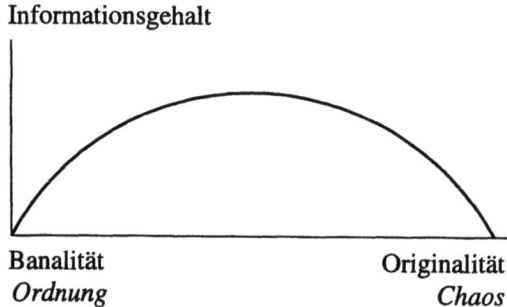

Abb. 6.7 Informationsgrad zwischen Originalität (Chaos) und Banalität (Ordnung)

ästhetischer Produktion. Weitere Modifikationen des Ästhetik-Begriffs unter dem Einfluß der Informationsverarbeitung betreffen die "kybernetische Ästhetik" von FRANKE (1979) und die "digitalen Ästhetik" von BOOM (1987).

6.6 Grenzen der quantitativen Ästhetik

Als Fazit aus den verschiedenen Versuchen einer quantitativen Ästhetik läßt sich vielleicht folgende These formulieren: Das Ästhetische, das Schöne, wird im Rahmen naturwissenschaftlicher Analysen immer an dem Ort und in der Weise fixiert, der dem jeweils aktuellen Stand der Wissenschaftsentwicklung entspricht. Die Vorstellung, wo und wie das Schöne wissenschaftlich einzugrenzen ist, gerät damit nicht zuletzt zu einem Spiegel der gerade aktuellen Wissenschaftsentwicklung (SCHWEITZER, 1993, 1998A). Auch wenn sich daraus nicht einfach ein Fortschritt in der Bestimmung des Ästhetischen ableiten läßt, haben sich besonders in den letzten Dekaden interessante und neue Aspekte ergeben.

Geleitet von den wissenschaftlichen Erkenntnissen über die Entstehung von Ordnung und Chaos in der Natur, haben beispielsweise CRAMER & KAEMPFER (1992) eine neue ästhetische Theorie über die Entstehung von Schönheit aufgestellt. Sie postulieren dazu, "daß Schönheit überall dort entsteht, wo das Chaos in die Ordnung oder wo die Ordnung in das Chaos mündet in jenem irreversiblen Schritt, der sich nicht voraussehen, der sich nicht berechnen und der sich daher auch nicht umkehren (nicht wiederholen) lassen kann. Schönheit ist gleich der offenen (irrationalen) Ordnung des Überganges, und so ist sie ihrem eigenen Prinzip nach vergänglich, fragil, gefährdet und je nur einmalig" (CRAMER & KAEMPFER, 1992).

Das Schöne wird damit das Ergebnis eines dynamischen Prozesses: es ist irreversibel - das heißt, einmalig, einzigartig, historisch geworden und auch wieder vergänglich, es ist indeterminiert - das heißt, in entscheidenden Punkten unvorhersagbar, überraschend, neu, es ist in weiten Bereichen skaleninvariant - das heißt, es zeigt sich auf verschiedenen Ebenen unserer hierarchisch gegliederten Welt.

Durch eine ästhetische Bestimmung im Rahmen der Komplexitätstheorie wird von CRAMER (1988) der Versuch unternommen, "Schönheit nicht nur als subjektive Wahrnehmung zu verstehen, sondern als ein dieser Wahrnehmung zugrunde liegendes, mathematisch begründbares Gesetz" - wobei die Parallelen zur ästhetischen Diskussion im Rahmen der Informationsästhetik, die wir im vorhergehenen Abschnitt dargelegt haben, nicht zu übersehen sind.

Wenn Schönheit sich als "eine den Dingen und der Welt inhärente Eigenschaft" (CRAMER, 1988) erweisen sollte, dann scheint der "Zugang zu einer objektiven Ästhetik" offenzustehen. Der Vorteil eines solchen Zuganges liegt auf der Hand: das Naturschöne und das Kunstschöne können auf einen gemeinsamen Nenner zurückgeführt werden, der künstlerische Schaffensprozeß ist dem der Natur adäquat. CRAMER & KAEMPFER (1992) schreiben dazu: "In dem neuen dynamischen Begriff der Schönheit, wie wir ihn exponieren werden, dürften die Schönen Formen, die der Mensch herstellt als 'Artefakt', als 'Kunstwerk', prinzipiell den gleichen Entstehungsprozessen unterworfen sein wie die Schönen Formen der Natur: die Natur der Schönheit und die Schönheit der Natur erweisen sich als konvergierende Begriffe."

Eine solcherart konsequente Rückführung des Schönen auf ontologische Prinzipien (im Abschnitt 6.1 als erster Standpunkt bezeichnet) dürfte den Anspruch einer Allgemeingültigkeit erheben, wenn sich zeigen ließe, daß es sich hier nicht nur um situativ notwendige, sondern auch um existentiell hinreichende Bedingungen für die Entstehung von Schönheit handelt - das heißt: 1. immer, wenn diese Bedingungen erfüllt werden, entsteht Schönheit - sonst aber nicht; 2. unter den genannten Bedingungen entsteht nur Schönheit (im qualitativen Sinne) - und nichts anderes.

CRAMER & KAEMPFER (1992) bemühen sich um diesen Nachweis, indem sie (gemäß Punkt 1) zunächst zeigen, daß die verschiedenen Formen von

Schönheit sich als auf der Grenze zwischen Ordnung und Chaos befindlich verstehen lassen. Dabei kommt der Proportion des Goldenen Schnittes, die in der dynamischen Theorie des Chaos eine wichtige Rolle spielt (RICHTER & SCHOLZ, 1987), als einem natürlichen Maß der Schönen Form besondere Bedeutung zu.

Um dem unter Punkt 2 genannten Anspruch gerecht zu werden, muß das Nicht-Schöne, das Häßliche, gerade dergestalt vom Schönen abgekoppelt werden, daß es (a) nicht derselben Prozessualität genügt und (b) eine Abweichung von dem Maß darstellt, das die Schöne Form vorgibt. So schreiben CRAMER & KAEMPFER (1992): "Eine mögliche Ästhetik des Häßlichen, zu der hier vorerst nur Materialien vorgelegt werden können, wird es, so läßt sich vermuten, mit Formen zu tun haben, die sich teils als 'statisch', 'unbewegt', 'starr', teils als 'Abweichungen' vom Maß (zum Beispiel durch Unter- oder Überschreitung) klassifizieren lassen dürften."

Ein Problem, das mit dem CRAMERschen Ansatz, Schönheit an ontologischen Kriterien festzumachen, verbunden ist, besteht darin, daß die oben genannten notwendigen und hinreichenden Bedingungen für die Entstehung des Schönen gerade nicht als *allgemeingültig* fixiert werden können. Dies soll durch einige Anmerkungen zu den genannten zwei Punkten deutlich gemacht werden:

1. Schönheit entsteht auch auf der Grenze zwischen Ordnung und Chaos - aber es gibt keine Belege dafür, daß sie nicht auch in anderen Zusammenhängen entsteht.

Der dynamische Schönheitsbegriff, wie ihn CRAMER und KAEMPFER vertreten, ist zugleich ein sehr eingeschränkter: Da er postuliert, daß wir Schönheit immer nur dort finden, wo Ordnung und Chaos sich wechselseitig durchdringen, muß notwendigerweise das, was gemeinhin als schön gilt, in irgendeiner Weise auf Chaos und Ordnung zurückgeführt werden. Diese Reduktion kann - insbesondere beim Kunstschönen, wo der Schwerpunkt gerade auf der Einmaligkeit, auf der Wahrnehmung von Einzelheiten liegt - nicht ohne einseitige Betrachtung geleistet werden. Wenn es die Symmetriebrüche, die Prozessualität fern vom Gleichgewicht sind, die die Schönheit hervorbringen sollen, dann müssen eine Reihe von ästhetischen Fragen, wie die nach Symmetrie und Gleichgewicht, zwangsläufig an den Rand gedrängt werden.

2. Auf der Grenze zwischen Ordnung und Chaos entsteht nicht nur Schönheit (im qualitativen Sinne), sondern wir finden ebenso Strukturen, denen nicht ohne weiteres das Attribut "schön" zugeordnet werden kann.

Bei der Analyse der Informationsentropie natürlicher Sequenzen, wie Textpassagen und verschiedene Musikstücke, die wir im Kapitel 5 diskutiert haben, hat sich gezeigt, daß die Informationsentropie dieser "künstlerischen" Sequenzen, aufgetragen über der Stringlänge, genau zwischen dem entsprechenden Verhalten chaotischer und regulärer Sequenzen liegt. Das heißt, diese Sequenzen sind weder zu sehr mit Überraschungen versehen, also völlig unerwartet und unvorhersagbar, noch sind sie regulär und eintönig - sie befinden sich gerade auf der Grenze zwischen Ordnung und Chaos. Interessanterweise galt diese Aussage allerdings für alle untersuchten Sequenzen, unabhängig von ihrem ästhetischen Gehalt. Das heißt, ein Kriterium, um das Häßliche durch Abweichung von der Norm vom Schönen zu trennen, ergab sich durch diese Analyse nicht. Vielmehr zeigte auch der denkbar "unästhetische" Text einer englischsprachigen Programmieranleitung ein Verhalten zwischen Ordnung und Chaos. Dieses Kriterium ist somit nur ein notwendiges, nicht aber ein hinreichendes.

Wie wir bereits im Kapitel 1 im Zusammenhang mit der selbstorganisierten Kritizität (SOC) erwähnt haben, findet die Selbstorganisationstheorie zunehmend, daß alle "kreativen" Prozesse - unabhängig von einer ästhetischen Bewertung - auf der Grenze zwischen Ordnung und Chaos angesiedelt sind (vgl. dazu auch LANGTON, 1991). Andererseits setzt *Schönheit* kreative Komponenten notwendig voraus.

Das CRAMERsche Kriterium zur Charakterisierung der Schönheit erweist sich also auch mit den hier eingeführten "dynamischen Erweiterungen" als nicht hinreichend, um einen ästhetischen Gehalt daran festmachen zu können. Es lenkt aber die Aufmerksamkeit auf die Randbedingungen, unter denen Schönheit entstehen kann - und es betont die Tatsache, daß die Schönheit auf der Grenze zum Chaos in einem umfassenderen Sinne zu sehen ist, als es durch "The Beauty of Fractals" (PEITGEN & RICHTER, 1986) bisher weithin assoziiert wird.

6.7 Ein Fazit am Schluß

Wir haben in diesem Kapitel verschiedene Ansätze diskutiert, um das Ästhetische unter dem Gesichtspunkt der Selbstorganisations- und Komplexitätstheorie zu quantifizieren. Dabei zeigt sich, daß die Frage, was letztlich als ästhetisch angesehen werden kann, offensichtlich nur teilweise auf rein mathematisch-naturwissenschaftliche Sachverhalte reduzierbar ist. Auch nach unserer Auffassung sind statistische Maße oder Maßzahlen nur sehr bedingt geeignet, die ästhetischen Aspekte von Strukturen zu erfassen.

Wir sind allerdings der Überzeugung, daß Ästhetik durchaus etwas mit Komplexität zu tun hat. Wir wiederholen unsere Ansicht, daß Komplexität an die Existenz einer Hierarchie von räumlichen bzw. zeitlichen Korrelationen gebunden ist, die räumlich-zeitliche Nahordnung ebenso wie Fernordnung einschließen. Eine solche Vielfalt von Korrelationen kann unserer Meinung nach auch als ästhetisches Kriterium interpretiert werden. In der Regel ist das Schöne auch komplex, selbst wenn diese Bedingung nur notwendigen und keinesfalls hinreichenden Charakter trägt.

In diesem Sinne möchten wir die Grundthese dieses Kapitels so verstanden wissen, daß Komplexität und Ästhetik miteinander verbunden sind und daß die moderne Komplexitätsforschung auch zur Erforschung ästhetischer Dimensionen beitragen kann. Wir haben insbesondere im Kapitel 5 dargestellt, wie Hierarchien von Korrelationen Messungen und mathematischen Darstellungen zugänglich gemacht werden können. Dabei wurde allerdings auch deutlich, daß diese Aufgabe nicht trivial ist, sondern zum Teil einen hohen Aufwand und subtile mathematische Techniken voraussetzt.

Um unseren eigenen Standpunkt zusammenzufassen, möchten wir hier auch an den Begriff der freien Information anknüpfen. Im Kapitel 2 haben wir freie Information charakterisiert als eine binäre Relation, als Teil einer Beziehung zwischen zwei Systemen. Freie Information ist also keine unmittelbare Systemeigenschaft, sondern sie hat eine relativ eigenständige Existenz. Freie Information ist immer symbolische Information, sie setzt voraus, daß Sender und Empfänger diese Symbole erzeugen und verstehen können. In analoger Weise können wir auch *das Schöne* charakterisieren: Es ist nicht eine Eigenschaft der Objekte an sich, sondern eine binäre Relation zwischen Objekt und Subjekt. Entscheidend ist die durch die pragmatische Information vermittelte Wirkung. Diese wird wiederum durch ein optimales Verhältnis von Bekanntem und Unbekanntem, Altem und Neuem, durch Gewohnheit und Überraschung charakterisiert.

Die Sentenz dieser Diskussion läst sich mit einem Satz zusammenfassen, den ALFRED WHITEHEAD bereits 1929 in seinem berühmten Buch "Process and Reality" fomulierte: "The right chaos and the right vagueness are jointly required for any effective harmony." Diese Einsicht steht in enger Beziehung zu den in Kapitel 5 dargestellten Schlußfolgerungen über die Struk-

6.7 Ein Fazit am Schluß   231

tur von Texten und Musikstücken (BACHsche Kompositionen, Volkslieder), die hinsichtlich ihrer Entropie auch "zwischen Ordnung und Chaos" liegen, und entsprechend dieser Klassifikation quantitativ als ästhetisch einzuordnen sind.

Mit einer Charakterisierung des Schönen als binäre Relation messen wir dem *dynamischen Prozeß der Perzeption* große Bedeutung bei. Dieser dynamische Aspekt der Wahrnehmung wurde, wie wir ausgeführt haben, auch von BIRKHOFF als wesentlicher Zugang zum Problem der Ästhetik angesehen. SCHROEDER (1991) faßt dessen Auffassung mit den Worten zusammen: "BIRKHOFF's theory, in a nutshell, says that for a work of art to be pleasing and interesting it should neither be too regular and predictable nor pack too many surprises."

Wir halten dies für zutreffend und sind der Überzeugung, daß das Konzept der *dynamischen Entropie* ein geeignetes Instrument zur Quantifizierung dieser Aussage ist. Dieser Ansatz, den wir in den Kapiteln 3 und 4 ausführlich dargelegt haben, konzentriert sich auf eben dieses Verhältnis von Vorhersagbarkeit (bereits bekannter Strukturen) und Überraschungseffekt (beim Auftauchen neuer Strukturen). Durch die dynamische Entropie wird gerade die Unsicherheit bei der schrittweisen Voraussage beschrieben - oder anders ausgedrückt: Die dynamische Entropie gibt an, was es beim nächstfolgenden (Wahrnehmungs-)Schritt an Neuem, Unerwartetem zu entdecken gibt oder wieviel etwa schon als bekannt vorausgesetzt werden darf. Sie quantifiziert damit gewissermaßen den bekannten *Deja-vu*-Effekt.

Der Umstand, daß die Wahrnehmung von Objekten beim Betrachter einen "ästhetischen Gehalt" assoziiert, wird innerhalb eines evolutionär geprägten Ästhetik-Verständnisses vor allem an der Bedeutung festgemacht, die die zugrundeliegenden Selbstorganisationsprozesse im Verlauf der Evolution gehabt haben. Auch CRAMER & KAEMPFER (1992) sehen, "daß unser Erkenntnisvermögen, die 'pattern recognition', geradezu auf das Erkennen des Prozessualen spezialisiert ist und daß es damit auch ein quasi naturhaftes Vermögen gibt, das Prozessual-Schöne in unserer Welt durch einen speziellen Filter zu erkennen".

Dieser "Filter" richtet aber zunächst nur die Aufmerksamkeit des Individuums auf das Prozessuale, das im Verlauf der Evolution eine besondere Rolle gespielt und dessen Wahrnehmungsapparat geprägt hat - ohne damit zugleich eine ästhetische Wertung mitzuliefern. Der "ästhetische Gehalt" dieser als relevant wahrgenommenen Strukturen ergäbe sich dann erst im Rahmen eines subjektiven Prozesses, der auch emotionale Elemente mit berücksichtigt. Aber immerhin wäre dies eine mögliche Erklärung für das grundlegende Interesse, das wir als Betrachter den Strukturen auf der Grenze zwischen Ordnung und Chaos entgegenbringen. Diesen Standpunkt vertritt auch EILENBERGER (1986) in seinem Kommentar zu "The Beauty of Fractals".

Einer Reduktion des Ästhetischen auf rein quantitative Aspekte auf der einen Seite steht also auf der anderen Seite die subjektive Wahrnehmung und Wertung durch das Individuum entgegen, für welche im Rahmen naturwissenschaftlicher Theorien bestenfalls Randbedingungen angegeben werden können. A. MOLES (1966) bemerkt dazu: "Aesthetic information cannot be translated. It does not draw on a universal repertoire but on a repertoire of knowledge that the sender and receiver have in common. Theoretically, it cannot be translated into another 'language' or into another system of logical signs because this other 'language' does not exist. It is closely related to the concept of personal information."

Wie es scheint, ist auch durch den Versuch, das Schöne im Rahmen der Komplexitätstheorie zu bestimmen, der KANTsche Standpunkt zur Ästhetik noch nicht obsolet geworden. "Die Objekte ästhetischer Untersuchungen sind im allgemeinen nicht normierbar, und ihr wahrer Informationsgehalt geht gerade bei der Mittelwertbildung verloren", schrieb schon EIGEN zum Thema "Sinn und Grenzen einer Theorie der ästhetischen Information" (EIGEN & WINKLER, 1975). Andererseits kann man nicht übersehen, daß die auf der Theorie der Selbstorganisation und Komplexität basierenden Überlegungen zur Ästhetik dem Problem ganz neue Gesichtspunkte hinzugefügt haben (vgl. auch NIEDERSEN & SCHWEITZER, 1993). Eine weitere vorurteilslose, aber gleichzeitig kritische Untersuchung der Zusammenhänge zwischen Selbstorganisation und Ästhetik wird deshalb sicher von einigem Interesse sein.

Literatur

ADLER, R.; WEISS, B. (1967): *Proc. Nat. Acad. Sci. USA* **57**, 1573.

ALSEDÀ, L.; LLIBRE, J.; MISIUREWICZ, M. (1993): *Combinatorial Dynamics and Entropy in Dimension One.* Singapore: World Scientific.

ANDERSON, P. W. (1972): More is different - Broken symmetry and the nature of the hierarchical structure of science. *Science* **177**, 393.

ANDRONOV, A. A.; PONTRYAGIN, L. S. (1937): Grobe Systeme (*russ.*). *Dokl. Akad. Nauk SSSR* **14**, 5.

ANDRONOV, A. A.; LEONTOVICH, E. A.; GORDON, J. J.; MAIER, A. G. (1967): *Bifurkationstheorie ebener dynamischer Systeme (russ.).* Moskau: Nauka.

ANISHCHENKO, V. S. (1984): Interaction of attractors. Intermittency of chaos-chaos type. *Letters to Journal of Technical Physics* **10**, 629.

ANISHCHENKO, V. S.; NEIMAN, A. B. (1987): Correlation length growth under intermittency of chaos-chaos type. *Letter to Journal of Technical Physics* **13**, 1063.

ANISHCHENKO, V. S. (1989): *Dynamical Chaos in Physical Systems.* Leipzig: Teubner.

ANISHCHENKO, V. S.; NEIMAN, A. B.; CHUA, L. O. (1994a): Chaos-chaos intermittency and $1/\omega$ noise in Chua's circuit. *Int. Jour. of Bif. & Chaos* **4**, 99.

ANISHCHENKO, V. S.; EBELING, W.; NEIMAN, A. B. (1994b): Power law distributions of spectral density and higher order entropies. *Chaos, Solitons & Fractals* **4**, 69.

ARNOLD, V. I.; AVEZ, A. (1968): *Ergodic Problems of Classical Mechanics.* New York: Benjamin.

ARNOLD, V. I. (1987): *Geometrische Methoden in der Theorie gewöhnlicher Differentialgleichungen.* Berlin: Deutscher Verlag der Wissenschaften.

ATMANSPACHER, H. (1993): *Die Vernunft der Metis, Theorie und Praxis einer integralen Vernunft.* Stuttgart, Weimar: Metzler.

ATMANSPACHER, H.; KUHRTS, J.; SCHEINGRABER, H, WACKERBAUER, R.; WITT, A. (1992): Complexity and Meaning in Nonlinear Dynamical Systems. *Open Systems & Information Dynamics* 1, 269.

ATMANSPACHER, H.; SCHEINGRABER, H. (EDS.) (1991): *Information Dynamics*. New York: Plenum Press.

AYRES, R. A. (1994): *Information, Entropy, and Progress*. Woodbury, NY: AIP Press.

BAAS, N.A. (1994): Emergence and higher order structures. In: *Proceedings of the Conference on Systems research and Cybernetics*, Baden-Baden.

BAAS, N.A. (1997): Self-Organization and Higher Order Structures. In: F. Schweitzer (ed.): *Self-Organization of Complex Structures: From Individual to Collective Dynamics*, London: Gordon and Breach, pp. 71-81.

BADII, R.; POLITI, A. (1997): *Complexity – Hierarchical Structures and Scaling in Physics*. Cambridge: Cambridge University Press.

BAI-LIN, H. (1989): *Elementary Symbolic Dynamics*. Singapore: World Scientific.

BAK, P.; CHEN, K (1991): Self-Organized Criticality. *Scientific American*, January, 46.

BALADI, V.; ECKMANN, J.-P.; RUELLE, D. (1989): Resonances for intermittent systems. *Nonlinearity* 2, 119.

BALIAN, R. (1991): *From Microphysics to Macrophysics*. Volume I. Berlin: Springer.

BALLMER, T.T,; WEIZSÄCKER, E.V. (1974): Biogenese und Selbstorganisation, In: E.U. v. Weizsäcker (Hrsg.): *Offene Systeme I*, Stuttgart: Klett-Cotta.

BAR-HILLEL, Y. (1964): Semantic Information and its Measures. In: Y. Bar-Hillel (ed.): *Language and Information*, Reading, MA, pp. 221-274.

BAUTIN, N. N.; LEONTOVICH, E. A. (1976): *Methoden und Verfahren der qualitativen Untersuchung ebener dynamischer Systeme (russ.)*. Moskau: Nauka.

BECK, C.; SCHLÖGL, F. (1993): *Thermodynamics of chaotic systems: an introduction*. Cambridge: Cambridge University Press.

BENSE, M. (1982): *Aestetica. Einführung in die neue Ästhetik*. Internationale Reihe: Kybernetik und Information, Bd. 13, 2. erw.Aufl. Baden-Baden: Agis.

BERGÉ, P.; DUBOIS, M.; MANNEVILLE, P.; POMEAU, Y. (1980): Intermittency in Rayleigh–Bénard Convection. *J. Phys. (Paris) Lett.* 41, L–344.

BEULE, D.; GROSSE, I. (1996): Wie zufällig sind Zufallszahlen? In: J. A. Freund (Hrsg.): *Dynamik, Evolution, Strukturen.* Berlin: Köster.

BIEBRICHER, C. K.; NICOLIS, G.; SCHUSTER, P. (1995): Self-Organization in the Physical and Life Sciences. *Report to Comm. of the European Communities.* PSS*0396.

BILLINGSLEY, O. (1965): *Ergodic Theory and Information.* New York: Wiley.

BIRKHOFF, G. D. (1929): Science and spiritual perspectives. A new philosophy. *The Century Magazine,* June 1929, vol. **118**, pp. 156-165.

BIRKHOFF, G. D. (1931): A mathematical approach to aestetics. *Scientia,* Sept. 1931, pp. 133-146.

BIRKHOFF, G. D. (1932): A Mathematical Theory of Aesthetics. *The Rice Institute Pamphlet,* vol **19**, pp. 189-342.

BOOM, H. VAN DEN (1987): *Digitale Ästhetik. Zu einer Bildungstheorie des Computers.* Stuttgart: Metzler.

BOWEN, R. (1970): Markov partitions and minimal sets for axiom A diffeomorphisms. *Amer. J. Math.* **92**, 907.

BROER, H. W. (1991): Introduction to dynamical systems. In: H. W. Broer; F. Dumortier; S. J. van Strien.; F. Takens (eds.): *Structures in Dynamics – Finite Dimensional Deterministic Studies.* Amsterdam: North-Holland.

BROOKS, D. R.; WILEY, E. O. (1986): *Evolution as entropy: Towards a unified theory of biology.* Chicago: University of Chicago Press.

CAGLIOTI, G. (1983): *Simmetrie infrante nella scienzae nell' arte.* Milano: Clup (Dt.Übers. Vieweg, Braunschweig 1988).

CALLEBAUT, W. (1993): *Taking the Naturalistic Turn or How real philosophy of science is done.* Chicago: University of Chicago Press.

CAPURRO, R. (1996): On the Genealogy of Information. In: K. Kornwachs, K. Jacoby (eds.): *Information. New Questions to a Multidisciplinary Concept,* Berlin: Akademie-Verlag, pp. 259-270.

CARNAP, R.; BAR-HILLEL, Y. (1964): On the Outline of a Theory of Semantic Information [1952]. In: Y. Bar-Hillel, *Language and Information,* Reading, MA, pp. 221-274.

CHAITIN, G. J. (1975): *Journal of the AMC* **22**, 329.

CHAITIN, G. J. (1975): Randomness and mathematical proof, *Sci. American* **6**, 47.

CHANDRASEKHAR, S. (1979): Beauty and the Quest for Beauty in Science. *Physics Today* **32**, 25.

CHANDRASEKHAR, S. (1987): *Truth and Beauty. Aesthetics and Motivations in Science.* Chicago: University of Chicago Press.

CHANDRASEKHAR, S. (1987): The Aestetic Base of the General Theory of Relativity. In: (ders.): *Truth and Beauty. Aesthetics and Motivations in Science.* Chicago: University of Chicago Press, pp. 144-170.

COLLET, P.; ECKMANN, J.-P. (1980): *Iterated Maps on the Interval as Dynamical Systems,* Basel: Birkhäuser.

COLLET, P.; ECKMANN, J.-P.; LANFORD, O. E. (1980): Universal properties of maps of an interval. *Commun. Math. Phys.* **76**, 211.

CORNFELD, I. P.; FOMIN, S. V.; SINAI, YA. G. (1982): *Ergodic Theory.* New York: Springer.

COURBAGE, M.; NICOLIS, G. (1990): Markov evolution and H-theorem under finite coarse graining in conservative dynamical systems. *Europhys. Lett.* **11**, 1.

CRAMER, F. (1988): *Chaos und Ordnung. Die komplexe Struktur des Lebendigen.* Stuttgart: DVA.

CRAMER, F.; KAEMPFER, W. (1992): *Die Natur der Schönheit. Zur Dynamik der schönen Formen.* Frankfurt a.M.: Insel.

CHURCHLAND, P.S.; SEIJNOWSKI, T.J. (1992): *The Computational Brain.* Cambridge, MA: MIT Press.

CONRAD, M. (1984): Macroscopic-microscopic interface in biological information processing. *BioSystems* **16**, 345.

CONRAD, M. (1985): On design priciples for a molecular computer. *Commun. of the ACM* **28**, 464.

CRUTCHFIELD, J, YOUNG, K. (1989): Interferring statistical complexity. *Phys. Rev. Lett.* **63**, 105.

CSORDÁS, A.; SZÉPFALUSY, P. (1989a): Singularities in Rényi information as phase transitions in chaotic states. *Phys. Rev.* **39A**, 4767.

CSORDÁS, A.; SZÉPFALUSY, P (1989b): Dynamical multifractal properties of a map related to a chaotic cosmological model. *Phys. Rev.* **40A**, 2221.

CSORDÁS, A.; GYŐRGYI, G.; SZÉPFALUSY, P.; TÉL, T. (1993): Statistical properties of chaos demonstrated in a class of one-dimensional maps. *Chaos* **1**, 31.

CURADO, E. M. F.; TSALLIS, C. (1991): Generalized statistical mechanics: connection with thermodynamics. *J. Phys.* **A 24**, L69 & 3187 & **A 25**, 1019.

DANILOV, YU. A. (1980): Johann Kepler und die Harmonia Mundi. In: M. Senechal, G. Fleck (Hrsg.): *Etüden zur Symmetrie* (erw. russ. Übers. v. Yu. A. Danilov), Moskau: Mir.

DIRAC, P. (1977): In: *History of Twentieth Century Physics*. Proceedings of the International School of Physics "Enrico Fermi", Course 57, New York: Academic Press, p. 136.

DOOB, J. L. (1953): *Stochastic Processes*. New York: Wiley.

DRESS, A.; HENDRICHS, H.; KÜPPERS, G. (HRSG.) (1986): *Selbstorganisation*. München, Zürich.

EBELING, W. (1965): Statistisch–mechanische Ableitung verallgemeinerter Diffusionsgleichungen. *Ann. Physik* **16**, 147.

EBELING, W. (1976): *Strukturbildung bei irreversiblen Prozessen*. Teubner: Leipzig.

EBELING, W. (1989): On the entropy of dissipative and turbulent structures. *Physica Scripta* **T25**, 238.

EBELING, W. (1989): *Chaos, Ordnung und Information*. Leipzig: Urania und Frankfurt a.M.: Harry Deutsch.

EBELING, W. (1992): Entropy, predictability and historicity of nonlinear processes. In: W. Ebeling, W. Muschik (eds.): *Statistical Physics and Thermodynamics of Nonlinear Nonequilibrium Systems*. Singapore: World Scientific, pp. 217.

EBELING, W. (1993): Entropy and Information in Processes of Self–Organization: Uncertainty and Predictability. *Physica* **A 194**, 563.

EBELING, W. (1997a): Dynamic entropies and predictability of evolutionary processes. In: E. Infeld, R. Zelazny, A. Galkowski (eds.): *Nonlinear dynamic chaotic and complex systems*, Cambridge: Cambridge University Press.

EBELING, W. (1997b): Entropy, Information and predictability of evolutionary systems, *World Futures* **49**, 455.

EBELING, W. (1997c): Prediction and entropy of nonlinear dynamical systems and symbolic sequences with LRO, *Physica D* **109**, 42.

EBELING, W.; ENGEL, A.; FEISTEL, R. (1990a): *Physik der Evolutionsprozesse*. Berlin: Akademie–Verlag.

EBELING, W.; ENGEL, H.; HERZEL, H. (1990b): *Selbstorganisation in der Zeit.* Berlin: Akademie–Verlag.

EBELING, W.; ENGEL–HERBERT, H. (1989): Entropy lowering and attractors in phase space. *Acta Physica Hungarica* **66**, 339.

EBELING, W.; FEISTEL, R. (1982, 1986): *Physik der Selbstorganisation und Evolution.* Berlin: Akademie Verlag.

EBELING, W.; FEISTEL, R. (1994): *Chaos und Kosmos. Prinzipien der Evolution.* Heidelberg: Spektrum Akademischer Verlag.

EBELING, W.; FREUND, J.; RATEITSCHAK, K. (1996b): Entropy and Extended Memory in Discrete Chaotic Dynamics. *Int. J. for.Bifurc. & Chaos* **6**, 611.

EBELING, W.; FRÖMMEL, C. (1997): Entropy and predictability of information carriers. *BioSystems*, submitted.

EBELING, W.; JIMENEZ-MONTANO, M.A. (1980): On grammars, complexity and information measures of biological macromolecules, *Math. Biosci.* **52**, 53.

EBELING, W.; KLIMONTOVICH, Y. (1984): *Selforganization and Turbulence in Liquids.* Leipzig: Teubner.

EBELING, W.; NEIMAN, A. (1995): Long-range correlations between letters and sentences in texts. *Physica* **A 215**, 233-241.

EBELING, W.; NEIMAN, A.; PÖSCHEL, T. (1995c): Dynamic Entropies, Long-Range Correlations and Fluctuations in Complex Linear Structures. In: M. Suzuki (ed.): *Proc. Hayashibara Forum 95*, Singapore: World Scientific.

EBELING, W.; NICOLIS, G. (1991): Entropy of symbolic sequences: the role of correlations. *Europhys. Lett.* **14**, 191.

EBELING, W.; NICOLIS, G. (1992): Word frequency and entropy of symbolic sequences: a dynamical perspective. *Chaos, Solitons & Fractals* **2**, 1.

EBELING, W.; PÖSCHEL, T. (1994): Entropy and long range correlations in literary English. *Europhys. Lett.* **26**, 241.

EBELING, W.; PÖSCHEL, T.; ALBRECHT, K.-F. (1995a): Entropy, transinformation and word distributions of information–carrying sequences. *Int. J. Bifurc. & Chaos* **5**, 51–61.

EBELING, W.; PÖSCHEL, T.; NEIMAN, A. (1996a): Entropy and compressibility of symbolic sequences. In: T. Toffoli, M. Biafore, J. Leao (eds.): *Physics of Computation,* Cambridge, MA: New England Complex Systems Institute.

EBELING, W.; ULBRICHT, W. (EDS.) (1986): *Selforganization by Nonlinear Irreversible Processes.* Berlin: Springer.

EBELING, W.; VOLKENSTEIN, M.V. (1990): Entropy and the Evolution of Biological Infornation, *Physica* **A 163**, 398.

ECKMANN, J.-P.; RUELLE, D. (1985): Ergodic theory of chaos and strange attractors. *Rev. Mod. Phys.* **57**, 617.

EIGEN, M. (1987): *Stufen zum Leben. Die frühe Eveolution im Visier der Molekularbiologie.* München–Zürich: Piper.

EIGEN, M.; SCHUSTER, P. (1979): *The Hypercycle. A Principle of Natural Self-Organization.* Berlin: Springer.

EIGEN, M.; WINKLER, R. (1975): *Das Spiel. Naturgesetze steuern den Zufall.* München–Zürich, Piper.

EILENBERGER, G. (1986): Freedom, Science, and Aesthetics. In: H. O. Peitgen, P. H. Richter: *The Beauty of Fractals. Images of Complex Dynamical Systems*, New York: Springer, pp. 175-180.

ELSASSER, W. (1981): Principles of a new biological theory: A summary. *J. theor. biol.* **89**, 131.

ENGEL–HERBERT, H.; EBELING, W. (1988a): The behaviour of the entropy during transitions far from thermodynamic equilibrium. I. Sustained oscillations. *Physica* **A 149**, 182.

ENGEL–HERBERT, H.; EBELING, W. (1988b): The behaviour of the entropy during transitions far from thermodynamic equilibrium. II. Hydrodynamic flows. *Physica* **A 149**, 195.

FADDEJEW, D. K. (1957): Zum Begriff der Entropie eines endlichen Wahrscheinlichkeitsschemas. In: H. Grell (Hrsg.): *Arbeiten zur Informationstheorie.* Berlin: Deutscher Verlag der Wissenschaften.

FECHNER, G. T. (1860): *Elemente der Psychophysik.* Teil I und II, Leipzig.

FECHNER, G. T. (1871): Zur Experimentalen Aesthetik. *Abhandlungen der Schsischen Akademie der Wissenschaften zu Leipzig, Mathematisch-Naturwissenschaftliche Klasse.* Bd. 9, Heft 6. Leipzig: S. Hirzel.

FECHNER, G. T. (1876): *Vorschule der Ästhetik.* 2 Bde..

FEIGENBAUM, M. J. (1978): Quantitative universality for a class of nonlinear transformations. *J. Stat. Phys.* **19**, 25.

FEIGENBAUM, M. J. (1979): The universal metric properties of nonlinear transformations. *J. Stat. Phys.* **21**, 669.

FEIGENBAUM, M. J. (1980): The transition to aperiodic behavior in turbulent systems. *Commun. Math. Phys.* **77**, 65.

FEISTEL, R. (1990): Ritualisation und die Selbstorganisation der Information. In: U. Niedersen, L. Pohlmann (Hrsg.): *Selbstorganisation und Determination* (Selbstorganisation. Jahrbuch für Komplexität in den Natur- , Sozial- und Geisteswissenschaften, Bd. 1), Berlin: Duncker & Humblot, S. 83-98.

FEISTEL, R., EBELING, W. (1989): *Evolution of Complex Systems*, Dordrecht: Kluwer.

FELLER, W. (1959): *Ann. Math. Stat.* **30**, 1252.

FEYERABEND, P. (1984): *Wissenschaft als Kunst.* Frankfurt a.M.: Suhrkamp.

FISZ, M. (1989): *Wahrscheinlichkeitsrechnung und mathematische Statistik.* Berlin: Deutscher Verlag der Wissenschaften.

FONG, P. (1973): Thermodynamic and Statistical Theory of Life: An Outline. In: A. Locker (Hrsg.): *Biogenesis, Evolution, Homeostasis*, Berlin: Springer.

FONTANA, W. (1997): On Organization. *Mskr. Theor. Biochem.*; Universität Wien.

FONTANA, W.; BUSS, L.W. (1994): The arrival of the fittest: Toward a theory of biological organization. *Bull. Math. Biol.* **56**, 1.

FRANK, H. (1959): *Grundlagenprobleme der Informationsästhetik und erste Anwendungen auf die Mime pur.* Dissertation, Universität Stuttgart.

FRANKE, H. W. (1979): *Kybernetische Ästhetik. "Phänomen Kunst".* Reinhardt.

FRANKE, H. W. (1985): *Computergraphik - Computerkunst.* Berlin: Springer.

FREUND, J. (1996): Asymptoic Scaling Behavior of Block Entropies for an Intermittent Process. *Phys. Rev.* **E 53**, 5793.

FREUND, J. (1996a): *Dynamische Entropien und nichtlineare Prozesse mit langreichweitigen Korrelationen.* Berlin: Logos.

FREUND, J. (1996b): Information, Long–Range Correlations and Extended Memory of Symbol Sequences. in: K. Kornwachs, K. Jacoby (eds.): *Information – New Questions to a Multidisciplinary Concept.* Berlin: Akademie Verlag.

FREUND, J.A. (1997): Symbolic Dynamics Approach to Stochastic Processes. In: L. Schimansky-Geier, T. Pöschel (eds.): *Stochastic Dynamics*. Berlin: Springer.

FREUND, J., EBELING, W.; RATEITSCHAK, K. (1996): Self Similar Sequences and Universal Scaling of Dynamical Entropies. *Phys. Rev. E* **54**, 5561.

FREUND, J.; HERZEL, H. (1996): The Limit Entropy for Sequences Constructed from Composites. *Chaos, Solitons & Fractals* **7**, 49.

FREUND, J.A.; RATEITSCHAK, K. (1998): Entropy Analysis of Noise Contaminated Sequences, Proceedings of the ICND-96, Saratov, Russia, to appear in: *Int. J. for Bifurc. & Chaos*.

FUCKS, W. (1953): Mathematische Analyse von Sprachelementen, Sprachstil und Sprachen. *Arbeitsgemeinschaft für Forschung NRW*, Bd. 34 a, S. 1-110.

FUCKS, W. (1957): Gibt es mathematische Gesetze in Sprache und Musik? *Umschau* **57**, Heft 2.

FUCKS, W. (1958): Mathematische Analyse der Formalstruktur von Musik. *Forschungsber. des Wirtschafts- u. Verkehrsminist. NRW* Nr. 357, S. 1-46.

FUCKS, W. (1963): Mathematische Analyse von Formalstrukturen von Werken der Musik. *Arbeitsgemeinschaft für Forschung NRW*, Bd. 124, S. 39-93.

FUCKS, W. (1968): *Nach allen Regeln der Kunst: Diagnosen über Literatur, Musik, bildende Kunst - die Werke, ihre Autoren und Schöpfer*. Stuttgart: DVA.

FUCKS, W.; LAUTER, J. (1965): Exaktwissenschaftliche Musikanalyse. *Forschungsber. des Wirtschafts- u. Verkehrsminist. NRW*, Nr. 1519, S. 1-59.

GASPARD, P.; WANG, X.-J. (1993): Noise, chaos, and (ϵ, τ)-entropy per unit time. *Physics Reports* **235**, 291.

GATLIN, L. L. (1972): *Information theory and the living system*. New York: Columbia University Press.

GELL-MANN, M. (1994): *Das Quark und der Jaguar. Eine neue Theorie erklärt die Welt*. München: Piper.

GERNERT, D. (1985): Measurement of pragmatic information, *Cognitive Systems* **1**, 39-47.

GERNERT, D. (1996): Pragmatic Information as a Unifying Concept. In: K. Kornwachs, K. Jacoby (eds.): *Information. New Questions to a Multidisciplinary Concept*, Berlin: Aademie-Verlag, pp. 147-162.

GLANSDORFF, P.; PRIGOGINE, I. (1971): *Thermodynamic Theory of Structure, Stability and Fluctuations.* New York: Wiley.

GNEDENKO, B. W. (1991): *Einführung in die Wahrscheinlichkeitstheorie.* Berlin: Akademie-Verlag.

GOETHE, J. W. V. (1810): Materialien zur Geschichte der Farbenlehre (1810). In: *Goethe. Die Schriften zur Naturwissenschaft* (Leopoldina-Ausgabe), Abt. I, Band 6, Weimar 1947 ff..

GOULD, S.J. (HRSG.) (1993): *Das Buch des Lebens.* Köln: vgs-Verlag.

GRAMMS, T. (1994): Entropy of the symbolic sequences for the critical circle map. *Phys. Rev.* **E 50**, 2616.

GRASSBERGER, P. (1981): On the Hausdorff dimension of fractal attractors. *J. Stat. Phys.* **26**, 173.

GRASSBERGER, P. (1986): Toward a quantitative theory of self-generated complexity. *International journal of Theoretical Physics* **25**, 907.

GRASSBERGER, P. (1989): Problems in quantifying self-generated complexity. *Helv. Phys. Acta* **62**, 489.

GRASSBERGER, P. (1989): Randomness, Information, and Complexity. In: F. Ramos-Gomes (ed.): *Proc. Fifth Mexican School on Statistical Physics*, , Singapore: World Scientific.

GREBOGI, C.; OTT, E.; PELIKAN, S.; YORKE, J. A. (1984): Strange attractors that are not chaotic. *Physica* **13 D**, 261.

GREBOGI, C.; OTT, E.; YORKE, J. A. (1983a): Are three-frequency quasi-periodic orbits to be expected in typical nonlinear systems? *Phys. Rev. Lett.* **51**, 339.

GREBOGI, C.; OTT, E.; YORKE, J. A. (1983b): Crises, sudden changes in chaotic attractors and transients to chaos. *Physica* **7 D**, 181.

GROSSE, I. (1996): Estimating Entropies from Finite Samples. In: J.A. Freund (Hrsg.): *Dynamik, Evolution, Strukturen.* Berlin: Köster.

GROSSMAN, S.; HORNER, H. (1985): Long tail correlations in discrete chaotic dynamics. *Z. Phys.* **B 60**, 79.

GROSSMANN, S.; THOMAE, S. (1977): Invariant distributions and stationary correlation functions of one-dimensional discrete processes. *Z. Naturforsch.* **32 A**, 1353.

GRÜTTER, J.K. (1987): *Ästhetik der Architektur. Grundlagen der Architekturwahrnehmung.* Stuttgart.

GÜNTHER, R.; LEVITIN, L.; SCHAPIRO, B.; WAGNER, P. (1996): Zipf's Law and the Effect of Ranking on Probability Distributions. *Int. J. Theo. Phys.* **35**, 2.

GUCKENHEIMER, J. (1979): Sensitive Dependence to initial conditions for one–dimensional maps. *Commun. Math. Phys.* **70**, 133.

GUCKENHEIMER, J.; HOLMES, P. (1983): *Nonlinear oscillations, dynamical systems, and bifurcations of vector fields.* Appl. Math. Sci. **42**, New York: Springer.

GUNZENHÄUSER, RUL (1962): *Ästhetisches Maß und ästhetische Information.* Quickborn.

GUNZENHÄUSER, RUL (1963): Informationstheorie und Ästhetik. *Umschau*, Heft 20/21.

GUNZENHÄUSER, RUL (1975): *Maß und Information als ästhetische Kategorien. Einführung in die ästhetische Theorie G.D. Birkhoffs und die Informationsästhetik.* Baden-Baden: Agis.

GÜNTHER, R.; LEVITIN, L.; SCAPIRO, R.; WAGNER, P. (1996): Zipfs law and the effect of ranking on probability distributions, *Int. J. Theor. Phys.* **35**, 395.

GYARMATI, I. (1970): *Non–equilibrium Thermodynamics.* Berlin: Springer.

GYÖRGYI, G.; SZÉPFALUSY, P. (1984a): Properties of fully developed chaos in one–dimensional maps. *J. Stat. Phys.* **34**, 451.

GYÖRGYI, G.; SZÉPFALUSY, P. (1984b): Fully developed chaotic 1–d maps. *Z. Phys.* B **55**, 179.

HAEFNER, K. (ED.) (1992): *Evolution of Information Processing Systems.* Berlin: Springer.

HAHN, W. (1989): *Symmetrie als Entwicklungsprinzip in Natur und Kunst.* Königstein: Langewiesche.

HAKEN, H. (1975): Cooperative phenomena in systems far from thermal equilibrium and in nonphysical systems. *Rev. Mod. Phys.* **47**, 67.

HAKEN, H. (1978): *Synergetics. An Introduction. Nonequilibrium Phase Transitions in Physics, Chemistry and Biology.* Berlin: Springer, 2. Aufl.

HAKEN, H. (1981): *Erfolgsgeheimnisse der Natur.* Stuttgart: DVA.

HAKEN, H. (1987): Die Selbstorganisation der Information in biologischen Systemen aus der Sicht der Synergetik. In: Bernd-Olaf Küppers (Hrsg.):

Ordnung aus dem Chaos. Prinzipien der Selbstorganisation und Evolution des Lebens. München: Piper, S. 127-156.

HAKEN, H.; HAKEN-KRELL, M. (1989): *Entstehung biologischer Information und Ordnung.* Darmstadt: Wissenschaftliche Buchgesellschaft.

HAKEN, H. (1986): The maximum entropy principle for non–equilibrium phase transitions: Determination of order parameters, slaved modes, and emerging patterns. *Z. Physik* **B 63**, 487.

HAKEN, H. (1988): *Information and Selforganisation.* Berlin: Springer.

HALSEY, T. C.; JENSEN, M. J.; KADANOFF, L.; PROCACCIA, I.; SHRAIMAN, B. I. (1986): Fractal measures and their singularities: the characterization of strange sets. *Phys. Rev.* **33 A**, 1141.

HAO, B.-L. (1989): *Elementary Symbolic dynamics and Chaos in Dissipative Systems.* Singapore: World Scientific.

HAO, B.-L. (1991): Symbolic dynamics and characterization of complexity. *Physica* **51 D**, 161.

HARARY, F.; NORMAN, R.; CARTWRIGHT, D. (1965): *Structural Models.* New York.

HARTLEY, R. V. L. (1928): Transmission of Information. *Bell System Technical Journal*, 535.

HEIJNE, G.V. (1987): *Sequence Analysis in Molecular Biology.* San Diego: Academic Press.

HEISENBERG, W. (1985): Die Bedeutung des Schönen in der exakten Naturwissenschaft. In: (ders.): *Gesammelte Werke*, Band C III, München: Piper, S. 369-384.

HELBING, D.; HILLIGES, M.; MOLNAR, P.; SCHWEITZER, F.; WUNDERLIN, A. (1994): Strukturbildung dynamischer Systeme. In: *Die Architektur des Komplexen*, ARCH+ 121, S. 69-75.

HELBING, D.; SCHWEITZER, F.; KELTSCH, J.; MOLNAR, P. (1997): Active Walker Model for the Formation of Humanand Animal Trail Systems, *Phys. Rev.* **E 56/3**, 2527-2539 .

HERZEL, H.; EBELING, W.; GROSSE, I. (1995): *Proc. Conf. Bioinformatics.* GBF Monographs Vol. 18, Braunschweig..

HERZEL, H.; EBELING, W.; SCHMITT, A. O. (1994b): Entropies of biosequences: The role of repeats. *Phys. Rev.* **E 50**, 5061.

HERZEL, H.; EBELING, W.; SCHMITT, A. O.; JIMENEZ–MONTANO, M. A. (1995): Entropy and lexicographic analysis of biosequences. in: A. Müller,

A. Dress, F. Vögtle (eds.): *From Simplicity to Complexity in Chemistry.* Berlin: Springer.

HERZEL, H.; FREUND, J. (1995): Chaos, Noise, and Synchronization Reconsidered. *Phys. Rev.* E **52**, 3238.

HERZEL, H.; GROSSE, I. (1995): Measuring Correlations in Symbol Sequences. *Physica* A **216**, 518.

HERZEL, H.; GROSSE, I. (1997): Correlations in DNA Sequences - the Role of Protein Coding Segments. *Phys. Rev.* E **55**, 800.

HERZEL, H.; HOLSTE, D. (1997): Renyi entropies of biosequences. HU Berlin, ITB–Preprint.

HERZEL, H.; SCHMITT, A. O.; EBELING, W. (1994a): Finite sample effects in sequence analysis. *Chaos, Solitons & Fractals* **4**, 97.

HESCHL, A.; PESCHL, M. (1992): Natural vs. artificial intelligence: an aximatic comparision, *J. Social & Evol. Systems* **15**, 55.

HILBERG, W. (1990): Analyse der Experimente von Shannon, *Frequenz* **44**, 243.

HIRSCH, M. W.; SMALE, S. (1965): *Differential Equations, Dynamic Systems and Linear Algebra.* , New York: Academic Press.

HOFFMANN, H.-J. (HRSG.) (1992): *Verknüpfungen. Chaos und Ordnung inspirieren künstlerische Fotografie und Literatur.* Basel: Birkhäuser.

HOGG, T.; HUBERMAN, B.A. (1986): *Physica D* **22**, 376.

HOLSTE, D. (1997): *Renyi Entropien von Biosequenzen.* Diplomarbeit Institut für Physik HU Berlin.

HONDA, K.; SATO, S.; KODAMA, H. (1991): Analytical approach to critical phenomena for dynamical properties of type–I intermittent chaos. *Phys. Rev.* A **43**, 2669.

HOPCROFT, J.E.; ULLMAN, J.D. (1979): *Introduction to Automata Theory, Languages, and Computation.* Reading, MA: Addison-Wesley.

HOPF, E. (1937): *Ergodentheorie.* Berlin: Springer.

HSU, C. S.; KIM, M. C (1985): Construction of maps with generating partitions for entropy evaluation. *Phys. Rev.* A **31**, 3253.

JAGLOM, A. M.; JAGLOM, I. M. (1984): *Wahrscheinlichkeit und Information.* Berlin: Deutscher Verlag der Wissenschaften.

JAYNES, E. T. (1957): Information theory and statistical mechanics. *Phys. Rev.* **106**, 620.

JAYNES, E. T. (1962): Information theory and statistical mechanics. *Brandeis Lectures* **3**, 181.

JETSCHKE, G.; STIEWE, CH. (1985): Intermittency for iterated maps: a simple exactly calculable model. *Forschungsergebnisse der Friedrich-Schiller-Universität Jena* **N/85/16**.

KAC, M. (1959): *Probability and Related Topics in Physical Sciences.* New York: Interscience Publishers.

KADANOFF, L. P. (1993): *From Order to Chaos – Essays: Critical, Chaotic and otherwise.* Singapore: World Scientific.

KASPAR, F., SCHUSTER, H.G. (1987): Easily calculable measures for the complexity of spatiotemporal patterns, *Phys. Rev. A.***36**, 842.

KAUFFMAN, S.A. (1993): *The Origins of Order. Self-Organization and Selection in Evolution.* Oxford: Oxford University Press.

KHINCHIN, A. I. (1957a): *Mathematical foundations of information theory.* New York: Dover.

KHINCHIN[1], A. I. (1957b): Der Begriff der Entropie in der Wahrscheinlichkeitsrechnung. & Über grundlegende Sätze der Informationstheorie. in: H. Grell (Hrsg.): *Arbeiten zur Informationstheorie.* Berlin: Deutscher Verlag der Wissenschaften.

KLIMONTOVICH, Y. (1983): Entropy decrease in the process of self-organization. S–Theorem. (russ.) *Pis'ma v ZhTF* **9**, 1089.

KLIMONTOVICH, Y. (1987a): S–Theorem *Z. Phys.* **B 66**, 125.

KLIMONTOVICH, Y. (1987b): Entropy evolution in self–organization processes. H–Theorem and S–Theorem *Physica* **A 142**, 390.

KLIMONTOVICH, Y. (1995): *Statistical Theory of Open Systems.* Dordrecht: Kluwer.

KLIX, F. (HRSG.) (1974): *Organismische Informationsverarbeitung.* Berlin: Akademie–Verlag.

KLIX, F. (1980): *Erwachendes Denken,* . Berlin: Deutscher Verlag der Wissenschaften.

KLIX, F. (1992): *Die Natur des Verstandes.* Göttingen: Hogrefe.

KLIX, F.; LANIUS, K. (1997): *Evolution und Katastrophen.* Berlin: Leibniz-Societät.

---

[1]In der deutschen Transkription findet man häufiger CHINTSCHIN

KOLMOGOROV[2], A. N. (1933): *Grundbegriffe der Wahrscheinlichkeitsrechnung.* Berlin: Springer.

KOLMOGOROV, A. N. (1957): Theorie der Nachrichtenübermittlung. in: H. Grell (Hrsg.): *Arbeiten zur Informationstheorie.* Berlin: Deutscher Verlag der Wissenschaften.

KOLMOGOROV, A.N. (1968): Three approaches to the definition of the concept quantity of information, *Problemy Peredachi Inform.* 1 (1965); *IEEE Transactions Inform. Theory* **14**, 14.

KORNWACHS, K., JACOBY, K. (eds.) (1996): *Information – New Questions to a Multidisciplinary Concept.* Berlin: Akademie Verlag.

KÜPFMÜLLER, K. (1954): Die Entropie der deutschen Sprache. *Fernmeldetechn. Z.* **6**, 265-272.

KÜPPERS, B.O. (1986): *Der Ursprung biologischer Information.* München-Zürich: Piper.

KRATKY, K.W.; BONET, E.M. (HRSG.) (1989): *Systemtheorie und Reduktionismus.* Wien: Österr. Staatsverlag.

KUHN, H.; WASER, J. (1982): Selbstorganisation der Materie und Evolution früher Formen des Lebens. In: W. Hoppe, W. Lohmann, H. Markl, H. Ziegel (eds.): *Biophysik*, Berlin: Springer.

KULLBACK, S. (1951a): *Annals Mathem. Statistics* **22**, 79.

KULLBACK, S. (1951b): *Information Theory and Statistics.* New York: Wiley.

KURTHS, J.; VOSS, A.; SAPARIN, P.; WITT, A.; KLEINER, H. J.; WESSEL, N. (1995): Quantitative analysis of heart rate variability. *Chaos* **5**, 88.

LAI, Y.-C.; GREBOGI, C. (1996): Complexity in Hamiltonian-driven dissipative chaotic dynamical systems. *Phys. Rev.* **E 54**, 4667.

LANDSBERG, P.T. (1984): *The Enigma of Time.* Bristol: Adam Hilger.

LANDSBERG, P.T. (1994): In: R.K. Mishra, D. Maaß, E. Zwierlein (eds.): *On self-organization: an interdisciplinary search for a unifying principle.* Berlin: Springer.

LANGTON, C. G. (1991): Life at the Edge of Chaos. In: C.G. Langton, C. Taylor, J.D. Farmer, S. Rasmussen (eds.): *Artificial Life II*, SFI Studies in the Sciences of Complexity, vol. X., Reading, MA: Addison-Wesley, pp. 41-91.

---

[2]In der deutschen Transkription findet man häufiger KOLMOGOROFF

LANGTON, C. G. (ED.) (1994): *Artificial Life III.*. Proc. Workshop on Artificial Life, June 1992, Santa Fe, NM, Santa Fe Institute Studies in the Science of Complexity, Proc. Vol. XVII, Reading, MA: Addison-Wesley.

LANIUS, K. (1994): *Natur im Wandel.* Heidelberg: Spektrum Akademischer Verlag.

LASOTA, A.; MACKEY, M. (1985): *Probabilistic properties of deterministic systems.* Cambridge: Cambridge University Press.

LAUE, R. (1970): *Elemente der Graphentheorie und ihre Anwendung in den biologischen Wissenschaften.* Leipzig.

LEDRAPPIER, F.; YOUNG, L.-S. (1985): The metric entropy of diffeomorphisms. Part I: Characterization of measures satisfying Pesin's entropy formula. *Annals of Mathematics* **122**, 509; Part II: Relations between entropy, exponents and dimension. *Annals of Mathematics* **122**, 540.

LEMPEL, A.; ZIV, J. (1976): On the complexity of finite sequences. *IEEE Trans. Inf. Theory* **22**, 75.

LEMPEL, A.; ZIV, J. (1978): Compression of individual sequences via variable rate coding. *IEEE Trans. Inf. Theory* **24**, 392.

LEVITIN, L. B.; REINGOLD, Z. (1993): Entropy of natural languages. Theory and experiment. *Chaos, Solitons & Fractals* **4**, 709.

LÉVY, P. (1949): Comptes Rendus Seances *Acad. Sci.* **228**, 2004.

LI, W. (1990): Mutual information functions versus correlation functions. *J. Stat. Phys.* **60**, 823.

LI, W. (1991): On the Realtionship Between Complexity and Entropy for Markov Chains and Regular Languages. *Complex Systems* **5** 399.

LI, W.; KANEKO, K. (1992): Long–range correlations and partial $1/f^\alpha$ spectrum in a noncoding DNA sequence. *Europhys. Lett.* **17**, 655.

LIBCHABER, A.; MAURER, J. (1980): Une experience de Rayleigh–Bénard de géometrie reduite; multiplication, accrochage et démultiplication de fréquences. *J. Phys. (Paris) Coll.* **41**, C3-51.

LINSAY, P. S. (1981): Period doubling and chaotic behaviour in a driven anharmonic oscillator. *Phys. Rev.Lett.* **47**, 1349.

LORENZ, E. N. (1963): Deterministic nonperiodic flow. *J. Atmos. Sci.* **20**, 130.

LONGAIR, M.S. (1984): *Theoretical concepts in physics. An alternative view of theoretical reasoning in physics for final-year undergraduates.* Cambridge: Cambridge University Press.

LORENZ, K. (1983): *Das Wirkungsgefüge der Natur und das Schicksal des Menschen.* Piper: München.

LUDWIG, G. (1976): *Einführung in die Grundlagen der theoretischen Physik.* Bd. 4, Braunschweig: Vieweg.

LWOFF, A. (1968): *Biological Order.* Cambridge, MA: MIT-Press.

MA, S. K. (1976): *Modern Theory of Critical Phenomena.* New York: Benjamin.

MACKERNAN, D.; NICOLIS, G. (1994): Generalized Markov coarse graining and spectral decompositions of chaotic piecewise linear maps. *Phys. Rev.* **50**, 988.

MACKEY, M. C. (1989): The dynamic origin of increasing entropy. *Rev. Mod. Phys.* **61**, 981.

MACKEY, M. C. (1992): *Time's arrow: The origin of thermodynamic behavior.* New York: Springer.

MAES, P. (ED.) (1992): *Designing Autonomous Agents. Theory and Practice From Biology to Engineering and Back.* Cambridge, MA: MIT Press.

MAINZER, K. (1992): Was ist Leben? *Denkanstöße* **93**, 43.

MANDELBROT, B. (1977): *Fractals: Form, Chance, Dimension.* San Francisco: Freeman.

MANDELBROT, B. B. (1982): *The Fractal Geometry of Nature.* San Francisco: Freeman.

MANNEVILLE, P.; POMEAU, Y. (1979): Intermittency in the Lorenz model. *Phys. Lett.* **75 A**, 1.

MANNEVILLE, P.; POMEAU, Y. (1980): Different ways to turbulence in dissipative dynamical systems. *Physica* **D 1**, 219.

MANNEVILLE, P. (1980): Intermittency, self-similarity and $1/f$ spectrum in dissipative dynamical systems. *J. de Physique* **41**, 1235.

MARIJUAN, P.C. (ED.) (1996): Proc. Conf. Foundations of Information Science. *BioSystems* **38**.

MARKO, H. (1970): Gruppenverhalten von Totenkopfaffen unter besonderer Berücksichtigung der Kommunikationstheorie. *Kybernetik* **8**, 59.

MARKO, H. (1973): The bidirectional communication theory – a generalization of information theory. *IEEE Comm.* **21**, 1345.

MARKO, H. (1975): Ein Funktionmodell für die Aufnahme, Speicherung und Erzeugung von Information im Nervensystem. In: H. W. Klement (Hrsg.): *Bewußtsein,* Baden–Baden: agis–Verlag.

MARKO, H. (1981): Informationstheorie und Kommunikationstheorie. *Frequenz*, **35**, 2.

MAY, R. M. (1976): Simple mathematical models with very complicated dynamics. *Nature* **261**, 459.

MCMILLAN, B. (1953): The basic theorem of information theory. *Ann. Math. Statist.* **24**, 196.

MEYER, J.-A.; WILSON, S.W. (EDS.) (1991): *From Animals to Animats, Proc. 1st Intern. Conf. on Simulation of Adaptive Behavior*. Cambridge, MA: MIT Press.

MISIUREWICZ, M. (1981): Structures of mappings of an interval with zero entropy. *Publ. Math. IHES* **53**, 5.

MOLES, A. A. (1966): *Information Theory and Aesthetic Perception*. Urbana, IL: University of Illinois Press.

MOLES, A. A. (1968): Information und Redundanz. In: H. Ronge (Hrsg.): *Kunst und Kybernetik. Ein Bericht über drei Kunsterziehertagungen Recklinghausen 1965 1966 1967*, Köln: DuMont-Schauberg, S. 14-27.

MORI, N.; KUROKI, S.; MORI, H. (1988): Power spectra of intermittent chaos due to the collapse of period–3 windows. *Progr. Theor. Phys.* **79**, 1260.

MORRIS, C. W. (1938): Foundations of the theory of signs. in: O. Neurath et al. (eds.): *Internat. Encyclopedia of Unified Science* I, Chicago.

MUSCHIK, W. (1990): *Aspects of Nonequilibrium Thermodynamics*. Singapore: World Scientific.

NAKE, F. (1974): *Ästhetik als Informationsverarbeitung. Grundlagen und Anwendungen der Informatik im Bereich ästhetischer Produktion und Kritik*. Berlin: Springer.

NEIMAN, A.B.; SHULGIN, B.; ANISHCHENKO, V.; EBELING, W.; SCHIMANSKY-GEIER, L.; FREUND, J. (1996): Dynamical Entropies Applied to Stochastic Resonance. *Phys. Rev. Lett.* **76**, 4299.

NEIMARK, JU. I.; LANDA, P. S. (1987): *Stochastische und chaotische Schwingungen (russ.)*. Moskau: Nauka.

NEWHOUSE S.; RUELLE, D.; TAKENS, F. (1978): Occurrence of strange axiom–A attractors near quasiperiodic flow on $T^m, m \geq 3$. *Commun. Math. Phys.* **64**, 35.

NICOLIS, G. (1985): Symmetriebrüche und Perzeption von Formen. In: M. Baudson (Hrsg.): *Zeit. Die vierte Dimension der Kunst*, Weinheim: Acta humaniora.

NICOLIS, C.; EBELING, W.; BARALDI, C. (1997): Markov processes, dynamic entropies and the statistical prediction of mesoscale weather regimes, *Tellus*, in press.

NICOLIS, J.S.; KATSIKAS, A.A. (1992): Chaotic dynamics of linguistic-like processec. In: B. West (ed.): *Studies in Nonlinearity in Life Sciences*, Singapore: World Scientific.

NICOLIS, G.; MARTINEZ, S.; TIRAPEGUI, E. (1991): Finite coarse–graining and Chapman–Kolmogorov equation in conservative dynamical systems. *Chaos, Solitons & Fractals* 1, 25.

NICOLIS, G.; NICOLIS, C. (1988): Master–equation approach to deterministic chaos. *Phys. Rev.* A 38, 427.

NICOLIS, G.; NICOLIS, C.; NICOLIS, J. S. (1989): Chaotic dynamics, Markov partitions, and Zipf's law. *J. Stat. Phys.* 54, 915.

NICOLIS, G.; PIASECKI, J.; MCKERNAN, D. (1992): Toward a probabilistic description of deterministic chaos. in: G. Györgyi, I. Kondor, L. Sasvári, T. Tél (eds.): *From Phase Transitions to Chaos.* , Singapore: World Scientific.

NICOLIS, G.; PRIGOGINE, I. (1987): *Die Erforschung des Komplexen. Auf dem Weg zu einem neuen Verständnis der Naturwissenschaft.* München: Piper.

NIEDERSEN, U.; SCHWEITZER, F. (HRSG.) (1993): *Ästhetik und Selbstorganisation.* (Selbstorganisation. Jahrbuch für Komplexität in den Natur-, Sozial- und Geisteswissenschaften, Bd. 4), Berlin: Duncker & Humblot.

NYQUIST, H. (1924): Certain Factors Affecting Telegraph Speed. *Bell System Technical Journal*, 324.

NYQUIST, H. (1928): Certain Topics in Telegraph Transmission Theory, *A.I.E.E. Trans.* 47, 617.

ORBAN, J.; BELLMANNS, A. (1967): Velocity–Inversion and Irreversibility in a Dilute Gas of Hard Disks. *Phys. Lett.* 24 A, 620.

ORNSTEIN, D. S. (1974): *Ergodic Theory, Randomness and Dynamical Systems.* New Haven: Yale University Press.

OSTWALD, W. (1993): Kalik oder Schönheitslehre. (Edition von U. Niedersen). In: U. Niedersen, F. Schweitzer (Hrsg.): *Ästhetik und Selbstorganisation* (Selbstorganisation. Jahrbuch für Komplexität in den Natur-, Sozial- und Geisteswissenschaften, Bd. 4), Berlin: Duncker & Humblot.

OTT, E.; WITHERS, W.; YORKE, J. A. (1984): Is the dimension of chaotic attractors invariant under coordinate chages? *J. Stat. Phys.* 36, 687.

PALADIN, G.; PELITI, L.; VULPIANI, A. (1986): Intermittency as multifractality in history space. *J. Phys. A: Math. Gen.* **19**, 991.

PALADIN, G.; VULPIANI, A. (1986): Intermittency in chaotic systems and Rényi entropies. *J. Phys. A: Math. Gen.* **19**, 997.

PALADIN, G.; SERVA, M.; VULPIANI, A. (1995): Complexity in dynamical systems with noise. *Phys. Rev. Lett.* **74**, 66.

PARKER, T. S.; CHUA, L. O. (1989): *Practical Numerical Algorithms for Chaotic Systems*. New York: Springer.

PARZEN, E. (1962): *Stochastic processes*. San Francisco: Holden–Day.

PAUL, W. J. (1978): *Komplexitätstheorie*. Stuttgart: Teubner.

PEITGEN, H.-O.; JÜRGENS, H.; SAUPE, D. (1992a): *Fractals for the Classroom, Part 1*. Springer, New York.

PEITGEN, H.-O.; JÜRGENS, H.; SAUPE, D. (1992b): *Fractals for the Classroom, Part 2*. Springer, New York.

PEITGEN, HEINZ-OTTO; RICHTER, PETER H. (1986): *The Beauty of Fractals. Images of Complex Dynamical Systems*. New York: Springer.

PIERCE, J.R. (1972): Communication. *Scientific American*, Sept. 1972, p. 38.

PIETROVSKI, S.; HIRSHON, J.; TRIFONOV, E.N. (1987): Linguistic measure of taxonomic and functional relatedness of nucleotid sequences. *J. Biomolec. Str. Dynamics* **7**, 1251.

PIETROVSKI, S.; TRIFONOV, E.N. (1992): Imported sequences in the mitochondrial yeast genome identified by nucleotide linguistics. *Gene* **122**, 129.

PLANCK, M. (1933): *Vorträge und Erinnerungen*. Stuttgart: Hirzel.

PLATH, P. (1997): *Jenseits des Moleküls. Raum und Zeit in der Chemie.* Braunschweig: Vieweg.

PÖSCHEL, T. (1996): Kann die Entropie von Sequenzen vermittelst der Kompressibilität gemessen werden. In: J. A. Freund (Hrsg.): *Dynamik, Evolution, Strukturen*. Berlin: Köster.

PÖSCHEL, T.; EBELING, W.; ROSÉ, H. (1995): Guessing probability distributions from small samples. *J. Stat. Phys.*(in press).

POMEAU, Y.; MANNEVILLE, P. (1980): Intermittent transition to turbulence in dissipative dynamical systems. *Comm. Math. Phys.* **74**, 189.

PRIGOGINE, I.; PAHAUT, S. (1985): Die Zeit wiederentdecken. In: M. Baudson (Hrsg.): *Zeit. Die vierte Dimension der Kunst*, Weinheim: Acta humaniora.

PRIGOGINE, I.; STENGERS, I. (1990): *Dialog mit der Natur. Neue Wege naturwissenschaftlichen Denkens.* München: Piper, 6. Aufl.

PRIMAS, H. (1991): *Chemistry; Quantum Mechanics and Reductionism.* Berlin: Springer.

PROCCACCIA, I.; THOMAE, S.; TRESSOR, C. (1987): First–return maps as a unified renormalization scheme for dynamical systems. *Phys. Rev. A* **35**, 1884.

QUASTLER, H. (ED.) (1953): *Information theory in biology.* Urbana, IL: University Illinois Press.

QUASTLER, H. (1964): *The emergence of biological organization.* New Haven: Yale University Press.

RATEITSCHAK, K. (1996): Entropie und Grammatik im Periodenverdopplungsszenario der logistischen Abbildung. In: J. A. Freund (Hrsg.): *Dynamik, Evolution, Strukturen.* Berlin: Köster.

RATEITSCHAK, K.; FREUND, J.; EBELING, W. (1996a): The Logistic Map at the Feigenbaum Accumulation Point. In: J. S. Shiner (ed.): *Entropy and Entropy Generation: Fundamentals and Applications.* Dordrecht: Kluwer.

RATEITSCHAK, K.; EBELING, W.; FREUND, J. (1996b): A nonlinear dynamical model for texts. *Europhys. Lett.* **35**,401.

REIN, D. (1993): *Die wunderbare Händigkeit der Moleküle.* Basel: Birkhäuser.

REISCHUK, K.R. (1990): *Einführung in die Komplexitätstheorie.* Stuttgart: Teubner.

RENTSCHLER, I.; HERZBERGER, B.; EPSTEIN, D. (EDS.) (1988): *Beauty and the Brain. Biological Aspects of Aesthetics.*Basel: Birkhäuser.

RÉNYI, A. (1970): *Probability Theory.* Amsterdam: North–Holland.

RÉNYI, A. (1977): *Wahrscheinlichkeitsrechnung.* Berlin: Deutscher Verlag der Wissenschaften.

RÉNYI, A.; BALATONI, J. (1957): Zum Begriff der Entropie. in: H. Grell (Hrsg.): *Arbeiten zur Informationstheorie.* Berlin: Deutscher Verlag der Wissenschaften.

RICHTER, P. H.; SCHOLZ, H.-J. (1987): Der Goldene Schnitt in der Natur. Harmonische Proportionen und die Evolution. In: B. O. Küppers (Hrsg.): *Ordnung aus dem Chaos. Prinzipien der Selbstorganisation und Ordnung des Lebens*, München: Piper, S. 175 - 214.

RIEDL, R. (1975): *Die Ordnung des Lebendigen.* Hamburg: Paul Parey.

RIEDL, R. (1987): Information aus biologischer Sicht, *Biblos* (Wien) **35**, 14.

RIEDL, R. (1987): *Begriff und Welt. Biologische Grundlagen des Erkennens und Begreifens.* Hamburg: Paul Parey.

RIEDL, R. (1991): Schrödingers Negentropie und die Biologie, *Z. f. Wissenschaftsforschung* **6**, 53.

RIEDL, R.; DELPOS, M. (HRSG.) (1996): *Die evolutionäre Erkenntnistheorie im Spiegel der Wissenschaften.* Wien: WUV Universitätsverlag.

RIEDL, R. (1997): *Strukturen der Komplexität - Eine Morphologie des Erkennens und Erklärens.* Konrad-Lorenz-Institut, Altenberg.

RÖPKE, G. (1987): *Statistische Mechanik für das Nichtgleichgewicht.* Berlin: Deutscher Verlag der Wissenschaften.

ROMEIRAS, J.; BONDESON, A.; OTT, E.; ANTONSEN JR.; T. M.; GREBOGI, C. (1987): Quasiperiodically forced dynamical systems with strange nonchaotic attractors. *Physica* **D 26**, 277.

RONGE, HANS (HRSG.) (1968): *Kunst und Kybernetik. Ein Bericht über drei Kunsterziehertagungen Recklinghausen 1965 1966 1967.* Köln: DuMont Schauberg.

ROSEN, R. (1991): *Life Itself.* New York: Columbia University Press.

ROTH, G. (1992): Kognition - Die Entstehung von Bedeutung im Gehirn. In: W. Krohn, G. Küppers (Hrsg.): *Emergenz: Die Entstehung von Ordnung, Organisation und Bedeutung*, Frankfurt a.M.: Suhrkamp.

RUELLE, D. (1993): *Zufall und Chaos.* Berlin: Springer.

RUELLE, D. TAKENS, F. (1971): On the nature of turbulence. *Commun. Math. Phys.* **93**, 285.

SAPARIN, P.; WITT, A.; KURTHS, J.; ANISHCHENKO, V. (1994): The renormalized entropy - an appropriate complexity measure. *Chaos, Solitons & Fractals* **4**, 1907.

SATO, S.; HONDA, K. (1990): Statistical physics of intermittency: phase transitions and fluctuations of scaling indices. *Phys. Rev.* **A 42**, 3233.

SCHEFE, P.; HASTEDT, H.; DITTRICH, Y.; KEIL, G. (HRSG.) (1993): *Informatik und Philosophie.* Mannheim: BI Wissenschaftsverlag.

SCHIMANSKY-GEIER, L.; SCHWEITZER, F.; MIETH, M. (1997): Interactive Structure Formation with Brownian Particles. In: F. Schweitzer (ed.): *Self-Organization of Complex Structures: From Individual to Collective Dynamics*, London: Gordon and Breach, pp. 101-118.

SCHIMANSKY–GEIER, L.; FREUND, J.A.; NEIMAN, A.B.; SHULGIN, B. (1998): Noise Induced Order: Stochastic Resonance, to appear in: *Int. J. for Bifurc. & Chaos*, Proceedings of the ICND–96, Saratov, Russia.

SCHMITT, A. O. (1995): *Structural analysis of DNA-sequences.* Berlin: Köster, Berlin.

SCHMITT, A. (1996): Die Vorhersage der Zukunft. In: J. A. Freund (Hrsg.): *Dynamik, Evolution, Strukturen.* Berlin: Köster.

SCHMITT, A.; HERZEL, H. (1997): Estimating the Entropy of DNA Sequences. *J. theor. Biol.* **188**, 369.

SCHMITT, A. O.; HERZEL, H.; EBELING, W. (1993): A new method to calculate higher–order entropies from finite samples. *Europhysics Letters*, **23**, 303.

SCHRÖDER, E. (1980): *Dürer. Kunst und Geometrie.* Berlin: Akademie-Verlag.

SCHROEDER, M. R. (1986): *Number Theory in Science and Communication.* Springer Series in Information Sciences, (2nd enl. ed.), Berlin: Springer.

SCHROEDER, M. R. (1991): *Fractals, Chaos, Power Laws.* New York: Freeman.

SCHRÖDINGER, E. (1944): *What is Life?* Cambridge: Cambridge University Press.

SCHUSTER, H. G. (1989): *Deterministic Chaos: An Introduction (2nd rev. ed.).* Weinheim: VCH.

SCHUSTER, P.; SIGMUND, K. (1982): Vom Makromolekül zur primitiven Zelle - Das Prinzip der frühen Evolution. in: W. Hoppe, W. Lohmann, H. Markl, H. Ziegel (eds.): *Biophysik*, Berlin: Springer.

SCHWEITZER, F. (1993): Ästhetik aus der Sicht naturwissenschaftlicher Selbstorganisation, HUB-Preprint.

SCHWEITZER, F. (1994): Natur zwischen Ästhetik und Selbstorganisationstheorie, In: *Zum Naturbegriff der Gegenwart*,Stuttgart: Frommann-Holzboog, Bd. 2, S. 93-119.

SCHWEITZER, F. (1997a): Selbstorganisation und Information. In: H. Krapp, Th. Wägenbaur (Hrsg.): *Komplexität und Selbstorganisation - Chaos in Natur- und Kulturwissenschaften*,München: Fink, S. 99-129.

SCHWEITZER, F. (1997b): Structural and functional information - an evolutionary approach to pragmatic information. *World Futures: The Journal of General Evolution* **50**, 533-549.

SCHWEITZER, F. (ED.) (1997c): *Self-Organization of Complex Structures: From Individual to Collective Dynamics.* Gordon and Breach, London.

SCHWEITZER, F. (1997d): Active Brownian Particles: Artificial Agents in Physics, in: L. Schimansky-Geier, T. Pöschel (eds.): *Stochastic Dynamics,* Springer, Berlin, pp. 358-371.

SCHWEITZER, F. (1997e): Strukturelle, funktionale und pragmatische Information - zur Kontextabhängigkeit und Evolution der Information. In: N. Fenzl, W. Hofkirchner, G. Stockinger (Hrsg.): *Information und Selbstorganisation. Annäherungen an eine allgemeine Theorie der Information,*Innsbruck: Studienverlag, S. 305-329.

SCHWEITZER, F. (1998a): Naturwissenschaft und Selbsterkenntnis. In: P. Matussek (Hrsg.): *Goethe und die Verzeitlichung der Natur,* München: C. H. Beck.

SCHWEITZER, F. (1998b): Wege und Agenten: Reduktion und Konstruktion in der Selbstorganisationstheorie. In: H.-J. Krug, L. Pohlmann (Hrsg.): *Evolution und Irreversibilität,*(Selbstorganisation. Jahrbuch für Komplexität in den Natur- Sozial- und Geisteswissenschaften, Bd. 8), Berlin: Duncker & Humblot.

SCHWEITZER, F.; LAO, K.; FAMILY, F. (1997): Active Random Walkers Simulate Trunk Trail Formation by Ants. *BioSystems* **41**, 153-166.

SCHWEITZER, F.; SCHIMANSKY-GEIER, L. (1994): Clustering of active walkers in a two-component reaction-diffusion system. *Physica* **A 206**, 359-379.

SCHWEITZER, F.; SCHIMANSKY-GEIER, L. (1996): Clustering of Active Walkers: Phase Transitions from Local Interactions. In: M. Millonas (ed.): *Fluctuations and Order: The New Synthesis,* New York: Springer, pp. 293-305.

SHANNON, C. E. (1948): A Mathematical Theory of Communication. *Bell System Technical Journal* **27**, 379.

SHANNON, C.E. (1951): Prediction and Entropy of Printed English, *Bell System Technical Journal* **30**, 50-64.

SHILNIKOV, L. P. (1984): Bifurcation theory and turbulence. *Nonlinear and Turbulence Processes.* **2**, 1627. New York: Harvard Academic Publishers.

SHINER, J.S. (1997): Self-organization, entropy and ordering in growing systems. In: F. Schweitzer (ed.): *Self-Organization of Complex Structures: From Individual to Collective Dynamics,* London: Gordon and Breach, pp. 21-35.

SHINER, J.S.; DAVISON, M.; LANDSBERG, P.T. (1997): Towards a simple measure for complexity, Preprint University Bern.

SHINER, J.S.; DAVISON, M.; LANDSBERG, P.T. (1997): On measures for order and its relation to complexity. In: *Dynamics, synergetics, Autonomous Agents: First Conference on Complex Systems in Psychology*, Gstaad, March 1997, in press.

SIMON, H.A. (1962): The architecture of complexity. *Proc. Am. Phil. Soc.* 106, 467.

SINAI, YA. G. (1977): *Introduction to Ergodic Theory*. Princeton: Princeton University Press.

SMORODINSKI, Y.A. (1993): Heisenberg und Dirac: Die Bedeutung des Schönen in der Naturwissenschaft, *Phys. Bl.* **49**, Nr. 5, S. 436-438.

STADLER, M.; KRUSE, P. (1992): Zur Emergenz psychischer Qualitäten. Das psychophysische Problem im Lichte der Selbstorganisationstheorie. In: W. Krohn, G. Küppers (Hrsg.): *Emergenz: Die Entstehung von Ordnung, Organisation und Bedeutung*, Frankfurt a.M.: Suhrkamp.

STANLEY, H. E.; BULDYREV, S. V.; GOLDBERGER, A. L.; GOLDBERGER, Z. D.; HAVLIN, S.; MANTEGNA, R. N.; OSSADNIK, S. M.; PENG, C.-K.; SIMONS, M. (1994): Statistical mechanics in biology: how ubiquitous are long-range correlations? *Physica A* **205**, 214.

STONIER, TOM (1991): *Information und die innere Struktur des Universums*. Berlin: Springer.

STONIER, TOM (1992): *Beyond Information The Natural History of Intelligence*. London: Springer.

SZÉPFALUSY, P. (1989): Characterization of chaos and complexity by properties of dynamical entropies. *Physica Scripta* **T 25**, 226.

SZÉPFALUSY, P.; GYŐRGYI, G. (1986): Entropy decay as a measure of stochasticity in chaotic systems. *Phys. Rev.* **33**, 2852.

SZÉPFALUSY, P.; TÉL, T. (1987): Dynamical fractal properties of one-dimensional maps. *Phys. Rev.* **35A**, 477.

SZÉPFALUSY, P.; TÉL, T.; CSORDÁS, A.; KOVÁCS, Z. (1987): Phase transitions associated with dynamical properties of chaotic systems. *Phys. Rev.* **36A**, 3525.

TÉL, T. (1990): Transient Chaos. In: H. Bai–lin (ed.): *Directions in Chaos, Vol. 3: Experimental Study and Characterization of Chaos*. Singapore: World Scientific.

THIELE, H. (1974): Zur Definition von Kompliziertheitsmaßen für endliche Objekte. In: F. Klix (ed.): *Organismische Informationsverarbeitung*, Berlin: Akademie-Verlag.

THOM, R. (1969): Topological models in biology. *Topology* **8**, 313.

THOM, R. (1975): *Structural Stability and Morphogenesis*. New York: Benjamin.

TOROCZKAI, Z.; PÉNTEK, Á. (1993): Classification criterion for dynamical systems in intermittent chaos. *Phys. Rev. E* **48**, 136.

TRIFONOV, E.N.; BRENDEL, V. (1987): *Gnomic - a dictionary of genetic codes*. Weinheim: VCH.

TROLL, G.; GRABEN, P. (1997): Zipfs law is not a consequence of the central limit theorem, *Phys. Rev. E*, submitted.

TSALLIS, C. (1988): Possible generalization of Boltzmann–Gibbs statistics. *J. Stat. Phys.* **52**, 169.

VAN KAMPEN, N. G. (1992): *Stochastic Processes in Physics and Chemistry*. Amsterdam: North-Holland.

VAN STRIEN, S. J. (1991): Interval dynamics. in: H. W. Broer, F. Dumortier, S. J. van Strien, F. Takens (eds.): *Structures in Dynamics - Finite Dimensional Deterministic Studies*. Amsterdam: North-Holland.

VARELA, F.J. (1979): *Principles of biological autonomy*. New York: North Holland.

VÖLZ, H. (1988): *Computer und Kunst*. Akzent-Reihe Bd. 87, Leipzig: Urania.

VON NEUMANN, J. (1966): *Theory of Selfreproducing Automata*. Urbana, IL: University of Illinois Press.

VOSS, R. F.; CLARKE, J. (1978): $1/f$ noise in music: Music from $1/f$ noise. *J. Accoust. Soc.* **63**, 258.

WACKERBAUER, R.; WITT, A.; ATMANSPACHER, H.; KURTHS, J.; SCHEINGRABER, H. (1994): Quantification of structural and dynamical complexity. *Chaos, Solitons & Fractals* **4**, 133.

WANG, X.-J. (1992): Dynamical sporadicity and anomalous diffusion in the Lévy motion. *Phys. Rev. A* **45**, 8407.

WEBER, B.H.; DEPEW, D.J.; SMITH, D.J. (EDS.) (1988): *Entropy, Information, and Evolution*. Cambridge, MA: MIT Press.

WEIZSÄCKER, C.F. V. (1974): *Die Einheit der Natur*. München: dtv.

WEIZSÄCKER, C.F. V. (1977): Quantentheorie elementarer Objekte. *Nova Acta Leopoldina* N.F. Nummer 230, Band 49.

WEIZSÄCKER, C.F. V. (1994): *Aufbau der Physik.* München: dtv, 3. Aufl.

WEIZSÄCKER, E. V. (1974): Erstmaligkeit und Bestätigung als Komponenten der pragmatischen Information. In: E. v. Weizsäcker (Hrsg.): *Offene Systeme I*, Stuttgart: Klett-Cotta.

WEIZSÄCKER, E. V.; WEIZSÄCKER, C.V. (1972): Wiederaufnahme der begrifflichen Frage: Was ist Information. *Nova Acta Leopoldina* N.F. Nummer 206, Band 37, S.535-555.

WELSCH, W. (1991): Kreativität heute, *Universitas*, Heft 6, S. 587 - 591.

WEYL, H. (1952): *Symmetry.* Princeton, NJ: Princeton University Press.

WHITEHEAD, ALFRED (1929): *Process and Reality.* New York.

WILSON, K. G. (1975): The renormalization group: critical phenomena and the Kondo problem. *Rev. Mod. Phys.* **47**, 773.

WOLFRAM, S. (1983): Automata Theory, *Rev. Mod. Phys.* **55**, 601.

WOLKENSTEIN, M.W. (1990): *Entropie und Information.* Thun: Harry Deutsch.

WOLKENSTEIN, M.W. (1994): *Physical Approaches to Biological Evolution.* Berlin: Springer.

YOCKEY, H.P. (1992): *Information Theory and Molecular Biology.* Cambridge: Cambridge University Press.

WUKETITS, F.M. (1983): *Biologische Erkenntnis: Grundlagen und Probleme.* Stuttgart: UTB Fischer.

ZEMANEK, H. (1959): *Elementare Informationstheorie.* München.

ZIPF, G. K. (1949): *Human Behavior and the Principle of Least Effort.* Reading, MA: Addison–Wesley.

ZUBAREV, D. N. (1976): *Statistische Thermodynamik für das Nichtgleichgewicht.* Berlin: Akademie–Verlag.

ZUREK, W. (ED.) (1989): *Complexity, Entropy, and Physics of Information.* Reading, MA: Addison–Wesley.

ZVONKIN, A.K.; LEVIN, L.A. (1970): Über Komplexitätsmaße (in Russ.). *Usp. Fiz. Nauk* **26**, 85.

Namen- und Sachverzeichnis

Adaptation, 76
Agenten, 66–79
Anfangszustand, 52, 124, 125
Ästhetik, 206–209, 211–213, 217–219, 222–228, 230–232
Atmanspacher, 17, 27, 28
Attraktor, 138, 145, 147–149, 152, 155, 208
Automatentheorie, 28
axiomatischer Zugang, 88, 114

Bach, 206, 211, 231
Bak, 46
Beethoven, 175, 176, 198, 205
Begleitverteilungen, 112, 119
Bellemans, 33
Belousov, 43
Benard, 30, 43, 44
Bennett, 27
Bense, 223, 224
Bernoulli, 93
Bifurkation, 37, 46, 73, 104, 124, 144, 145, 149, 150
Biogenese, 47
Biosequenzen, 106
Birkhoff, 205, 213–217, 224, 231
Blockspintransformation, 157, 158
Boltzmann, 16, 19, 24, 31, 33–35, 40, 91, 119
Bourbaki, 13
Boxdimension, 147
Burton, R. 196
Buss, 14, 17

Caglioti, 24, 206
Cantor, 147, 148, 155
Carnot, 38
Chaitin, 25, 27
Chandrasekhar, 209
Chaos, 103, 104
    deterministisches, 20, 99, 125, 143, 153
Chapmann–Kolmogorov–Gleichung, 168
Church, 17, 51
Clausius, 29, 30, 35, 38
Conrad, 50
Cramer, 17, 226–229, 231
Crutchfield, 28
Curie, 48

Darwin, 17, 49, 187
Datenkompression, 99
Davison, 202
Deja-vu-Effekt, 231
Dirac, 208
Doob, 96
Dynamik
    stochastische, 125, 133
    symbolische, 106, 116, 120, 129, 133, 138, 140, 151, 155, 167, 177, 201

Eigen, 47, 71, 232
Eigenschaft E, 140–142
Eilenberger, 209, 232
Einstein, 19, 30

Namen- und Sachverzeichnis 261

EMC (effective measure complexity), 106
Emergenz, 19, 63, 68, 69, 71, 77, 208
Ensemble, 19, 126, 133, 136, 137, 191, 192, 194
Entropie, 13, 16, 17, 19, 47, 52, 53, 174, 177, 182, 195, 206, 218, 224, 231
   (ϵ, τ)-, 140
   n-Block, 92
   Rényi, 115
   bedingte, 100, 104–106, 160
   Block, 165
   der Quelle, 99, 101, 115, 141
   dynamische, 92
   Kolmogorov–Sinai, 99, 138, 139, 157
   Maximum-Prinzip, 117, 118
   metrische, 131
   Shannon, 92, 109, 113
   statistische, 118, 119
   thermodynamische, 118, 119
   topologische, 131
Entropieprofil, 103
Ergodizität, 84, 86, 134, 137, 140
Erstmaligkeit und Betätigung, 59–62

Fechner, 210, 211
Feigenbaum, 146–148, 155–157, 160, 172, 181, 188, 202
Feigenbaum-Attraktor, 147
Feigenbaum-Route, 143, 148
Feistel, 14, 21, 39, 47–53, 71, 199
Fibonacci, 185–188, 201
Fibonacci-Zahl, 161
Fokker-Planck-Gleichung, 136
Fontana, 14, 17, 20

Fourier, 189, 204
Fraktal, 24, 148
freie Energie, 119
Frobenius–Perron–Operator, 134
Fucks, 189, 217–222

Galilei, 38, 223, 260
Gatlin, 96, 97, 184, 189, 199
Gedächtnis, 96
   kollektives, 71–76
   langes, 103
Gernert, 62
Gibbs, 19, 30, 34, 126, 133
Glansdorff, 30, 31
Gleichgewicht, 117
Goethe, 210, 219
Gramms, 159, 161
Grassberger, 27–29, 102, 172, 180,
Grassberger-Folge, 158
Grebogi, 18, 148, 152, 173

Haeckel, 51
Haken, 37, 46, 51, 62, 69
Hamiltonsche Funktion, 118
Hartley, 34, 80
Häschensequenz, 161
Hausdorff, 148
Hegel, 45, 223
Heisenberg, 209
Helmholtz, 30, 119
Herzel, 27, 86, 110, 182–184, 192
Heugabel-Bifurkation, 145
Hierarchie, 16–19, 23, 49, 181–183, 200, 230
Hilberg, 196, 204
Historizität, 21, 29

Information
   ästhetische, 223, 224, 232

Information
  freie, 51–54, 57, 230
  funktionale, 56–59, 64, 74
  gebundene, 52–54
  Kullback, 109
  potentielle, 40–42
  pragmatische, 52, 59–67, 74, 81
  Rényi, 114, 116
  semantische, 59, 63
  strukturelle, 54–58, 63–67, 74–79
  syntaktische, 61, 81, 87
  virtuelle, 41
Informationsästhetik, 223, 227
Informationsdichte, 66–72, 77
Informationsgehalt, 41, 54, 81, 87
Informationsgewinn, 88, 108
Informationslandschaft, 75–77
Informationsmaß, 88, 91, 115, 206
Informationsquelle, 80–82, 92, 126, 140
Informationsspeicherung, 104
Informationsverarbeitung, 46–49, 104, 207, 225
Intermittenz, 143, 149–154, 163, 172
Ising–Modell 120

Jaglom, 99, 190, 204
Jaynes, 37, 118

Kadanoff, 147
Kadanoff-Transformation, 158
Kaempfer, 226–228
Kanal, 80
Kant, 207, 232
Kauffman, 14, 17
Kepler, 23, 211

Khinchin, 82–99, 103, 140, 178
Klimontovich, 24, 31, 44, 53
Kolmogorov, 25–27, 99, 138, 157, 178, 200
Kommunikation, 50, 64–69, 80, 155
Komplexität, 17–29, 42, 56, 103, 172, 189, 206, 208, 210–214, 224, 230
Kompressionsalgorithmen, 99
Kontextabhängigkeit, 59
Kontrollparameter, 43, 143–154
Korrelationen, 23, 86, 97–100, 152, 189, 198, 218, 230
Korrelationsfunktion, 37, 109, 137, 189
Korrelationsmatrix, 110
Krisis, 152
kritisch
  Fluktuationen, 117
  Kreisabbildung, 159
  Punkt, 73, 146, 157
Kullback–Information, 108

laminar, 104, 149–151, 170
Landsberg, 14, 19, 202
Langton, 67, 229
Laplace, 20
Leibniz, 26
Liouville-Gleichung, 136
Lorenz, 14, 149
Lwoff, 16
Lyapunov-Exponent, 125

Mandelbrot, 20, 148
Manneville, 149
Markov
  Kette, 96, 97
  Prozeß, 96

McMillan, 82, 140, 178
Melville, 175
Moles, 225, 232
Morse–Thue-Sequenz, 161
Multistabilität, 208
Muschik, 31
Musik, 55, 174, 189, 202–205, 214, 217
Mustersequenz, 84–87, 99, 103, 110, 134, 165, 172

Nachricht, 62, 80, 87–89, 99
Negentropie, 32, 224
Nernst, 30
Neumann, 19, 136
Neuroästhetik, 207
Newton, 33, 38, 210
Nicolis, 16, 29, 39, 73, 103, 155, 172, 196, 212
Nyquist, 80

Ontogenese, 21, 43
Oparin, 47
Originalität, 217, 225
Ostwald, 211

Pareto, 196
Partitionierung, 129–133, 138, 155, 167
Peitgen, 20, 144, 153, 209, 229
Periodenverdopplungskaskade, 145, 152, 154
Pesin-Theorem, 139
Phasenportrait, 124–126
Phasenübergang, 93, 117, 120
Phylogenese, 21
Pierce, 59
Pinkerton, 205
Planck, 19, 30, 34, 35, 136

Plato, 212, 222
Poincaré, 20, 124, 127, 133, 149
Poiseuille, 32
Poisson, 220
Pomeau, 149
Potts–Modell, 120
Pragmatik, 82
Prigogine, 16, 30–33, 46, 73, 212
Proportion, 210, 228
Psychophysik, 211

Quelle, 87
   Entropie der, 99
   ergodische, 84, 92, 134, 140
   Markovsche, 96, 102
   stationäre, 84, 86, 92, 134

ranggeordnete Darstellung, 111
Redundanz, 56, 99, 224, 225
regenerativer Prozeß, 163, 165
Reinjektionsmechanismus, 162
Rekursivität, 208
Relaxation, 46, 106, 137, 165, 172
Renormierungsgruppe, 147
Rényi, 88, 92
   -Dimension, 120
   -Entropie, 108, 111, 115, 120, 131
   -Information, 114–116, 119
Reynolds, 30, 33
Richter, 20, 209, 228
Riedl, 14, 17, 51
Ritualisation, 48–53
Rosen, 16, 146
Rückkopplung
   nichtlineare, 71, 73
Ruelle, 33–39, 147–149
Ruelle–Takens–Newhouse-Route, 152

S-Theorem, 32
Schätzer, 85
Schimansky-Geier, 66, 70, 76
Schmitt, 86, 189–193
Schroeder, 147, 159, 204, 231
Schuster, 27, 46, 139, 146, 151–153, 163, 189
Selbstähnlichkeit, 24, 118, 147, 157, 161, 172
Selbstreferentialität, 208
Selektion, 17, 50, 61, 69, 76, 199, 203
Semantik, 82
Shannon, 26–29, 42, 60, 80, 87, 91, 109, 113, 177–179, 189, 1195, 217, 220
Shiner, 202
Simon, 18, 20, 23, 24
Sinai, 99, 138, 139, 157, 178, 200
Skaleninvarianz, 118, 147, 157
Solomonoff, 25
Spinkette, 120
Sprache, 25, 51, 65, 145, 195, 203, 220
Sprachstil, 217
Stanley, 110, 184, 204
Stationarität, 84, 86
stochastischer Prozeß, 96, 110
Stonier, 51, 55
stroboskopisch, 127, 133, 139
Substitution, 75
Symbolsequenz, 80, 82, 83, 91, 110, 122–124, 133, 154, 172
  Markovsche, 97, 101
  periodische, 93, 98, 101
Symmetrie, 16, 23, 43, 51, 73, 118, 206, 211, 228

Synergetik, 46, 75
Syntax, 82
System
  dynamisches, 46, 124, 137, 140, 154, 178
  makroskopisches, 116
Szépfalusy, 102–108, 152, 167, 180

Taylor, 30
Thermodynamik, 91, 93, 116
Thiele, 27, 189
Trajektorie, 33, 124–129, 132, 139, 149, 176, 201
Transinformation, 108–111, 183–189, 195
Transmitter, 50, 80
Trifonov, 27, 189
turbulent, 104

Unbestimmtheit, 36, 40, 178, 223
Unordnung, 16, 24, 31, 44, 53, 202, 213
Unsicherheit, 38, 87, 97–101, 125, 138, 182, 192, 231
Ur-Alternative, 40–42

Varela, 16
Verfeinerung, 130–132, 134
Verhulst, 143
Versklavungsprinzip, 69
Vinci, 211
von-Neumann-Gleichung, 136
Vorgeschichte, 95, 97, 101
Vorhersagen, 37, 92

Wahrnehmung
  subjektive, 227, 232
Wahrscheinlichkeitsdichte, 36, 126, 133, 154
Wahrscheinlichkeitsmaß, 87, 127

weißes Rauschen, 105
Weyl, 24, 206
Whitehead, 230
Wittgenstein, 59
Wuketits, 19, 187

Young, 28

Zhabotinsky, 43
Zipf, 191, 195–197, 202

Zubarev–Gleichung, 136
Zufallsexperiment, 92
Zurek, 28
Zustandsraum, 55, 110, 122–126, 133, 150, 176, 201
Zustandssumme, 120
Zvonkin, 26
Zylinder, 83–87

TEUBNER-TASCHENBUCH der Mathematik
Teil II

Herausgegeben von
Doz. Dr. **Günter Grosche**
Leipzig
Dr. **Viktor Ziegler**
Dorothea Ziegler
Frauwalde und
Prof. Dr. **Eberhard Zeidler**
Leipzig

7. Auflage. 1995.
Vollständig überarbeitete und wesentlich erweiterte Neufassung der 6. Auflage der »Ergänzenden Kapitel zum Taschenbuch der Mathematik von
I. N. Bronstein und
K. A. Semendjajew«.
XVI, 830 Seiten mit 259 Bildern.
14,5 x 20 cm.
Geb. DM 58,–
ÖS 423,– / SFr 52,–
ISBN 3-8154-2100-4

Mit dem »TEUBNER-TASCHENBUCH der Mathematik, Teil II« liegt eine vollständig überarbeitete und wesentlich erweiterte Neufassung der bisherigen »Ergänzenden Kapitel zum Taschenbuch der Mathematik von I. N. Bronstein und K. A. Semendjajew« vor, die 1990 in 6. Auflage im Verlag B. G. Teubner in Leipzig erschienen sind. Dieses Buch vermittelt dem Leser ein lebendiges, modernes Bild von den vielfältigen Anwendungen der Mathematik in Informatik, Operations Research und mathematischer Physik.

Aus dem Inhalt
Mathematik und Informatik – Operations Research – Höhere Analysis – Lineare Funktionalanalysis und ihre Anwendungen – Nichtlineare Funktionalanalysis und ihre Anwendungen – Dynamische Systeme, Mathematik der Zeit – Nichtlineare partielle Differentialgleichungen in den Naturwissenschaften – Mannigfaltigkeiten – Riemannsche Geometrie und allgemeine Relativitätstheorie – Liegruppen, Liealgebren und Elementarteilchen, Mathematik der Symmetrie – Topologie – Krümmung, Topologie und Analysis

Preisänderungen vorbehalten.

B. G. Teubner Stuttgart · Leipzig

Walser
Symmetrie

Von Dr. **Hans Walser**
Frauenfeld/Schweiz

1998. 106 Seiten mit 124 Bildern.
13,7 x 20,5 cm.
(Einblicke in die Wissenschaft –
Mathematik)
Kart. DM 22,80
ÖS 166,– / SFr 21,–
ISBN 3-8154-2513-1

Symmetrie begegnet uns überall: im Zyklus der Jahreszeiten, in der zweiseitigen Symmetrie des menschlichen Antlitzes, aber ebenso beim Viertaktmotor, bei der Dezimalbruchentwicklung von einem Siebtel oder bei Tapetenmustern, Ornamenten, Gedichten und Liedern.

Wissenschaft, Kunst und auch moderne Produktionsmethoden basieren weitgehend auf symmetrischen Formen und Strukturen. In diesem Buch werden ausgewählte Beispiele zur Symmetrie verständlich dargestellt. Der Autor – Verfasser des erfolgreichen Teubner-Buches »Der Goldene Schnitt« – trägt dazu bei, »das Auge zu schärfen« für die Wahrnehmung der Symmetrie in unserer Umwelt und für ihren gezielten Einsatz als arbeitsmethodisches Hilfsmittel.

Preisänderungen vorbehalten.

B. G. Teubner Stuttgart · Leipzig

Bandemer
Ratschläge zum mathematischen Umgang mit Ungewißheit

Reasonable Computing

Von Prof. Dr. **Hans Bandemer**
Halle/Saale

1997. 228 Seiten
mit 23 Bildern.
16,2 x 22,9 cm.
Kart. DM 54,80
ÖS 400,– / SFr 49,–
ISBN 3-8154-2118-7

Auf der Basis seiner jahrzehntelangen Erfahrungen mit der Anwendung mathematischer Methoden gibt der Autor Ratschläge, wie die den Problemen und Daten innewohnende Unsicherheit, die Ungewißheit und Vagheit mathematisch erfaßt und verwendet werden können. Das Spektrum reicht dabei von der einfachen Interpolation bis hin zu Wavelers, von der Fehlerfortpflanzung bis zur Fuzzytheorie und neuronalen Netzen. Der Schwerpunkt des Buches liegt in der hauptsächlich verbalen Darlegung der Grundgedanken der einzelnen Zugänge und in Ratschlägen für deren vernünftige Benutzung in Abhängigkeit von der Zielstellung und der Informationslage des gegebenen praktischen Problems. Zum Verständnis genügt dem Leser ein Grundkurs in Mathematik auf Hochschulniveau.

Preisänderungen vorbehalten.

B. G. Teubner Stuttgart · Leipzig

If you have any concerns about our products,
you can contact us on
ProductSafety@springernature.com

In case Publisher is established outside the EU,
the EU authorized representative is:
**Springer Nature Customer Service Center GmbH
Europaplatz 3, 69115 Heidelberg, Germany**

Printed by Libri Plureos GmbH
in Hamburg, Germany